职业教育机械类专业系列教材

零件的数控铣床加工

夏尚飞　王　建　主　编

高　敏　朱　军　副主编

電子工業出版社
Publishing House of Electronics Industry
北京 · BEIJING

内 容 简 介

本书采用项目化编写体系，从数控加工工艺分析、编程指令、计算机自动编程到机床的实际操作训练，以典型零件的工艺分析和编程为重点，面向学习者，既注重基础知识的积累，又强调实际操作技能的培养。本书主要内容包括数控加工基础知识、编程基础知识、数控铣床的操作基础、Solidworks 软件建模、PowerMill 软件编程等。

本书是编者多年从事数控机床教学和实训的经验总结，集中体现了通过实训操作培养和提升技能的教学理念。本书可作为职业院校机械类专业的实训教材，同时也可作为企业技术人员的培训用书。

图书在版编目（CIP）数据

零件的数控铣床加工/夏尚飞，王建主编. —北京：电子工业出版社，2022.7
ISBN 978-7-121-43928-5

Ⅰ. ①零… Ⅱ. ①夏… ②王… Ⅲ. ①数控机床–铣床–零部件–加工–高等学校–教材
Ⅳ. ①TG547

中国版本图书馆 CIP 数据核字（2022）第 117502 号

责任编辑：朱怀永
印　　刷：北京雁林吉兆印刷有限公司
装　　订：北京雁林吉兆印刷有限公司
出版发行：电子工业出版社
　　　　　北京市海淀区万寿路 173 信箱　邮编 100036
开　　本：787×1092　1/16　印张：15.75　字数：403.2 千字
版　　次：2022 年 7 月第 1 版
印　　次：2022 年 7 月第 1 次印刷
定　　价：49.80 元

凡所购买电子工业出版社图书有缺损问题，请向购买书店调换。若书店售缺，请与本社发行部联系，联系及邮购电话：（010）88254888，88258888。

质量投诉请发邮件至 zlts@phei.com.cn，盗版侵权举报请发邮件至 dbqq@phei.com.cn。

本书咨询联系方式：（010）88254608，zhy@phei.com.cn。

本书编委会

主　编　夏尚飞　王　建

副主编　高　敏　朱　军

参　编　周重锋　陶　辉　王其平　胡安渠　闵　红　曾　峰

　　　　杨　升　何树安　李东民　杜　辉　潘　强　林小飞

前　言

随着我国装备制造业的大力发展，数控机床逐渐成为机械工业设备更新和技术改造的首选。数控机床的发展与普及，需要大批高素质的数控机床编程与操作人员。全国许多院校已开设了数控专业。在数控专业的课程中，数控铣床加工尤其重要，但目前缺乏实用性和可操作性强的实训教材，在很大程度上影响了数控实训的效果。

本书是编者多年来从事数控铣床/加工中心编程与操作教学的经验总结，集中体现了理实一体化的教学理念。本书采用项目化编写体例，反映了当前的教学改革经验及企业生产对教学内容的新要求。书中的任务大部分来自企业产品，有的进行了转化。编者力求把数控加工企业岗位所要求的知识、技能相互融合，并渗透到每个任务中，让学生在“做中学、学中做”，以便实现与企业的零距离对接。

本书案例的选择以企业产品为主，如垫块、鲁班锁、凸轮槽、链轮、镶块等。每个案例均按照以任务化方式进行内容组织，分为工作任务、相关知识、制订任务进度计划、任务实施方案、实施编程与加工、检查与评价、探究与拓展等七个活动。

本书可作为大中专院校和技工院校等数控类、机电类、模具制造类专业的教学用书，也可以作为企业职工培训、工程技术人员与国家职业技能鉴定的参考用书。

本书由枣庄职业学院夏尚飞组织编写并统稿。参加编写的有王建、高敏、周重锋、曾峰、陶辉、王其平、胡安渠、杨升等教师。这些教师大多数都指导学生参加过数控技能大赛并取得过优异成绩。

本书在编写过程中，还得到宁波诺扬自动化科技有限公司朱军工程师及Auetodesk欧特克软件（中国）有限公司潘强、林小飞工程师的大力支持和帮助，在此特向他们表示感谢。

山东科技大学李东民、枣庄学院杜辉和闵红三位老师认真审阅了全书，并提出了许多宝贵意见和建议，在此谨致谢意。

由于编者的水平有限，书中难免存在一些不足，恳请读者批评指正。

编　者

2021年6月

目　录

项目一　数控铣床的认识与基本操作

项目知识目标

（1）了解数控铣床的结构、组成与分类。
（2）了解数控铣床控制面板各按键的功能。
（3）了解数控铣床维护保养的内容。
（4）掌握 FANUC 系统数控铣床的基本操作方法与操作步骤。

项目技能目标

（1）能够使用数控铣床的控制面板操作数控铣床。
（2）能够正确进行程序的编辑与录入。
（3）能够正确判别数控铣床各坐标轴的正方向。
（4）能够正确安装刀具、工件及选用量具。

为了提高加工效率，降低加工中人为因素造成的产品质量问题，20 世纪 50 年代数控机床运用而生。数控铣床是数控机床的一种，它主要采用铣削方式加工零件，能够进行外形轮廓铣削、平面或曲面型腔铣削及三维复杂型面的铣削，如凸轮、模具、叶片等的铣削加工。另外，数控铣床还具有孔加工的功能，通过特定的功能指令可进行一系列孔的加工，如钻孔、扩孔、铰孔、镗孔和攻丝等。

任务一　初识数控铣床

本任务课件

【任务知识目标】
（1）掌握数控铣床控制面板各按键的功能及用途。
（2）掌握数控铣床的基本加工指令、编程格式和编程加工方法。
【任务技能目标】
（1）能正确判别数控铣床各坐标轴的正方向。
（2）能正确进行数控铣床的开关机。
（3）掌握数控铣床的基本操作。

一、工作任务

如图 1-1 所示为一台普通的数控铣床，型号为 XKC715。该铣床为立式数控铣床，工作台尺寸为 1600mm×500mm。为了更好地使用和操作此类数控铣床，我们必须熟悉数控铣床的组成、工作原理，了解和掌握数控铣床的分类、特点及基本操作。

图 1-1　数控铣床

二、相关知识

（一）数控铣床的组成和工作原理

1. 数控铣床的组成

数控铣床主要由机床本体、控制介质、数控装置、伺服机构、运动装置、辅助装置、检测反馈装置组成，如图 1-2 所示。

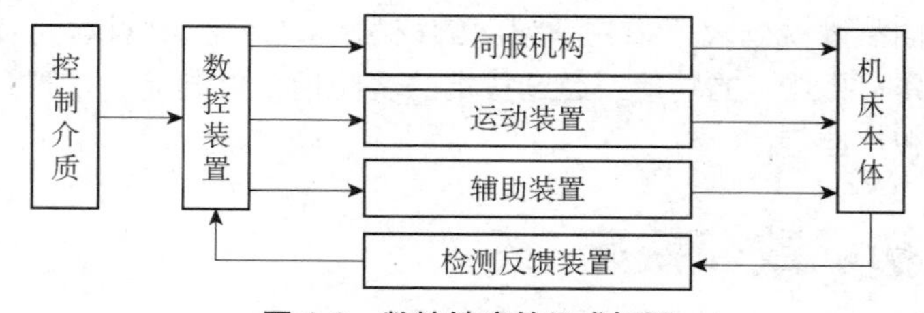

图 1-2　数控铣床的组成框图

1）机床本体

机床本体是加工过程中实际运动的机械部件，主要包括主运动部件、进给运动部件（如工作台、刀架）和支撑部件（如床身、立柱等），还有冷却装置等。数控铣床本体如图 1-3 所示。

2）控制介质

控制介质是指将零件加工信息传送到数控装置的程序载体。控制介质大致分为纸介质和电磁介质，且分别通过相应的方式输入到数控装置中。纸带输入方式，即在专用的纸带上穿孔，用不同孔的位置组成数控代码，再通过纸带阅读机将代表不同含义的信息读入。常用的

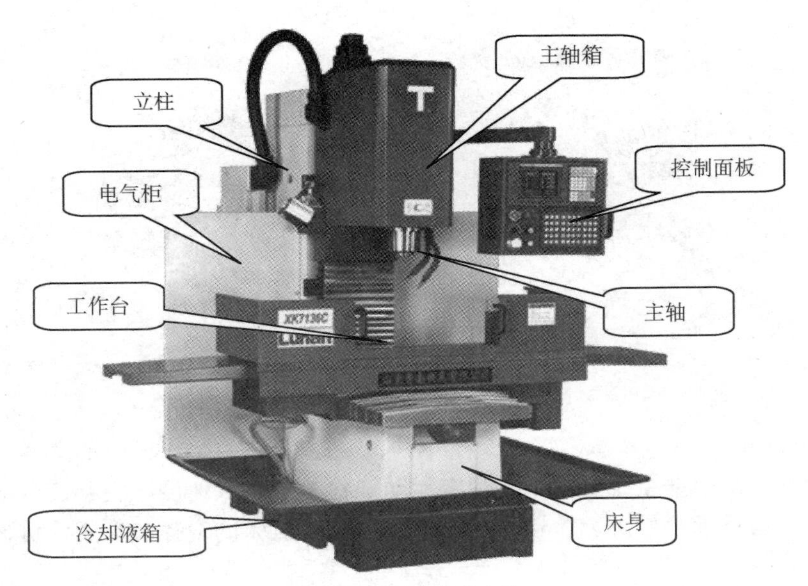

图 1-3　数控铣床本体

电磁介质有磁盘、CF 卡、Flash（U 盘）等，如图 1-4 所示。

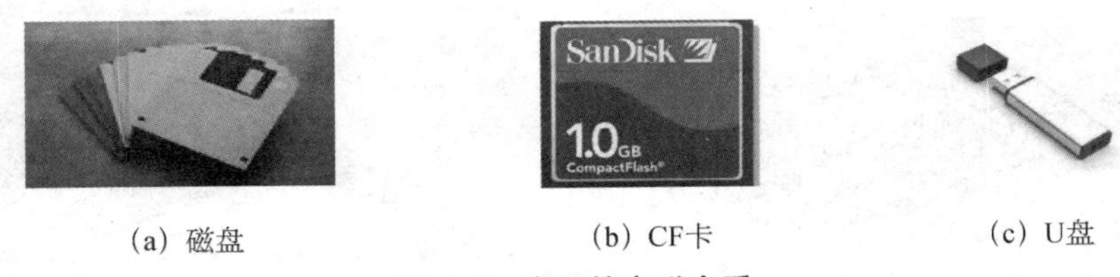

(a) 磁盘　　(b) CF卡　　(c) U盘

图 1-4　常用的电磁介质

手动输入是将数控程序通过数控机床上的键盘输入，程序内容存储在数控系统的存储器内，使用时可以随时调用。数控程序可以由计算机编程软件生成，并通过通信方式传递到数控系统中，通常使用数控装置的 RS-232 串行口、RJ-45 口或网络接口等来完成通信。

3）数控装置

数控系统一般是由专用或通用计算机硬件加上系统软件和应用软件组成，用于完成数控设备的运动控制、人机交互、数据管理和相关的辅助控制等功能。数控系统是数控设备功能实现和性能保证的核心组成部分，是整个设备的中心控制机构。随着开放式数控技术的出现，数控系统已具备了自我扩展和自我维护的功能，为数控设备的应用提供了可自定义系统软硬件功能和性能的能力。数控装置是数控铣床的核心，由数控系统、输入和输出接口等组成。数控装置的作用是将接收到的数控程序，经过编译、数学运算和逻辑处理后，输出各种控制信号到输出接口。

4）伺服机构

数控伺服机构是指以机床运动部件（如工作台、主轴和刀具等）的位置和速度作为控制量的自动控制系统，又称为随动系统。数控伺服系统的作用是接收来自数控装置的进给脉冲信号，经过一定的信号变换及电压、功率放大，驱动机床运动部件实现运动，并保证动作的快速性和准确性。伺服机构由驱动装置和执行部件（如伺服电机）两大部分组成，如图 1-5 所示。

(a) 驱动装置　　(b) 伺服电机

图 1-5　伺服机构

5）检测反馈装置

检测反馈装置是根据系统要求不断测定运动部件的位置或速度，将其转换成电信号传输到数控装置中，与目标信号进行比较、运算，并反馈到机床的数控装置中，进而对机床进行控制的。

检测装置的检测元件有多种，常用的有直线光栅（见图 1-6）、光电编码器（见图 1-7）、圆光栅、绝对编码尺等。

图 1-6　直线光栅

图 1-7　光电编码器

6）运动装置

运动装置由床身、主轴箱、工作台、进给机构等组成，伺服电机驱动运动装置运动，完成工件与刀具之间的相对运动。

7）辅助装置

辅助装置是指数控铣床（加工中心）的一些配套部件，包括刀库、液压和气动装置、冷却系统和排屑装置等。

2. 数控铣床的工作原理

数控铣床的工作原理如图 1-8 所示。加工零件的步骤如下：

（1）根据被加工零件的图样与工艺方案，用规定的代码和程序段格式编写加工程序。

（2）将所编写的加工程序输入到数控装置中。

（3）数控装置对程序（代码）进行处理之后，向铣床各个坐标的伺服机构和辅助装置发出控制信号。

（4）伺服机构接到控制信号后，驱动铣床的各个运动装置，并控制所需的辅助动作。

（5）数控装置再次进行数控程序中程序段的插补计算和位置控制，逐行完成加工程序的编译和处理，直至加工程序执行完毕。

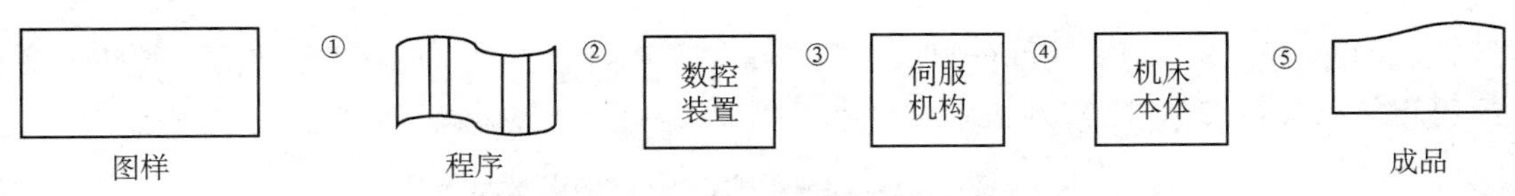

图 1-8　数控铣床的工作原理

（二）　数控铣床的分类和特点

1. 数控铣床的分类

数控铣床的用途十分广泛，按照不同的分类标准可分为不同种类。

（1）按主轴轴线位置方向分为数控立式铣床、数控卧式铣床，分别如图 1-9 和图 1-10 所示。

图 1-9　数控立式铣床

图 1-10　数控卧式铣床

（2）按加工功能分为数控铣床、数控仿形铣床、数控齿轮铣床等。

（3）按控制坐标轴数分为两坐标数控铣床、两坐标半数控铣床、三坐标数控铣床等。

（4）按伺服方式分为闭环伺服系统数控铣床、开环伺服系统数控铣床、半闭环伺服系统数控铣床等。

2. 数控铣床的特点

数控铣床可完成铣平面、铣斜面、铣槽、铣曲面、钻孔、镗孔、攻螺纹等的加工，一般情况下，可以在一次装夹中完成所需的加工工序。

目前，数控装置的脉冲当量一般为 0.001mm，高精度的数控系统可达 0.0001mm，因此可保证加工工件的精度。此外，利用数控铣床加工零件还可避免工人的操作误差，使得一批加工零件的尺寸同一性更好，定位精度更高，在加工各种复杂模具时显示出更好的优越性。

数控铣床的最大特点是高柔性，一般不需要使用专用夹具，在更换工件时，只需调用存储于存储器中的加工程序，即可进行工件装夹和刀具数据调整，因此能大大缩短生产周期。

一般的数控铣床都具有铣床、镗床和钻床的功能，高度集中了生产工序，大大提高了生产效率，同时减少了工件的装夹误差。

（三）　FANUC 数控铣床面板介绍

1. 基本面板

FANUC Oi Mate-MD 铣床数控系统面板如图 1-11 所示，由系统操作面板（见图 1-12）和机床控制面板（见图 1-13）两部分组成。系统操作面板可分为 LED 显示区、MDI 键盘区（包括字符键和功能键等）、软键开关区和存储卡接口。

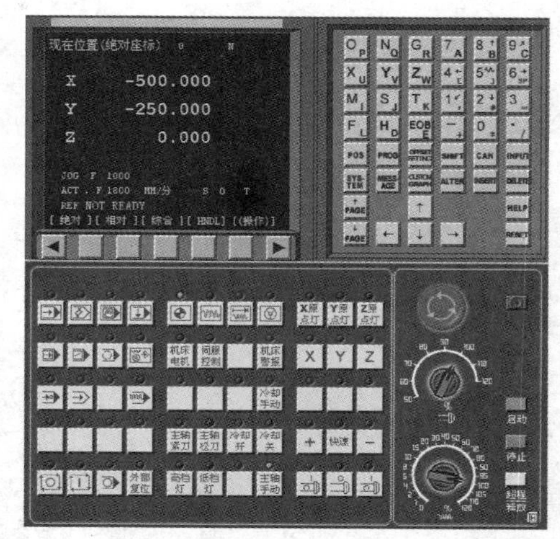

图 1-11 Fanuc Oi Mate-MD 铣床数控系统面板

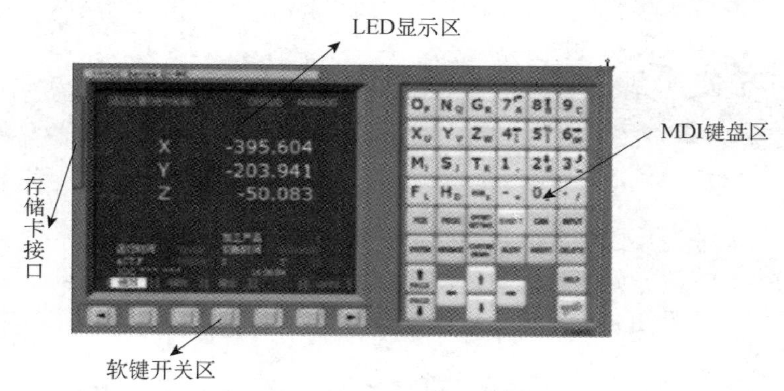

图 1-12 系统操作面板

图 1-13 机床控制面板

1）MDI 键盘功能说明

MDI 键盘用于程序编辑、参数输入等。MDI 键盘上各按键及功能见表 1-1。

表 1-1　MDI 键盘上各按键及功能

按键	功能
PAGE↑ PAGE↓	PAGE↑：左侧 CRT（显示器）显示内容的向上翻页；PAGE↓：左侧 CRT 显示内容的向下翻页
↑ ← ↓ →	移动 CRT 中的光标位置，分别代表光标的上、下、左、右移动
O_P N_Q G_R X_U Y_V Z_W M_I S_J T_K F_L H_D EOB_E	实现字符的输入，按SHIFT键后再按字符键，将输入右下角的字符。例如：按O_P键将在 CRT 的光标处输入“O”字符；按SHIFT键后再按O_P键将在光标处输入 P 字符；按“EOB”键将输入“;”，表示换行结束
7 8 9 4 5 6 1 2 3 - 0 .	实现字符的输入。例如：按5键将在光标所在位置输入“5”字符，按SHIFT键后再按5键将在光标所在位置输入“]”
POS	在 CRT 中显示当前机床的坐标位置
PROG	CRT 将进入程序编辑和显示界面
OFFSET SETTING	CRT 将进入参数刀偏/设定显示界面
SYSTEM	显示系统界面（包括参数、诊断、PMC 和系统等）
MESSAGE	显示报警界面
CUSTOM GRAPH	在自动运行状态下将数控显示切换至轨迹模式
SHIFT	上档键，按一下此键，再按字符键，将输入对应右下角的字符
CAN	删除已输入到缓存器的最后一个字符
INPUT	将数据域中的数据输入到指定的区域
ALTER	字符替换
INSERT	将输入域中的内容插入到指定区域
DELETE	删除一段字符
HELP	显示操作机床的帮助
RESET	使 CNC 复位，用以消除报警等

2）机床坐标位置界面

按POS键进入坐标位置界面。单击［绝对］、［相对］、［综合］软键，CRT 界面将依次对应切换为相对坐标界面（见图 1-14①）、绝对坐标界面（见图 1-15）、和综合坐标界面（见图 1-16）。

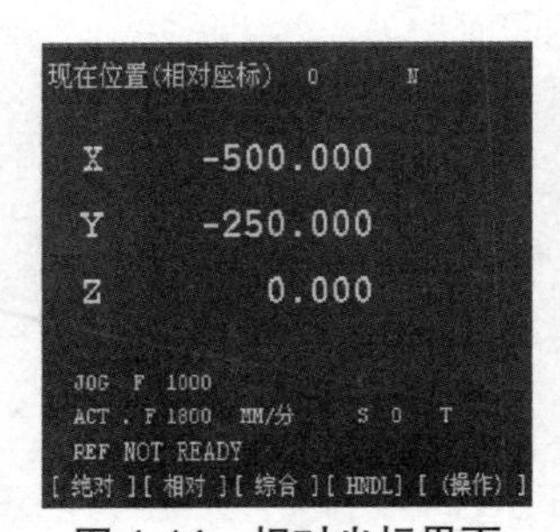

图 1-14　相对坐标界面

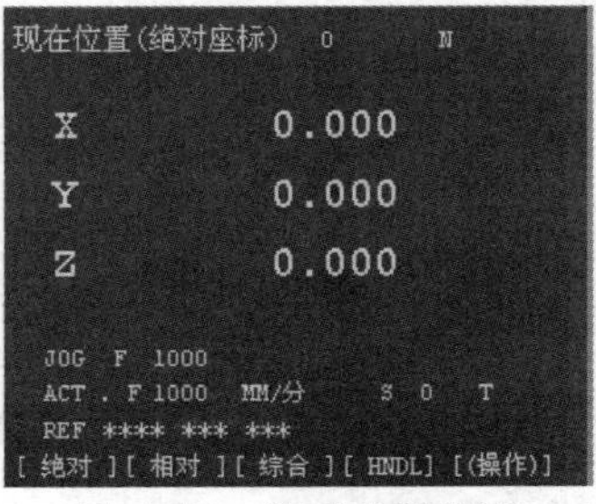

图 1-15　绝对坐标界面

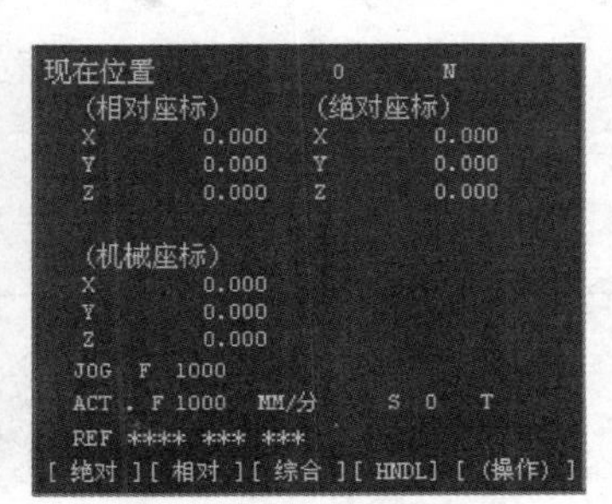

图 1-16　综合坐标界面

① 机床位置界面中“座标”应为“坐标”，在此统一说明。

3）程序管理界面

按POS键进入程序管理界面，单击［LIB］软键，将显示程序列表（见图 1-17），在程序列表中选择某一程序，按PROG键将显示该程序内容（见图 1-18）。

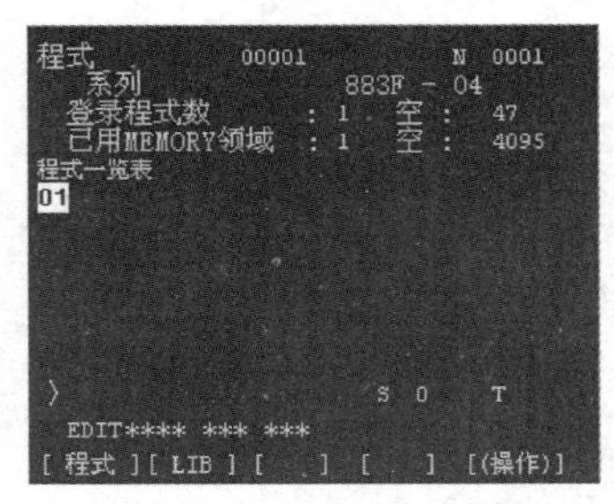

图 1-17　显示程序列表

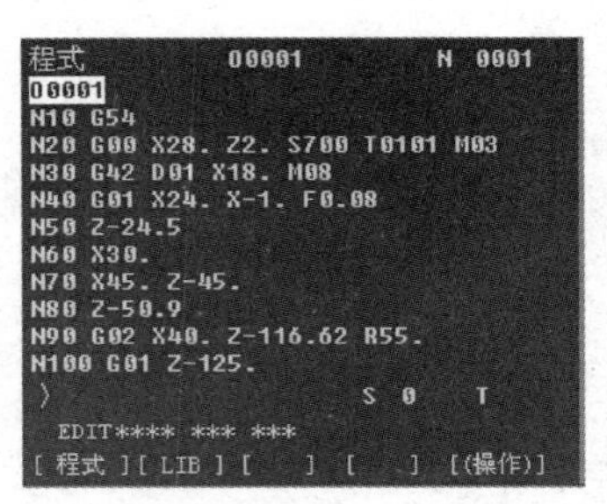

图 1-18　显示当前程序内容

2. 控制面板

FANUC Oi 数控铣床的控制面板通常在 CRT 的下方（见图 1-19），各按键（旋钮）的名称及功能见表 1-2。

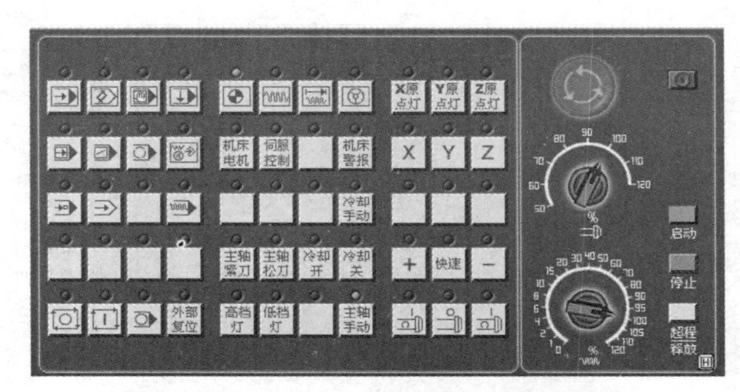

图 1-19　Fanuc Oi 数控铣床的控制面板

表 1-2　控制面板上各按键（旋钮）的名称及功能

按键（旋钮）	名称	功能说明
	自动运行	此按键被按下后，系统进入自动运行模式，其指示灯点亮
	编辑	此按键被按下后，系统进入程序编辑状态，其指示灯点亮
	MDI	此按键被按下后，系统进入 MDI 模式，手动输入并执行指令，其指示灯点亮
	远程执行	此按键被按下后，系统进入远程执行模式（DNC 模式）
	单节	此按键被按下后，运行程序时每次执行一条数控指令
	单节忽略	此按键被按下后，数控程序中的注释符号“/”有效
	选择性停止	此按键被按下后，“M01”代码有效
	机械锁定	自动运行模式下按下此按键，Z 轴不移动，只在屏幕上显示坐标值的变化，其左上角带有指示灯
	试运行	空运行
	进给保持	程序运行暂停与恢复。在程序运行过程中，按下此按键，运行暂停；按下“循环启动”按键，恢复运行

续表

按键（旋钮）	名称	功能说明
	循环启动	程序运行开始。系统处于“自动运行”或“MDI”模式时按下此按键，有效，其余模式下无效
	循环停止	程序运行停止。在数控程序运行中，按下此按键，停止程序运行
	回原点	机床处于回零模式。机床必须首先执行回零操作，然后才可以运行
	手动	机床处于手动模式，连续移动
	手动脉冲	机床处于手轮控制模式
	手动脉冲	机床处于手轮控制模式
X	X轴选择	手动模式时X轴选择按键
Y	Y轴选择	手动模式时Y轴选择按键
Z	Z轴选择	手动模式时Z轴选择按键
+	正向移动	手动模式时，按下该按键，系统将向所选轴正向移动。在回零模式时，按下该按键将所选轴回零
−	负向移动	手动模式时，按下该按键，系统将向所选轴负向移动
快速	快速	按下该按键将进入手动快速模式
	主轴控制	依次为主轴正转、主轴停止、主轴反转
启动	启动	用于打开 NC 系统电源，启动数控系统的运行
停止	停止	用于关闭 NC 系统电源，停止数控系统的运行
超程释放	超程释放	当X、Z轴达到硬限位时，按下此按键释放限位。此时，限位报警无效，急停信号无效，其左上角带有指示灯
	主轴倍率选择	当旋钮旋至对应刻度时，主轴将按设定值乘以刻度对应百分数执行动作
	进给倍率	当旋钮旋至相应刻度时，各进给轴将按设定值乘以刻度对应百分数执行进给动作
	急停	按下急停按键，使机床立即停止，并且所有的输出（如主轴的转动等）都会关闭
	手轮轴选择	用于选择进给轴
	手轮进给倍率	用于调节点动/手轮步长。×1、×10、×100 分别代表移动量为 0.001mm、0.01mm、0.1mm
	手轮进给倍率	在手轮控制模式下，可以对各进给轴进行手轮进给操作，其倍率可以通过该旋钮进行选择

（四）FANUC 数控铣床基本操作

1. 启动机床电源及系统

按下“启动”按键，此时机床电机和伺服控制的指示灯点亮。
检查“急停”按键是否处于松开状态，若未松开，按下“急停”按键，将其松开。

2. 机床回参考点

检查操作面板上回原点指示灯是否点亮，若指示灯点亮，则已进入回零模式；若指示灯不亮，则按下“回原点”按键，进入回零模式。

在回零模式下，先将 X 轴回原点，按操作面板上的“X 轴选择”按键 X，使 X 轴方向移动指示灯点亮 X，按 + 键，此时 X 轴回到原点，CRT 界面上 X 坐标变为“0.000”。同样，再分别按 Y 轴和 Z 轴按键 Y、Z，使指示灯点亮，按 + 键，Y 轴和 Z 轴回到原点。回原点后的 CRT 显示如图 1-20 所示。

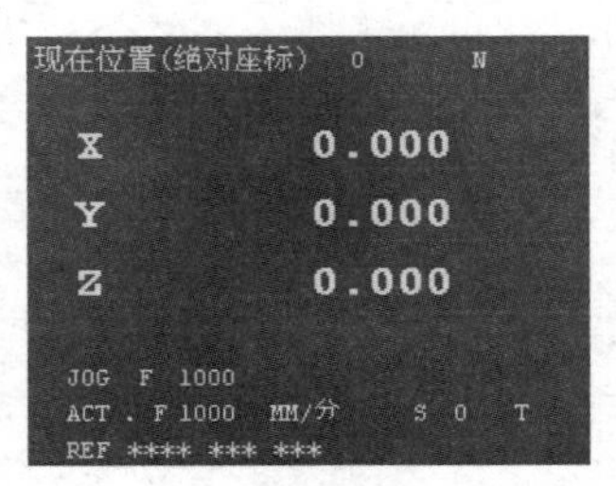

图 1-20　回原点后的 CRT 显示

3. 机床运动

按下“手动”按键，手动状态灯点亮，进入手动模式。按下“X 轴选择”按键 X，X 轴方向移动指示灯点亮 X，按 - 键，此时 X 轴将沿着负方向运动。同样，再分别按 Y 轴和 Z 轴选择按键 Y、Z，将相应指示灯点亮，按 - 键，此时 Y 轴和 Z 轴对应坐标发生变化。

按下“手动脉冲”按键，采用手轮控制方式移动机床，将“手轮轴选择”旋钮置于 X 档，调节“手轮进给倍率”旋钮，分别顺时针及逆时针旋转“手轮进给倍率”旋钮，查看坐标系变化情况。同样，用手轮分别控制 Y 轴和 Z 轴运动。

三、制订任务进度计划

通过参观数控加工车间完成本任务，试根据任务要求，制订合理的任务完成进度计划，根据各小组成员的特点分配具体工作任务。初识数控铣床任务分配表见表 1-3。

表 1-3　初识数控铣床任务分配表

序号	工作内容	时间分配	成员	责任人
1	认识数控铣床的组成结构			
2	认识数控铣床操作面板上各按键的功能及操作			
3	数控铣床开机及回零操作			
4	数控铣床的日常维护与保养			

四、任务实施方案

1. 参观要求

参观数控加工车间，观察技术人员操作数控铣床加工零件，根据查阅的相关资料及实训教师和技术人员的讲解，明确数控铣床的加工范围及组成；了解数控铣床涉及的机械传动及电气控制知识；能够正确判断数控铣床的坐标系；简单了解数控铣床加工零件的全过程。

2. 收集信息

制作并填写参观提问计划表，见表 1-4。

表 1-4　参观提问计划表

设计问题	描述	知识整理
与数控车削相比较，数控铣削的优势		
数控铣床的坐标系如何确定		
数控铣削加工与雕刻加工的不同		
数控铣床加工零件的范围		
车铣复合机床的用途		
……		

3. 填写数控铣床加工零件参观现场记录表

数控铣床加工零件参观现场记录表见表 1-5。

表 1-5　数控铣床加工零件参观现场记录表

观察项目	观察记录	问题
数控铣床的组成及各部位名称		
工具、量具、刀具		
数控铣床的运动		
生产车间工艺文件的填写		
零件加工的过程		
系统面板各按键的功能		

五、任务实施

（1）在教师讲解时，验证信息的正确性，并在相应表格中进行知识整理。
（2）小组讨论后与教师沟通，确定表 1-4 和表 1-5 的栏目和内容。
（3）学生在教师的指导下，完成数控铣床的开关机、回零及精准运动操作。

六、检查与评价

1. 学生自检

学生自检操作机床的准确性及熟练程度，能根据组长的指令通过手轮完成机床的精准移动。

2. 成绩评定

教师协同组长，对各组成员完成工作任务的情况进行综合评价（见表1-6）。

表1-6 工作任务评价表

评价项目与标准		配分	等级评定			
			A	B	C	D
职业能力	1. 能够准确叙述数控铣床的组成及分类	10				
	2. 能够准确叙述数控铣床的加工范围及特点	10				
	3. 理解数控铣床的坐标系及运动	10				
	4. 感知数控铣床的机械传动	10				
	5. 理解数控铣削加工过程	10				
	6. 理解数控的概念，能叙述数控铣床的工作原理	10				
	7. 能识别常用的机床按键	10				
	8. 能完成数控铣床回零、对刀等基本操作	10				
参观过程	1. 出勤情况 2. 遵守纪律情况 3. 计划落实情况，有无提问与记录 4. 有无安全意识 5. 是否主动了解情况	10				
核心能力	1. 能否有效沟通 2. 使用基本的礼貌用语 3. 能否与组员主动交流 4. 能否自我学习及自我管理	10				
合计		100				
简要自我评述		学习建议				

七、探究与拓展

继续查阅相关资料，总结归纳除 FANUC 系统外常见的数控机床系统还有哪些？如何进行数控铣床的安全操作与日常维护？

任务二 垫块的手动切削

本任务课件

【任务知识目标】

（1）认识数控铣床常用刀具。

（2）认识数控铣床常用量具。

（3）了解数控铣床基本功能指令。

【任务技能目标】

（1）掌握在 MDI 模式时启动主轴的方法。

（2）掌握手动模式时操作数控铣床的方法。

（3）掌握手轮控制模式时操作数控铣床的方法。

一、工作任务

某模具厂需加工垫块（图纸如图 1-21 所示）上平面，下平面及两侧均已按图纸技术要求加工完毕，上平面留 0.5mm 余量待加工。垫块的制作件数为 20，毛坯为 45#钢。现要求按图纸加工该垫块，提交成品件及检验报告。

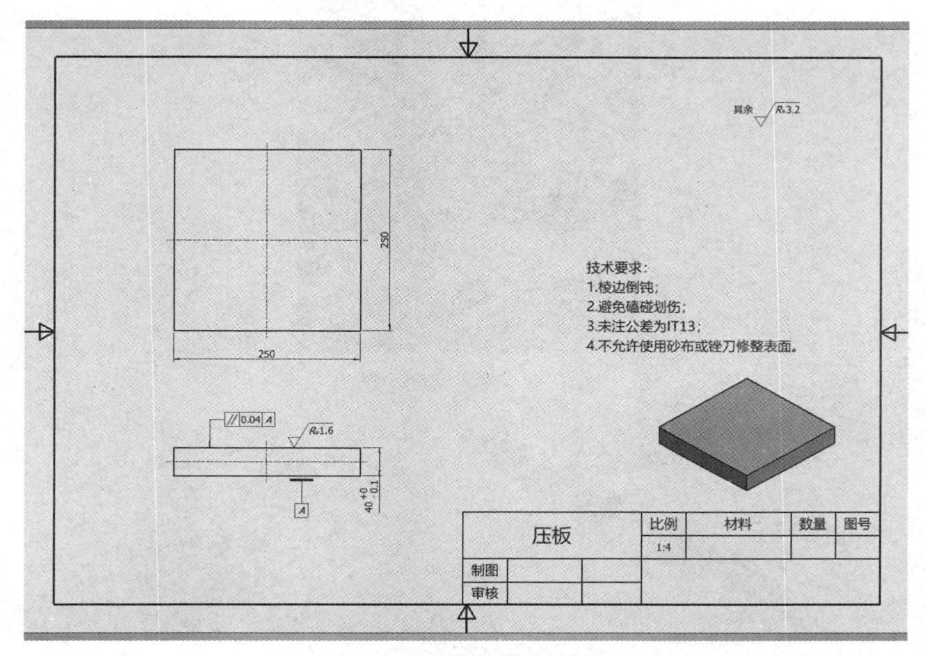

图 1-21　板状零件平面铣削①

二、相关知识

（一）数控铣床刀具

金属切削示意图如图 1-22 所示，数控铣床钻削加工时使用的钻削刀具（数控刀具的一种）如图 1-23 所示。数控刀具主要指数控铣床上所使用的刀具，简称数控车刀。数控铣床配置的刀具的性能直接影响数控铣床功能和作用的发挥。

数控铣床刀具的种类很多，为了适应数控铣床高速和自动化程度高的特点，刀具正朝着标准化、通用化和模块化的方向发展。常用的数控铣床刀具按切削加工工艺可分为三种：钻削刀具、镗削刀具和铣削刀具。为了满足特殊的铣削要求，又发展了各种特殊用途的专用刀具。

1. 钻削刀具和螺纹刀具

1）钻削刀具

在数控铣床和加工中心上钻孔都是无钻模直接钻孔，一般钻孔深度约为钻孔直径的 5 倍左右，加工细长孔时刀具易折断，因此需要注意冷却和排屑。

在钻孔前应先用中心钻钻一个中心孔，或用一个刚性较好的短钻头代替中心钻，解决在

① 图中，此图为 Pro/E 绘制，尺寸标注时由软件自动添加尺寸符号，符号与国家制图标准有差异。

铸件毛坯表面的引正等问题。如代替孔的倒角，以提高小钻头的寿命。

当工件毛坯表面硬度较高钻头无法钻削时，可先用硬质合金立铣刀，在欲钻孔部位先铣一个小平面，然后再用中心钻钻一引孔，解决硬表面钻孔的引正问题。

图 1-22　金属切削示意图

(a) 钻头　　(b) 中心钻

图 1-23　钻削刀具

2）螺纹刀具

内螺纹、外螺纹、圆柱螺纹、圆锥螺纹等都可以在数控铣床上加工。内外螺纹加工示意图分别如图 1-24 和图 1-25 所示。丝锥是一种加工内螺纹的工具，可加工 M3～M12 的螺纹孔。但是，使用丝锥进行螺纹切削时，经常会出现由于底孔精度不足导致螺纹精度、表面粗糙度降低的问题。螺纹铣刀可以确保较大的排屑空间，尤其对加工直径较大的螺纹孔，如 M5～M20 的螺纹孔。螺纹加工中使用的可换刀片式螺纹刀、整体式螺纹刀分别如图 1-26 和图 1-27 所示。

2. 铣削刀具

铣削加工刀具的种类很多，在数控铣床和加工中心上常用的铣刀有以下几种。

1）面铣刀

铣削较大平面时，为了提高生产效率和提高加工表面粗糙度，一般选用面铣刀。面铣刀的圆周表面和端面上都有切削刃，刀齿材料为高速钢或硬质合金，刀体材料为 40Cr。面铣刀分为两大类，一类是以钎焊方式将硬质合金刀片固定在刀齿上，然后把刀齿安装在铣刀刀体上，这种铣刀称为整体式焊接铣刀，如图 1-28 所示。第二类是将硬质合金刀片直接安装在铣刀刀体上，然后用螺钉等固定，这种铣刀称为可转位机夹式铣刀，如图 1-29 所示。

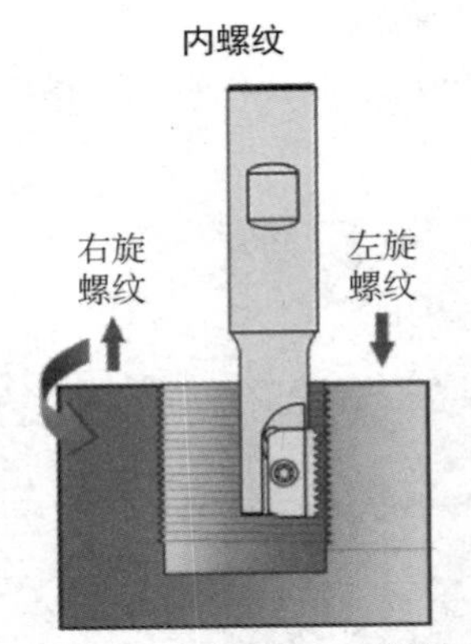

图 1-24　内螺纹加工示意图

面铣刀加工

立铣刀加工

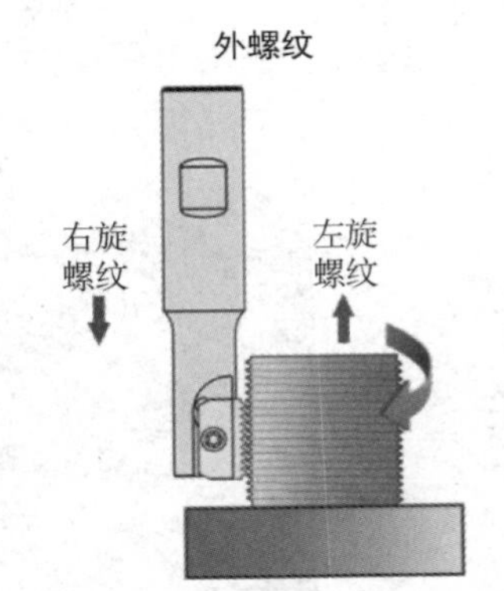

图 1-25　外螺纹加工示意图

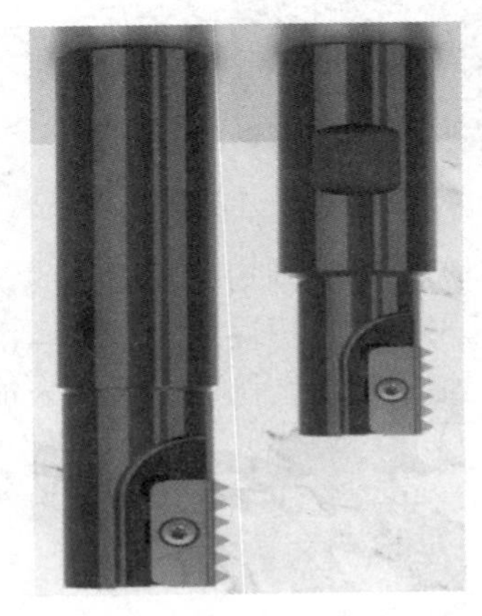

图 1-26　可换刀片式螺纹刀

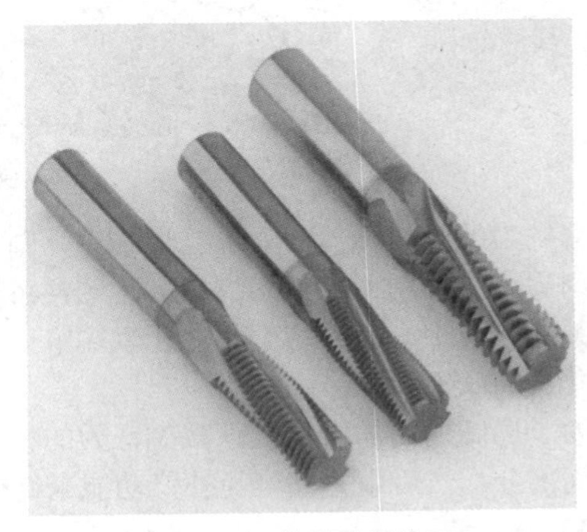

图 1-27　整体式螺纹刀

图 1-28　整体式焊接铣刀

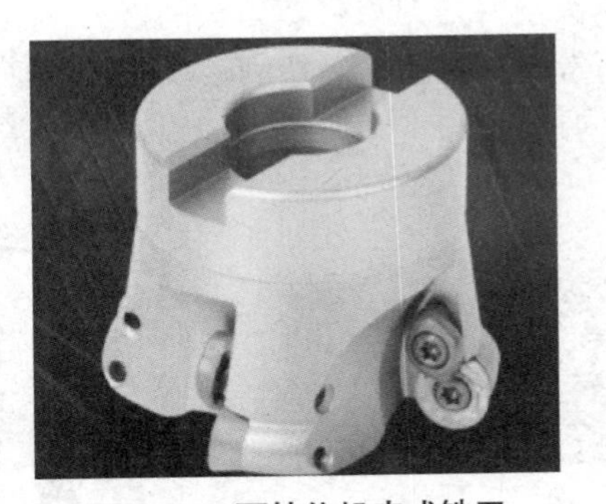

图 1-29　可转位机夹式铣刀

目前，可转位机夹式铣刀的应用较为广泛，它将可转位刀片通过夹紧装置固定在刀体上，当刀片的一个切削刃用钝后，可直接在机床上将刀片旋转或更换新刀片。可转位机夹式铣刀要求刀片定位精度高、夹紧可靠、排屑容易、更换刀片迅速等，同时各定位、夹紧装置通用性要好，制造要方便，并且要求经久耐用。

面铣刀铣削平面一般采用二次走刀。粗铣时沿工件表面连续走刀，应选好走刀宽度和铣刀直径，使接刀刀痕不影响精铣走刀精度，当加工余量大且不均匀时铣刀直径要小些。精加工时铣刀直径要大些，最好能包容加工面的整个宽度。

2）端铣刀

端铣刀是数控机床上用得最多的一种铣刀，主要用于在立式铣床上加工凹槽、台阶面等，如图 1-30 所示。

常用刀具

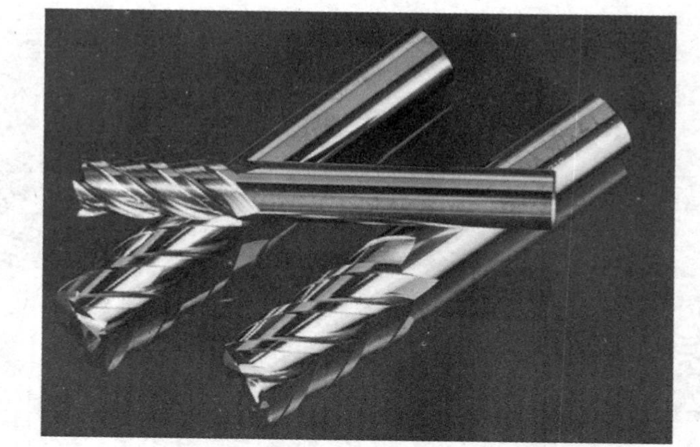

涂层立铣刀加工

图 1-30 端铣刀

端铣刀的侧面和端面上都有切削刃，圆柱表面的切削刃为主切削刃，端面上的切削刃为副切削刃。主切削刃一般为螺旋齿，这样可以增加切削的平稳性，提高加工精度。由于普通端铣刀的端面中心处无切削刃，所以端铣刀不能做轴向进给，端面切削刃主要用来加工与侧面相垂直的底平面。

为了提高槽的加工精度，减少铣刀的种类，加工时可采用直径比槽宽小的铣刀，先铣槽的中间部分，然后用刀具半径补偿功能来铣槽的两边。

3）球头铣刀

球头铣刀是刀刃类似球头的铣刀，也称为 R 刀。刀具为特殊的球体形状有助于延长刀具的使用寿命，以及提高切削速度和进给速度，如图 1-31 所示。球头铣刀适用于加工空间曲面零件，有时也用于平面类零件较大的转接凹圆弧的加工。

球头铣刀加工

盘铣刀加工

图 1-31 球头铣刀

4）键槽铣刀

键槽铣刀主要用于加工键槽与槽等。如图 1-32 所示，键槽铣刀一般有两个刀齿，圆柱面和端面都有切削刃。相对于端铣刀来说，键槽铣刀端面没有中心孔。键槽铣刀可以轴向进给达到槽深，然后沿键槽方向铣出键槽。修磨键槽铣刀时只需磨端刃即可。

图 1-32　键槽铣刀

5）模具铣刀

模具铣刀由立铣刀发展而成，适用于加工空间曲面零件，有时也用于平面类零件上有较大转接凹圆弧的过渡加工。模具铣刀可分为圆锥形立铣刀（圆锥半角$\frac{\alpha}{2}$=3°、5°、7°、10°）、圆柱形球头立铣刀和圆锥形球头立铣刀，其柄部有直柄、削平型直柄和莫氏锥柄等几种类型。图 1-33 为不同类型的硬质合金模具铣刀。

图 1-33　模具铣刀

6）鼓形铣刀

鼓形铣刀（见图 1-34）主要用于对变斜角类零件的变斜角面进行近似加工。它的切削刃分布在半径为 R 的圆弧面上，端面无切削刃，R 越小，加工的斜角范围越大。这种刀具刃磨困难，切削条件差，不适于加工有底的轮廓表面。

图 1-34　鼓形铣刀

7）成型铣刀

成型铣刀一般都是为特定的工件或加工内容专门设计制造的，适用于加工平面类零件的特定形状（如角度面、凹槽面等），也适用于加工特形孔或台。图 1-35 是几种成型铣刀。

图 1-35 成型铣刀

3. 镗削刀具

镗孔加工是为了修正下孔的偏心、获得精确的孔的位置，取得高精度的圆度、圆柱度和表面光洁度。镗孔一般是孔加工的最后工序。

镗孔的过程中一般都是采用移动工作台或立柱完成 Z 向进给（卧式）的，以此保证悬伸不变，从而获得进给的刚性。

镗刀是孔加工刀具的一种，一般是圆柄的，如图 1-36 所示。根据加工内容的不同，镗刀的选择也不一样。一般来说，应注意系统本身的刚性、动平衡性、柔性、信赖性、操作方便性及寿命和成本。

对于精度要求不高的几个同尺寸的孔，在加工时，可以用一把刀具完成所有孔的加工后，再更换一把刀具加工各孔的第二道工序，直至换最后一把刀具加工最后一道工序为止。

精加工孔则须单独完成，每道工序换一次刀具，尽量减少各个坐标的运动以减少定位误差对加工精度的影响。

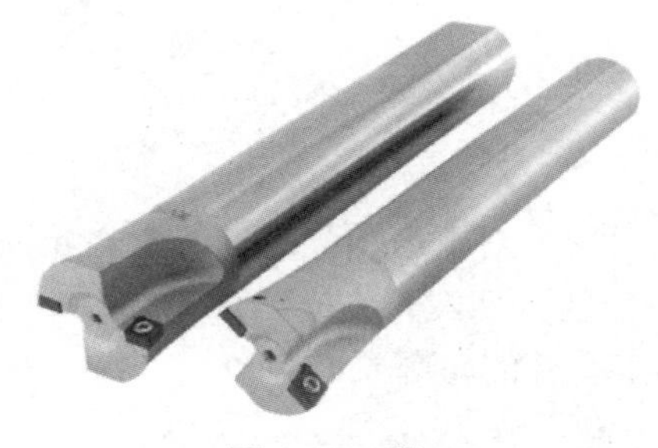

图 1-36 镗刀

4. 铣床刀具的材料

铣床刀具的材料有金刚石刀具材料、立方氮化硼刀具材料、陶瓷刀具材料、涂层刀具材料、硬质合金刀具材料、高速钢刀具材料等。

刀具材料的性能主要是耐磨性、韧性和热硬性。耐磨性反映在刀具后刀面的磨损及其他形式的磨损，韧性是指刀具整体的抗弯性和抗横向断裂能力，热硬性是指刀具在高速度下对高温材料加工时的硬度保持性能。

1）高速钢

高速钢是含较多钨、铬、钼、钒等合金元素的合金工具钢，刀具使用前需生产者自行刃磨，适于各种非标准刀具。

2）硬质合金

硬质合金是一种由碳化物和金属黏结剂组成的粉末的烧结制品。

3）超硬刀具材料

超硬刀具材料是金刚石和立方氮化硼（cubic boron nitride，CBN）的统称，用于超精加工及硬脆材料加工，切削速度较硬质合金刀具提高了 10～20 倍。

5. 数控铣床刀具的应用范围

数控铣床可以完成各种平面轮廓、斜面轮廓、曲面轮廓（见图 1-37）的铣削加工，还可以进行钻孔、扩孔、锪孔、铰孔、攻丝、镗孔等。

1）平面类零件

平面类零件是指加工面平行或垂直于水平面，以及加工面与水平面的夹角为一定值的零件，这类加工面可展开为平面。

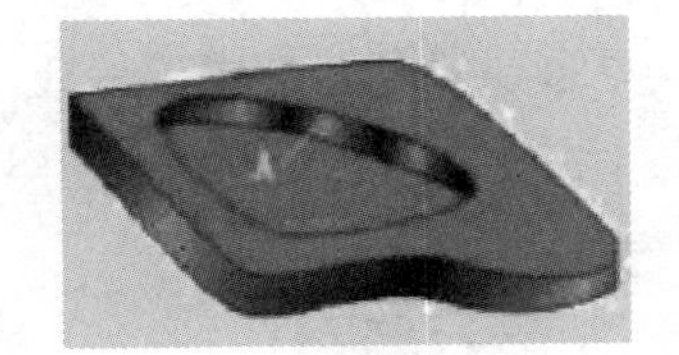

(a) 平面轮廓

(b) 斜面轮廓

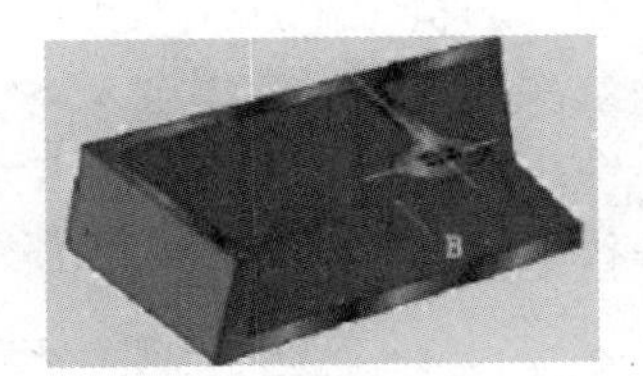

(c) 曲面轮廓

图 1-37 平面类零件

2）变斜角类零件

变斜角类零件（变斜角梁缘条如图 1-38 所示）的变斜角加工面不能展开为平面，但在加工中，加工面与铣刀圆周的瞬时接触为一条线。最好采用四坐标、五坐标数控铣床进行摆角加工，若没有上述机床，也可用三坐标数控铣床进行两轴半近似加工。

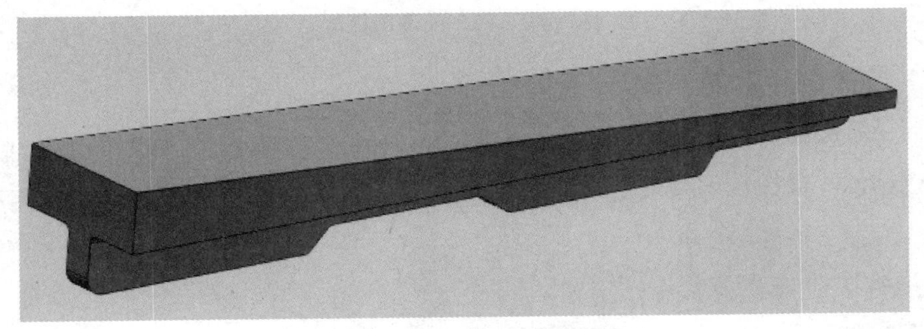

图 1-38 变斜角梁缘条

3）空间曲面类零件

加工面为空间曲面的零件称为空间曲面类零件，如叶轮（见图 1-39）、螺旋桨等。这类零件的加工面不能展成平面，一般使用球头铣刀切削，由于其加工面与铣刀始终为点接触，若采用其他刀具加工，则易产生干涉而破坏邻近表面，故可采用行切法或三坐标联动加工（空间直线插补）。当曲面较复杂、通道较狭窄、会伤及相邻表面及需要刀具摆动时，应采用四坐标或五坐标数控铣床进行加工。

图 1-39　叶轮

6. 箱体类零件

箱体类零件是机器或箱体部件的基础件，一般是指具有一个以上孔系，内部有不定型腔或空腔，在长、宽、高方向有一定比例的零件。汽车变速箱箱体如图 1-40 所示。

箱体类零件一般都需要进行多工位孔系、轮廓及平面加工，公差要求较高，特别是形位公差要求较为严格，通常要经过铣、钻、扩、镗、铰、锪、攻螺纹等加工工序，需要刀具较多，在普通机床上加工难度大，工装套数多，费用高，加工周期长，需多次装夹、找正，手工测量次数多，加工时必须频繁地更换刀具，工艺难以制定，更重要的是精度难以保证。这类零件在数控铣床尤其是加工中心上加工，一次装夹可完成普通机床 60%～95%的工序内容，零件各项精度的一致性好，质量稳定，同时可节省费用、缩短生产周期。

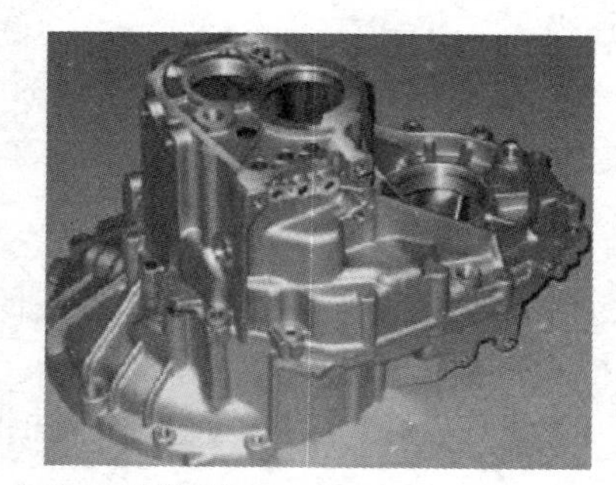

图 1-40　汽车变速箱箱体

（二）数控铣床的基本操作

数控铣床是在一般铣床的基础上发展起来的一种自动加工设备，两者的加工工艺基本相同，结构也相似。数控铣床分为不带刀库和带刀库两大类，其中带刀库的数控铣床又称为加工中心。

1. MDI 运行

（1）将控制面板上 MODE 旋钮切换至 MDI 模式。

（2）按系统操作面板上的“PROG”键，在程序界面单击“翻页”键后 LED 显示区显示“程序段值”界面。

（3）输入 M03，再输入给定的转速（S1500），按“INSERT”键将程序输入到系统中，最后按“循环启动”键。

2. 点动、步进操作

（1）按机床控制面板上的“手动”键，使其指示灯点亮，机床进入手动模式。

（2）“手动”模式时使用倍率旋钮选择增量进给的倍率大小。

（3）按机床控制面板上的“+X”“+Y”或“+Z”键，则刀具分别向 *X*、*Y*、*Z* 轴的正方向移动，按机床控制面板上的“−X”“−Y”或“−Z”键，则刀具分别向 *X*、*Y*、*Z* 轴的负方向移动。

（4）如使某坐标轴快速移动，只需在按住某轴的“+”或“−”键的同时，按住“快移”键即可。

3. 手轮进给

（1）按机床控制面板上的功能按键。

（2）使用倍率旋钮选择增量进给的倍率大小。

（3）旋转“手轮轴选择”旋钮，选择相应的轴，旋转“手轮进给倍率”旋钮实现轴的运动。一般情况下，顺时针旋转“手轮进给倍率”旋钮为正向进给，逆时针旋转“手轮进给倍率”旋钮为负向进给。

（三）数控机床坐标轴和运动方向

规定数控机床坐标轴和运动方向，是为了准确地描述机床运动，简化程序的编制，并使所编程序具有互换性。国际标准化组织已经统一了标准坐标系，我国也颁布了相应的标准（JB3051—1982），对数控机床的坐标和运动方向做了明文规定。

1. 运动方向命名的原则

机床在加工零件时，无论是刀具移动还是工件移动，永远都假定刀具是相对于静止的工件坐标而运动的，这样更容易确定零件的加工过程。

2. 坐标系的规定

为了确定机床坐标轴的运动方向、移动的距离，要在机床上建立一个坐标系，这个坐标系就是标准坐标系。在编制程序时，以该坐标系来规定运动的方向和距离。数控机床上的坐标系可采用右手笛卡儿坐标系（见图 1-41）的方法进行确定。

（1）伸出右手的大拇指、食指和中指，并互为 90°，大拇指代表 *X* 轴，食指代表 *Y* 轴，中指代表 *Z* 轴。

（2）大拇指的指向为 *X* 轴的正方向，食指的指向为 *Y* 轴的正方向，中指的指向为 *Z* 轴的正方向。

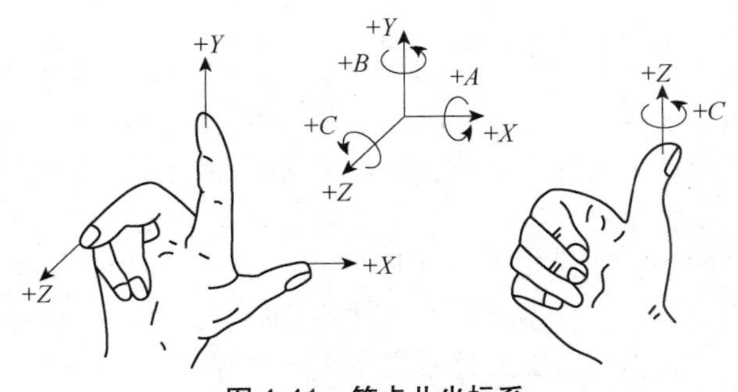

图 1-41　笛卡儿坐标系

（3）围绕 *X*、*Y*、*Z* 轴旋转的旋转轴分别用 *A*、*B*、*C* 表示，根据右手螺旋定则，大拇指的

指向为 X、Y、Z 轴中任意轴的正向，则其余四指的旋转方向即为旋转轴 A、B、C 的正向。

3. 常用的坐标系

1）机床坐标系

机床坐标系是机床上固有的坐标系，机床坐标系方位是通过参考机床上的一些基准来确定的。机床上有一些固定的基准线、固定的基准面，如主轴中心线、工作台面、主轴端面、工作台侧面、导轨面等，不同的机床有不同的坐标系。

在坐标系中，先确定 Z 轴，再确定 X 轴，最后按右手定则判定 Y 轴，增大工件与刀具之间距离的方向为坐标轴正方向。

Z 轴为平行于机床主轴（传递切削力）的刀具运动坐标轴，取刀具远离工件的方向为正方向（$+Z$）。如果机床有多个主轴时，则选一个垂直于工件装夹面的主轴为 Z 轴。

X 轴垂直于 Z 轴，并平行于工件的装卡面，如果为单立柱铣床，面对刀具主轴向立柱方向看，其右运动的方向为 X 轴的正方向（$+X$）。上述正方向都是刀具相对工件运动而言的。

在确定了 X、Z 轴的正方向后，可按右手直角笛卡儿坐标系确定 Y 轴的正方向，即在 Z–X 平面内，从 $+Z$ 转到 $+X$ 时，右螺旋应沿 $+Y$ 方向前进。常见机床的坐标方向如图 1-42 和图 1-43 所示，图中表示的方向为实际运动部件的移动方向。

机床原点（机械原点）是机床坐标系的原点，它的位置通常是在各坐标轴的最大极限处。

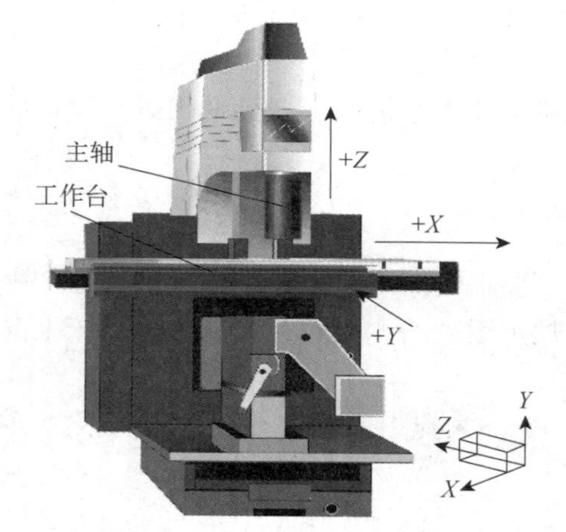

图 1-42　立式数控铣床坐标系

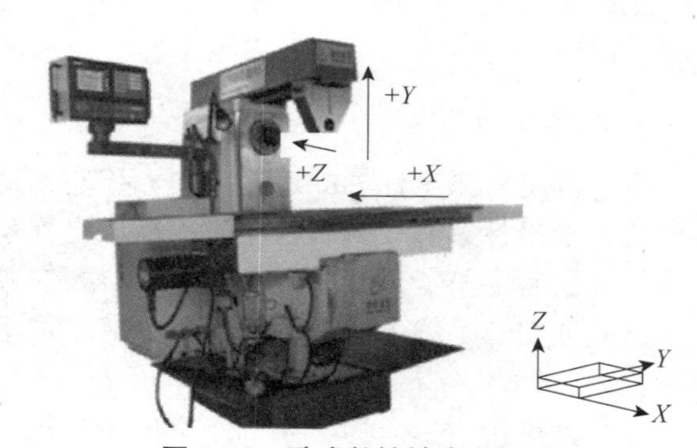

图 1-43　卧式数控铣床坐标系

2）工件坐标系

工件坐标系是编程人员在编程和加工时使用的坐标系，是程序的参考坐标系。工件坐标系的位置以机床坐标系为参考点，一般在一个机床中可以设定 6 个工件坐标系。数控铣床/加工中心的机床原点一般设在刀具远离工件的极限点处，即坐标正方向的极限点处。编程人员以工件图样上的某点为工件坐标系的原点，称工件原点。而编程时的刀具轨迹坐标点是按工件轮廓在工作坐标系中的坐标而确定的。在加工时，工件随夹具安装在机床上，这时测量工件原点与机床原点间的距离，这个距离称作工件原点偏置。工件坐标系如图 1-44 所示。

工件原点偏置值必须在执行加工程序前预存到数控系统中。在加工时，工件原点偏置便能自动加到工件坐标系上，使数控系统可按机床坐标系确定加工时的绝对坐标值。因此，编程人员可以不考虑工件在机床上的实际安装位置和安装精度，而利用数控系统的原点偏置功

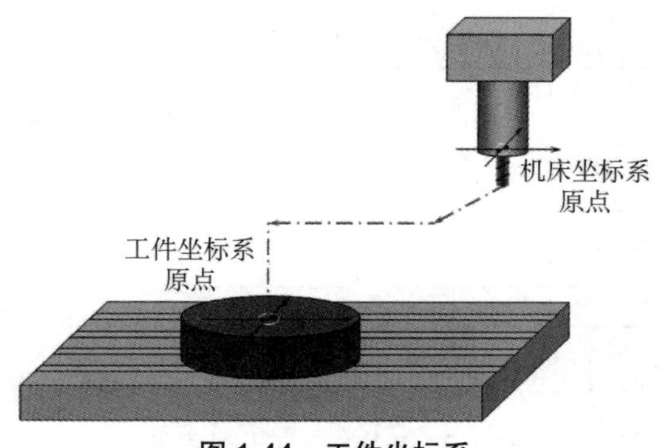

图 1-44　工件坐标系

能，通过工作原点偏置值补偿工件在工作台上的位置误差。

3）附加运动坐标系

一般，我们称 *X*、*Y*、*Z* 构成的坐标系为第一坐标系，如有平行于第一坐标系的第二组和第三组坐标系，则分别指定为 *U*、*V*、*W*、和 *P*、*Q*、*R*，分别称为第二坐标系，更远的为第三坐标系。

三、制订任务进度计划

本次生产任务工期为 2 天，试根据任务要求，制定合理的工作进度计划，根据各小组成员的特点分配工作任务，填写表 1-7。

表 1-7　垫块加工任务分配表

序号	工作内容	时间分配	成员	责任人
1	工艺分析			
2	准备工具、量具			
3	铣削加工			
4	产品质量检验与分析			

四、任务实施方案

（1）分析零件图样，写出垫块的加工方案。

（2）查阅资料，分析完成本次任务需要用到哪些刀具、量具及夹具？

（3）以小组为单位，结合所学普通铣床加工工艺知识，制定垫块的加工工艺卡（见表 1-8）。

表 1-8　垫块加工工艺卡

序号	加工方式	加工部位	刀具名称	刀具直径	刀角半径	刀具长度	刀刃长度	主轴转速/（r/min）	进给速度/（mm/min）	切削深度/Mm	加工余量/mm	程序名称

（4）根据垫块的加工内容，完成垫块加工工艺过程卡，见表 1-9。

表 1-9　垫块加工工艺过程卡

工序号	名称	尺寸	工艺要求	检验	备注
1					
2					
3					

五、实施编程与加工

根据任务，选用手动或手轮控制模式编程与加工垫块。

六、检查与评价

1. 学生自检

学生完成零件自检，填写“考核评分表”（见表 1-10），并同刀具卡、工序卡和程序单（MDI 模式指令）一起上交。

2. 成绩评定

教师协同各组组长，对零件进行检测，对刀具卡、工序卡和程序单（MDI 模式指令）进行批改，对学生整个任务的实施过程进行分析，并填写“考核评分表”（见表 1-10），对每个学生进行成绩评定。

表 1-10　考核评分表

零件名称			零件图号		操作人员		完成工时	
序号	鉴定项目及标准		配分		评分标准（扣完为止）	自检	检查结果	得分
1	任务实施 45 分	填写刀具卡	5		刀具选用不合理扣 5 分			
2		填写加工工序卡	5		工序编排不合理每处扣 1 分，工序卡填写不正确每处扣 1 分			
3		填写加工程序单	10		程序编写不正确每处扣 1 分			
4		工件安装	3		装夹方法不正确扣 3 分			
5		刀具安装	3		刀具安装不正确扣 3 分			
6		程序录入	3		程序输入不正确每处扣 1 分			
7		对刀操作	3		对刀不正确每次扣 1 分			
8		零件加工过程	3		加工不连续，每终止一次扣 1 分			
9		完成工时	4		每超时 5min 扣 1 分			
10		安全文明	6		撞刀、未清理机床和保养设备扣 6 分			

续表

零件名称			零件图号		操作人员		完成工时
序号	鉴定项目及标准		配分	评分标准（扣完为止）	自检	检查结果	得分
11	工件质量 45分	尺寸	30	尺寸每超0.1mm扣2分			
12		粗糙度	15	每降一级扣2分			
13	误差分析 10分	零件自检	4	自检有误差每处扣1分，未自检扣4分			
14							
15		填写工件误差分析	6	误差分析不到位扣1～4分，未进行误差分析扣6分			
合计			100				
误差分析（学生填写）							
考核结果（教师填写）							
检验员		记分员		时间	年　月　日		

七、探究与拓展

本次任务加工的工件采用的是手动模式或手轮控制模式完成的，但是这两种加工模式并没有发挥数控铣床的优越性，效率不是很高。思考数控铣床的自动加工是如何实现的？

项目二　平面与外轮廓零件的加工

项目知识目标

（1）掌握数控加工工艺分析的方法和步骤。

（2）掌握平面零件加工的工艺特点。

（3）掌握 FANUC 数控系统编程格式。

项目技能目标

（1）会编制平面类零件的加工程序。

（2）会制定加工方案。

（3）会录入加工程序，并编辑、调试、模拟加工程序。

（4）会进行简单的轮廓加工。

使用数控铣床加工零件一般需要经过几个主要的工作环节，即确定工艺方案、编写加工程序、实际数控加工操作、零件测量检验。通过本项目的学习与实践，希望学生掌握基本编程指令、编程方法、零件工艺分析、工艺制定和零件加工基本操作等知识与技能。

任务一　鲁班锁的加工

本任务课件

【任务知识目标】

（1）掌握数控铣床的基本加工指令、编程格式。

（2）掌握数控铣床编程加工的方法。

【任务技能目标】

（1）掌握数控铣床的基本操作。

（2）能够进行平面轮廓的加工。

（3）会选择合理的切削用量。

（4）能够完成简单的加工任务。

一、工作任务

某工艺厂为迎接建厂 50 周年，特为每位员工定制鲁班锁一套（鲁班锁件 1 图纸见图 2-1），现要求根据图纸编制加工程序，最后完成零件加工并提交成品件及检验报告。件数为 100，工期为 10 天，毛坯为 YL27 铝合金。

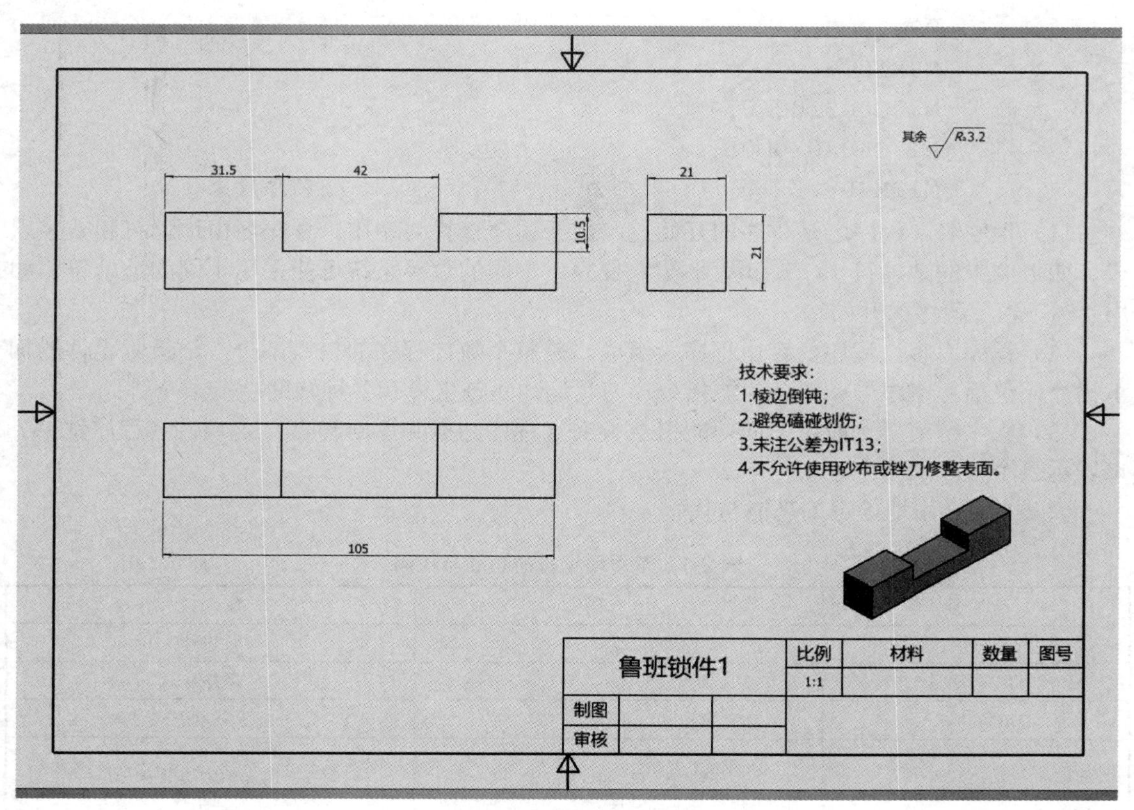

图 2-1 鲁班锁件 1

二、相关知识

（一）程序的结构

1. 程序格式

加工程序是由若干程序段组成的；而程序段是由一个或若干个指令字组成的，指令字代表某一信息单元；每个指令字由地址符和数字组成，代表机床的一个位置或一个动作；每个程序段结束处应有“EOB”或“CR”，表示该程序段结束后转入下一个程序段。地址符由字母组成，每个字母、数字和符号都称为字符，程序结构举例如下：

```
%                                    //程序名（程序号）
O1234
N1G90G54G00X0Y0S1000M03;             //第一程序段
N2Z100.0;                            //第二程序段
```

```
N3G41X20.0Y10.0D01;
N4Z2.0;
N5G01Z-10.0F100;
N6Y50.0F200;
N7X50.0;
N8Y20.0;
N9X10.0;
N10G00Z100.0;
N11G40X0Y0M05;
N12M30;                                    //程序结束
```

（1）程序名。程序名是程序的开始符，用于程序查找与调用。程序名由地址符和数字组成。如上例中的地址符“O”和编号数字1234。不同的数控系统可能采用不同的地址符，如用“%”表示程序的开始。

（2）程序内容。程序内容由程序段组成，是整个数控程序的核心部分，记录了零件的加工指令，包括程序序号、准备功能指令、刀具运动轨迹坐标和各种辅助功能指令等。

（3）程序结束。一般用辅助功能指令M30（程序结束并返回起点）或M02（程序结束）来表示整个程序的结束。

表2-1为常用地址符的功能与代码。

表2-1　常用地址符的功能与代码

功　能	代　码	备　注
程序号	O	程序号
程序段序号	N	顺序号
准备功能	G	定义运动方式
坐标地址	X、Y、Z A、B、C、U、V、W R I、J、K	轴向运动指令 附加轴运动指令 圆弧半径 圆心坐标
进给速度	F	定义进给速度
主轴转速	S	定义主轴转速
刀具功能	T	定义刀具号
辅助功能	M	机床的辅助动作
偏置号	H、D	偏置号
子程序号	P	子程序号
重复次数	L	子程序的循环次数
参数	P、Q、R	固定循环参数
暂停	P、X	暂停时间

2. 程序段格式

程序段格式是指令字在程序段中排列的顺序，不同数控系统有不同的程序段格式。格式不符合规定，数控装置就会报警，不运行。

（1）程序段序号（简称顺序号）通常用4位数字表示，即0000～9999，在数字前还冠有标识符号“N”，如 N0001 等。

（2）准备功能（简称 G 功能）由表示准备功能的地址符“G”和两位数字组成，G 功能的代码已标准化。

（3）坐标地址由坐标地址符及数字组成，且按一定的顺序进行排列，各组坐标地址必须以作为地址代码的字母（如 X、Y 等）开头。各坐标轴的地址符按下列顺序排列：X、Y、Z、U、V、W、Q、R、A、B、C、D、E。

其中，数字的格式和含义举例如下：

X50.
X50.0
X50000　} 都表示沿 X 轴移动 50mm。

（4）进给功能 F 表示刀具切削加工时进给速度的大小。

（5）主轴转速由主轴地址符“S”及两位数字组成，数字表示主轴转数，单位为“rpm”。

（6）刀具功能由地址符“T”和数字组成，用于指定刀具的号码。

（7）辅助功能（简称 M 功能）由辅助操作地址符“M”和两位数字组成。M 功能的代码已标准化，其代码及功能见表 2-2。

表 2-2　M 代码及功能

代码	功能	模态	代码	功能	模态
M00	程序停止	非模态	M07	喷雾启动（喷压缩空气）	模态
M01	程序选择停止		M08	切削液开	
M02	程序结束		M09	切削液关	
M03	主轴正转	模态	M29	刚性攻丝功能开	模态
M04	主轴反转	模态	M30	程序结束并返回	非模态
M05	主轴停止	模态	M98	调用子程序	模态

（8）程序段结束符列在程序段最后一个有用的字符之后，表示程序段的结束。需要说明的是，数控机床的指令格式有多种，不同数控系统其格式上存在一定的差异。因此，操作数控机床时要仔细了解其数控系统的编程格式。

3. 指令字

根据指令字的功能可将其分为程序段号、准备功能、辅助功能、运动坐标、进给功能、主轴转速功能、换刀功能和程序段结束等功能，其对应的符号见表 2-3。

表 2-3　指令字对应符号

N	G	M	X、Y、Z	F	S	T	LF（；）
程序段号	准备功能	辅助功能	运动坐标	进给功能	主轴转速功能	换刀功能	程序段结束

1）程序段号

程序段号（又称程序序号）通常用标识符号“N”和数字 1～9999 表示，一般放在程序段段首。例如，N02、N20 等。序号不一定连续，可适当跳跃。序号一般都以从小到大的顺序排列，在实际加工中不参与加工，只是为了便于程序的编程、检查和修改。代数控系统中很多都不要求程序段号，即程序段号可有可无。

2）准备功能

准备功能（又称 G 功能、G 代码、G 指令）由准备功能地址符“G”和 1～3 位数字组成，前置的“0”可以省略不写，是用于建立机床或控制系统工作方式的一种指令。例如，G01 或 G1 表示直线插补功能。FANUC Oi 系统的常用 G 代码见表 2-4。

表 2-4　FANUC Oi 系统的常用 G 代码

<table>
<tr><th>代码</th><th>分组</th><th>意义</th><th>格式</th></tr>
<tr><td>G00</td><td rowspan="4">01</td><td>快速进给、定位</td><td>G00 X-- Y-- Z--</td></tr>
<tr><td>G01</td><td>直线插补</td><td>G01 X-- Y-- Z--</td></tr>
<tr><td>G02</td><td>圆弧插补 CW（顺时针）</td><td rowspan="2">XY 平面内的圆弧：
$G17\begin{Bmatrix}G02\\G03\end{Bmatrix}X--Y--\begin{Bmatrix}R--\\I--J--\end{Bmatrix}$
ZX 平面的圆弧：
$G18\begin{Bmatrix}G02\\G03\end{Bmatrix}X--Z--\begin{Bmatrix}R--\\I--K--\end{Bmatrix}$
YZ 平面的圆弧：
$G19\begin{Bmatrix}G02\\G03\end{Bmatrix}Y--Z--\begin{Bmatrix}R--\\J--K--\end{Bmatrix}$</td></tr>
<tr><td>G03</td><td>圆弧插补 CCW（逆时针）</td></tr>
<tr><td>G04</td><td>00</td><td>暂停</td><td>G04［P|X］单位为秒，增量状态单位为毫秒，无参数状态表示停止</td></tr>
<tr><td>G15</td><td rowspan="2">17</td><td>取消极坐标指令</td><td>G15 取消极坐标方式</td></tr>
<tr><td>G16</td><td>极坐标指令</td><td>Gxx Gyy G16：开始极坐标指令
G00 IP_：极坐标指令
Gxx：极坐标指令的平面选择（G17，G18，G19）
Gyy：G90 指定工件坐标系的零点为极坐标的原点
G91：指定当前位置作为极坐标的原点
IP：指定极坐标系选择平面的轴地址及其值
第 1 轴：极坐标半径
第 2 轴：极角</td></tr>
<tr><td>G17</td><td rowspan="3">02</td><td>XY 平面</td><td rowspan="3">G17：选择 XY 平面
G18：选择 XZ 平面
G19：选择 YZ 平面</td></tr>
<tr><td>G18</td><td>ZX 平面</td></tr>
<tr><td>G19</td><td>YZ 平面</td></tr>
<tr><td>G20</td><td rowspan="2">06</td><td>英制输入</td><td></td></tr>
<tr><td>G21</td><td>米制输入</td><td></td></tr>
<tr><td>G30</td><td rowspan="2">00</td><td>回归参考点</td><td>G30 X-- Y-- Z--</td></tr>
<tr><td>G31</td><td>由参考点回归</td><td>G31 X-- Y-- Z--</td></tr>
<tr><td>G40</td><td rowspan="3">07</td><td>刀具半径补偿取消</td><td>G40</td></tr>
<tr><td>G41</td><td>左半径补偿</td><td rowspan="2">$\begin{Bmatrix}G41\\G42\end{Bmatrix}$ Dnn</td></tr>
<tr><td>G42</td><td>右半径补偿</td></tr>
<tr><td>G43</td><td rowspan="3">08</td><td>刀具长度补偿+</td><td rowspan="2">$\begin{Bmatrix}G43\\G44\end{Bmatrix}$ Hnn</td></tr>
<tr><td>G44</td><td>刀具长度补偿−</td></tr>
<tr><td>G49</td><td>刀具长度补偿取消</td><td>G49</td></tr>
<tr><td>G50</td><td>11</td><td>取消缩放</td><td>G50 缩放取消</td></tr>
</table>

续表

代码	分组	意义	格式
G51	00	比例缩放	G51 X_Y_Z_P_：缩放开始 X_Y_Z_：比例缩放中心坐标的绝对值指令 P_：缩放比例 G51 X_Y_Z_I_J_K_：缩放开始 X_Y_Z_：比例缩放中心坐标值的绝对值指令 I_J_K_：X、Y、Z 各轴对应的缩放比例
G52	00	设定局部坐标系	G52 IP_：设定局部坐标系 G52 IP0：取消局部坐标系 IP：局部坐标系原点
G53	00	机械坐标系选择	G53 X-- Y-- Z--
G54	14	选择工件坐标系 1	Gxx
G55	14	选择工件坐标系 2	Gxx
G56	14	选择工件坐标系 3	Gxx
G57	14	选择工件坐标系 4	Gxx
G58	14	选择工件坐标系 5	Gxx
G59	14	选择工件坐标系 6	Gxx
G68	16	坐标系旋转	（G17/G18/G19）G68 a_ b_R_：坐标系开始旋转 G17/G18/G19：平面选择，在其上包含旋转的形状 a_ b_：与指令坐标平面相应的 X、Y、Z 中的两个轴的绝对指令，在 G68 后面指定旋转中心 R_：角度位移，正值表示逆时针旋转。根据指令的 G 代码（G90 或 G91）确定绝对值或增量值 最小输入增量单位：0.001deg 有效数据范围：−360.000～360.000
G69	16	取消坐标轴旋转	G69：坐标轴旋转取消指令
G73	09	深孔钻削固定循环	G73 X-- Y-- Z-- R-- Q-- F--
G74	09	左旋攻螺纹固定循环	G74 X-- Y-- Z-- R-- P-- F--
G76	09	精镗固定循环	G76 X-- Y-- Z-- R-- Q-- F--
G90	03	绝对方式指定	GXX
G91	03	相对方式指定	GXX
G92	00	工件坐标系的变更	G92 X-- Y-- Z--
G98	10	返回固定循环初始点	GXX
G99	10	返回固定循环 R 点	GXX
G80	09	固定循环取消	
G81	09	钻削固定循环、钻中心孔	G81 X-- Y-- Z-- R-- F--
G82	09	钻削固定循环、锪孔	G82 X-- Y-- Z -- R-- P-- F--
G83	09	深孔钻削固定循环	G83 X-- Y-- Z -- R-- Q-- F--
G84	09	攻螺纹固定循环	G84 X-- Y-- Z-- R-- F--
G85	09	镗削固定循环	G85 X-- Y-- Z-- R-- F--
G86	09	退刀镗削固定循环	G86 X-- Y-- Z -- R-- P-- F--
G88	09	镗削固定循环	G88 X-- Y-- Z -- R-- P-- F--
G89	09	镗削固定循环	G89 X-- Y-- Z -- R-- P-- F--

3）辅助功能

辅助功能（又称 M 功能、M 代码、M 指令）由辅助操作地址符“M”和两位数字组成，前置的“0”可以省略不写。例如，M08 或 M8 表示冷却液开。

M 功能有模态与非模态之分。模态指令又称续效指令，是指某指令一经在程序段中指定，便一直有效，直到后面出现同组的另一指令或被其他指令取消。编写程序时，与上段相同的模态指令可以省略不写。不同组模态指令编写在同一程序段内时，不影响其续效，如 G00 与 G01 是模态指令，且它们同组。表示数据的代码如坐标 X、Y、Z，G90、G91 等都是模态指令。

非模态指令又称非续效指令，仅在出现的程序段中有效，如 G04 等。G 代码的说明见表 2-5。

表 2-5　G 代码的说明

组号	G 代码	初态	功能	说明
GA	G00	G01	定位（快速进给）	模态指令（续效指令）
	G01		直线插补（切削进给）	
	G02		圆弧插补（顺时针）	
	G03		圆弧插补（逆时针）	
GB	G04	—	延时	非模态指令
GC	G28	—	自动返回参考点（经中间点）	非模态指令
	G29		自动离开参考点（经中间点）	
GD	G40	G40	取消刀具补偿	模态指令（续效指令）
	G41		刀具半径补偿（刀具在工件左侧）	
	G42		刀具半径补偿（刀具在工件右侧）	
GE	G40	G40	取消刀具补偿	
	G43		刀具长度偏置（刀具伸长）	
	G44		刀具长度偏置（刀具缩短）	
GF	G90	G90	绝对值输入	模态指令（续效指令）
	G91		增量值输入	
GG	G92	—	工件坐标系设定	

注：①模态指令表示一经被应用，直到出现同组其他任一 G 代码时失效，否则作用继续有效，而且在以后的程序段中使用时可省略不写。

②在同一程序段中，出现非同组的几个模态指令时，并不影响 G 代码的续效。

③非模态指令只在本程序段有效。

④初态表示开机就有的指令。

4）运动坐标

运动坐标由坐标地址符（如 X、Z 等）及数字组成，且按一定的顺序进行排列，表示机床运动轴移动的坐标位置或转角。例如，G00X100Z100 表示机床运动到（100，100）位置。运动坐标的单位通过参数来设置。

5）进给功能

进给功能（F）表示刀具切削加工时进给速度的大小，其单位通过 G98（对应单位为 mm/min）或 G99（对应单位为 mm/r）指令指定。

例如：N10 G98F100 表示进给速度为 100mm/min；

N20S800M03 表示主轴旋转速度为 800r/min；

N22G99F2.0 表示进给速度为 2.0mm/r。

6）主轴转速功能

主轴转速功能（S）表示主轴的转速（单位为 r/min）。主轴旋向、主轴运动起始点和终止点由 M 指令指定。

7）换刀功能

换刀功能（T）表示加工时选用的刀具号。例如，T01 表示选用刀架上的 1 号刀具。

8）程序段结束

程序段结束符（LF）表示程序段的结束。采用 EIA 标准代码时，结束符以回车符表示；采用 ISO 标准代码时，结束符以“LF”或“；”表示。

（二）程序指令

1. 绝对坐标方式指令（G90）与相对坐标方式指令（G91）

坐标方式指令表示轴的移动方式。使用绝对坐标指令（G90）时，程序中的位移量用刀具的终点坐标表示。使用相对坐标指令（G91）时，程序中的位移量用刀具运动的增量表示。如图 2-2 表示刀具从 *A* 点到 *B* 点的移动，用以上两种方式的编程分别如下：

格式：G90　X80.0　　Y150.0；

　　　G91　X-120.0　　Y90.0；

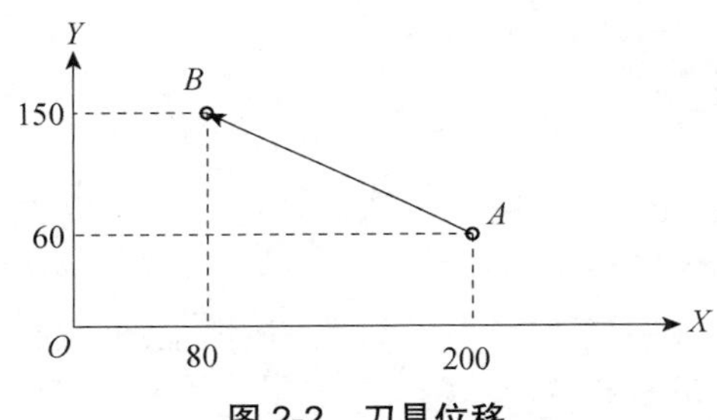

图 2-2　刀具位移

说明：在工件坐标系中，如果表示节点的坐标数据是相对工件原点的，则称为绝对编程方式，用指令 G90 表示；如果表示节点的坐标数据是相对于前一个节点的，则称为相对编程方式，用指令 G91 表示。G90、G91 是模态指令，可相互取消。

2. 快速定位指令（G00）

格式：G00　X__ Y__ Z__。

说明：G00——快速定位指令；X、Y、Z——终点的坐标。

G00 指令段控制刀具以点位控制方式，各轴以系统预先设定的移动速度，从当前位置快速移动到程序指令的定位目标点。其速度由机床参数确定，进给速度 F 对 G00 指令无效，操作时可利用机床操作面板上的倍率开关调整。G00 指令是模态指令，可以由同组的其他代码注销。

3. 直线插补指令（G01）

格式：G01　X__ Y__ Z__ F__。

说明：G01——直线插补指令；X、Y、Z——终点的坐标；F——进给速度，单位为 mm/min。

加工刀具做两点间的直线运动时用该指令，G01 指令表示刀具从当前位置开始以给定的速度（切削速度 F），沿直线移动到规定的位置。

例如：G01 X40.0 Y20.0 F200 的刀具移动轨迹如图 2-3 所示，其中，G01、F 指令都是续效指令，直到同组的其他代码注销为止。

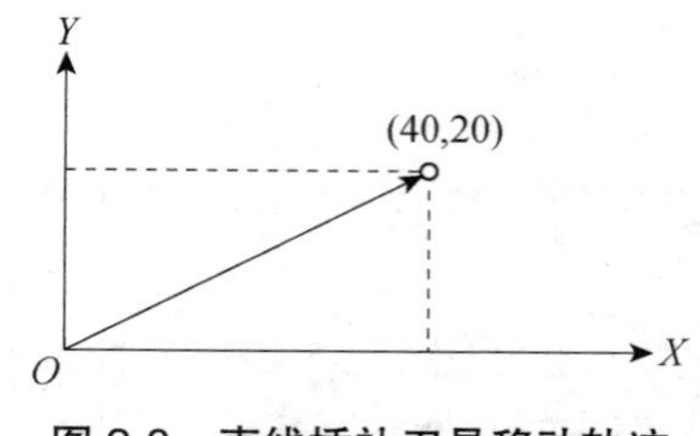

图 2-3　直线插补刀具移动轨迹

（三）数控铣床加工程序的输入

1. 建立程序名

（1）进入“EDIT”模式；
（2）按“PROG”键；
（3）按地址键“O”并输入程序号“0001”；
（4）按“INSERT”键；
（5）按“EOB”键，显示程序段结束符“；”；
（6）按“INSERT”键。

2. 输入程序

在建立程序名操作步骤（6）结束时，系统自动生成第一段的程序段号 N10，这时只需输入程序段中的指令即可。具体操作步骤如下：

（1）按地址键“S”，按数字键“6”“0”“0”；按地址键“M”，按数字键“0”“3”。
（2）按“EOB”键，显示结束符“；”。
（3）按“INSERT”键，此时系统自动生成第二段的程序段号。
（4）按地址键“G”，按数字键“0”“0”。按地址键和数字键依次输入 X52.00、Z2.0。
（5）按“EOB”键，显示结束符“；”。
（6）按“INSERT”键，此时系统自动生成第三段的程序段号。

按照第一段和第二段程序的输入方法继续输入，程序段号自动生成，每输入完一行指令字后按结束符对应的“EOB”键，直至程序结束处。

3. 程序的检查与修改

对照程序单，逐行检查输入程序的正误，并将错误逐一改正。

（四）数控铣床对刀过程

在数控机床上加工零件时，机床的动作是由数控系统发出的指令进行控制的。为了确定机床的运动方向和移动距离，需要在机床上建立一个坐标系，这个坐标系就是机床坐标系，也叫标准坐标系。机床坐标系的建立保证了刀具在机床上的正确运动。但是，加工程序的编制通常是针对某一工件并根据零件图样进行的。为了保证尺寸基准的一致，这种针对某一工件并根据零件图样建立的坐标系称为工件坐标系（也称编程坐标系）。通过对刀操作来确定工件坐标系和机床坐标系关系的具体步骤如下（以宇龙仿真软件为例）。

1. 机床回参考点

检查操作面板上回原点指示灯是否亮，若指示灯亮，则已进入回原点模式；若指示灯不亮，则单击“回原点”按钮，进入回原点模式。

在回原点模式下，先将 *X* 轴回原点，单击操作面板上的“*X* 轴选择”按钮，使 *X* 轴方向移动指示灯亮，单击按钮，此时 *X* 轴将回原点，*X* 轴回原点灯亮，CRT 界面上的 *X* 坐标变为“0.000”。同样，再单击 *Y* 轴，*Z* 轴选择、按钮，使指示灯亮，单击按钮，此时 *Y* 轴、*Z* 轴将回原点，*Y* 轴、*Z* 轴回原点灯亮。回原点操作后的 CRT 显示如图 2-4 所示。

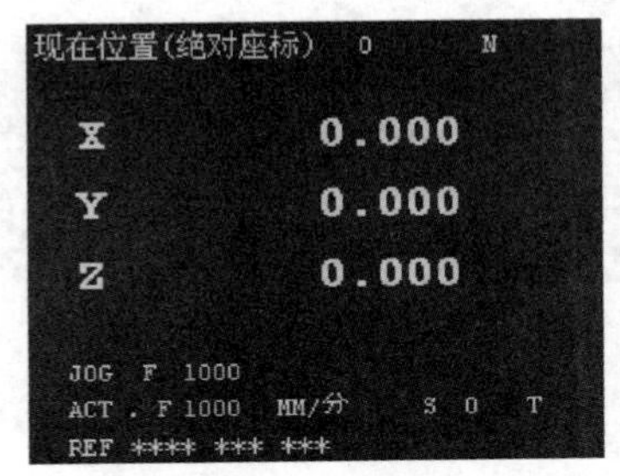

图 2-4　回原点操作后的 CRT 显示

试切对刀法

2. 对刀

数控程序一般按工件坐标系编程，对刀的过程就是建立工件坐标系与机床坐标系之间关系的过程。

下面将具体介绍数控铣床和卧式加工中心对刀的方法。对于数控铣床，将工件上表面中心点设为工件坐标系原点。一般，铣床在 *X*、*Y* 轴使用试切法和寻边器两种方法对刀，*Z* 轴用塞尺检查法、*Z* 轴定位器及试切法对刀。

1）寻边器 *X*、*Y* 轴对刀

寻边器由固定端和测量端两部分组成。固定端由刀具夹头夹持在机床主轴上，中心线与主轴轴线重合。在测量时，主轴以 400r/min 的速度旋转，通过手动模式使寻边器向工件基准面靠近，让测量端接触基准面。在测量端未接触工件时，固定端与测量端的中心线不重合，两者呈偏心状态。当测量端与工件接触后，偏心距减小，这时使用点动模式或手轮模式微调进给，寻边器继续向工件移动，偏心距逐渐减小。在测量端和固定端中心线重合的瞬间，测量端会出现明显的偏心状态。这时主轴中心位置距离工件基准面的距离等于测量端的半径。

X 轴对刀操作：

① 单击操作面板上的“手动”按钮，手动指示灯亮，系统进入手动模式。单击 MDI 键盘上的按钮，使 CRT 界面显示坐标值；适当单击操作面板上的、、、和按钮，将机床移动到零件的大致位置。

② 在手动模式下，单击操作面板上的或按钮，使主轴转动。寻边器未与工件接触时，其测量端将大幅度晃动。

③ 寻边器移动到工件左端面的大致位置后，可采用手动脉冲模式移动机床，单击操作面板上的“手动脉冲”或按钮，使手动脉冲指示灯亮，采用手动脉冲模式精确移动机床，将手轮对应轴旋钮置于 *X* 档，调节手轮进给速度旋钮，左旋或右旋手轮以精确移动寻边器。此时，寻边器测量端晃动幅度逐渐减小，直至固定端与测量端的中心线重合，

记下此时的坐标值 A_1；同样将寻边器抬起，精确移动到工件的右端面，记下此时的坐标值 A_2；将寻边器抬至安全面以上，移动到工件的中心 $A_3=\left(\dfrac{A_1+A_2}{2}\right)$ 处，在图 2-5 所示界面的 G54 坐标系中依次输入 $X\rightarrow A_3\rightarrow$测量值，完成 X 轴对刀。

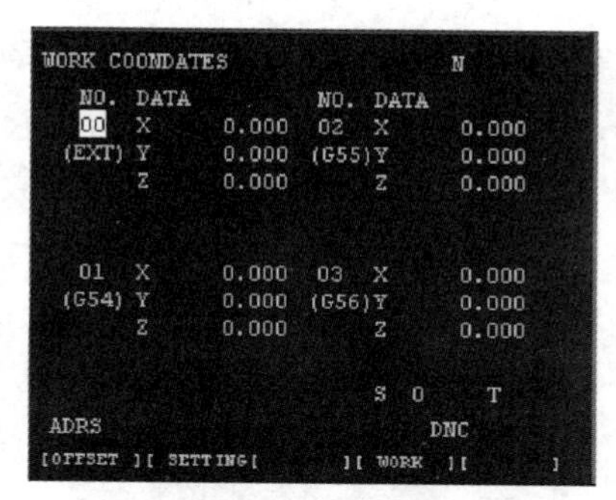

图 2-5 对刀界面

2）试切法 Z 轴对刀

① 单击“机床”→“选择刀具”或单击工具条上的图标，选择所需刀具。将操作面板中 MODE 旋钮切换至“JOG”，进入手动模式。

② 单击 MDI 键盘上的按钮，使 CRT 界面上显示坐标值；利用操作面板上的按钮和 AXIS 旋钮，将机床移动到零件上表面 10mm 左右的位置。

③ 单击操作面板上的“Start”按钮使主轴转动；将 AXIS 旋钮设在 Z 位置，单击操作面板上的“−”按钮，切削零件的声音刚响起时停止，使铣刀将零件切削小部分，记下此时 Z 轴的坐标值，记为 C，此为工件表面一点处 Z 轴的坐标值。在 G54 坐标系下依次输入 $Z\rightarrow C\rightarrow$测量值，完成 Z 轴对刀。

通过对刀得到的坐标值（X，Y，Z）即为工件坐标系原点在机床坐标系中的坐标值。

三、制订任务进度计划

本次生产任务工期为 7 天，试根据任务要求，制订合理的工作进度计划，根据各小组成员的特点分配工作任务，填写表 2-6。

表 2-6 鲁班锁加工任务分配表

序号	工作内容	时间分配	成员	责任人
1	工艺分析			
2	编制程序			
3	铣削加工			
4	产品质量检验与分析			

四、任务实施方案

（1）分析零件图样，确定加工鲁班锁的定位基准。

（2）鲁班锁加工后需经过抛光处理，查阅资料，说明抛光的工艺和特点。

（3）以小组为单位，结合所学的普通铣床加工工艺知识，制定鲁班锁的加工工艺卡（见表 2-7）。

表 2-7　鲁班锁的加工工艺卡

序号	加工方式	加工部位	刀具名称	刀具直径	刀角半径	刀具长度	刀刃长度	主轴转速/（r/min）	进给速度/（mm/min）	切削深度/mm	加工余量/mm	程序名称
1												
2												
3												
4												

（4）根据鲁班锁的加工内容，完成鲁班锁加工的工艺过程卡（见表 2-8）。

表 2-8　鲁班锁加工的工艺过程卡

工序号	名称	尺寸	工艺要求	检验	备注
1					
2					
3					
4					
5					
6					

五、实施编程与加工

（1）根据零件图样绘制出曲线图并进行标注。

（2）结合“相关知识”，分析加工鲁班锁用到的指令，并写出指令的格式。

（3）根据零件加工步骤及编程分析，小组合作完成鲁班锁的数控铣床加工程序（其程序单见表 2-9）。

表 2-9　鲁班锁加工程序单

加工程序	解释说明
O2001;	程序名，以字母“O”开头
N10 G90 G54 G0 X0 Y0 Z100;	程序段号 N10，以 G54 为工件坐标原点，绝对编程方式（G90），刀具快速定位（G00）到工件坐标原点（X0，Y0，Z100）
N20 M03 S1000;	主轴（Z 轴）转速 1000r/min（S1000），且正转（M03）

续表

加工程序	解释说明
N150 G0 Z10；	刀具快速定位至（Z100）
N160 M05 M30；	主轴停止转动（M05），程序结束（M30）

（4）通过仿真软件验证零件的铣削程序，校正程序中不合理的地方。

（5）在自动模式下完成工件的加工。

六、检查与评价

1. 学生自检

学生完成零件自检，填写“考核评分表”，见表2-10。将刀具卡、工序卡和程序单一起上交。

2. 成绩评定

教师协同组长，对零件进行检测，对刀具卡、工序卡和程序单进行批改，对学生整个任务的实施过程进行分析，并填写“考核评分表”（见表2-10）对每个学生进行成绩评定。

表 2-10　考核评分表

<table>
<tr><td colspan="2">零件名称</td><td></td><td colspan="2">零件图号</td><td>操作人员</td><td></td><td colspan="2">完成工时</td></tr>
<tr><td>序号</td><td colspan="3">鉴定项目及标准</td><td>配分</td><td>评分标准（扣完为止）</td><td>自检</td><td>检查结果</td><td>得分</td></tr>
<tr><td>1</td><td rowspan="10">任务实施
45分</td><td colspan="2">填写刀具卡</td><td>5</td><td>刀具选用不合理扣5分</td><td></td><td></td><td></td></tr>
<tr><td>2</td><td colspan="2">填写加工工序卡</td><td>5</td><td>工序编排不合理每处扣1分，工序卡填写不正确每处扣1分</td><td></td><td></td><td></td></tr>
<tr><td>3</td><td colspan="2">填写加工程序单</td><td>10</td><td>程序编制不正确每处扣1分</td><td></td><td></td><td></td></tr>
<tr><td>4</td><td colspan="2">工件安装</td><td>3</td><td>装夹方法不正确扣3分</td><td></td><td></td><td></td></tr>
<tr><td>5</td><td colspan="2">刀具安装</td><td>3</td><td>刀具安装不正确扣3分</td><td></td><td></td><td></td></tr>
<tr><td>6</td><td colspan="2">程序录入</td><td>3</td><td>程序输入不正确每处扣1分</td><td></td><td></td><td></td></tr>
<tr><td>7</td><td colspan="2">对刀操作</td><td>3</td><td>对刀不正确每次扣1分</td><td></td><td></td><td></td></tr>
<tr><td>8</td><td colspan="2">零件加工过程</td><td>3</td><td>加工不连续，每终止一次扣1分</td><td></td><td></td><td></td></tr>
<tr><td>9</td><td colspan="2">完成工时</td><td>4</td><td>每超时5min扣1分</td><td></td><td></td><td></td></tr>
<tr><td>10</td><td colspan="2">安全文明</td><td>6</td><td>撞刀、未清理机床和保养设备扣6分</td><td></td><td></td><td></td></tr>
<tr><td>11</td><td rowspan="4">工件质量
45分</td><td rowspan="2">上下平面</td><td>尺寸</td><td>10</td><td>尺寸每超0.1mm扣2分</td><td></td><td></td><td></td></tr>
<tr><td>12</td><td>粗糙度</td><td>5</td><td>每降一级扣2分</td><td></td><td></td><td></td></tr>
<tr><td>13</td><td rowspan="2">中部凹槽</td><td>尺寸</td><td>10</td><td>尺寸每超0.1mm扣2分</td><td></td><td></td><td></td></tr>
<tr><td>14</td><td>粗糙度</td><td>5</td><td>每降一级扣2分</td><td></td><td></td><td></td></tr>
</table>

续表

<table>
<tr><td colspan="2">零件名称</td><td></td><td colspan="2">零件图号</td><td></td><td>操作人员</td><td></td><td colspan="2">完成工时</td></tr>
<tr><td>序号</td><td colspan="3">鉴定项目及标准</td><td>配分</td><td colspan="2">评分标准（扣完为止）</td><td>自检</td><td>检查结果</td><td>得分</td></tr>
<tr><td rowspan="2">15</td><td rowspan="2"></td><td rowspan="2">位置精度</td><td>尺寸</td><td>10</td><td colspan="2">尺寸每超 0.1mm 扣 2 分</td><td></td><td></td><td></td></tr>
<tr><td>粗糙度</td><td>5</td><td colspan="2">每降一级扣 2 分</td><td></td><td></td><td></td></tr>
<tr><td>16</td><td rowspan="2">误差分析
10 分</td><td rowspan="2" colspan="2">零件自检</td><td rowspan="2">4</td><td rowspan="2" colspan="2">自检有误差每处扣 1 分，未自检扣 4 分</td><td rowspan="2"></td><td rowspan="2"></td><td rowspan="2"></td></tr>
<tr><td>17</td></tr>
<tr><td>18</td><td></td><td colspan="2">填写工件误差分析</td><td>6</td><td colspan="2">误差分析不到位扣 1～4 分，未进行误差分析扣 6 分</td><td></td><td></td><td></td></tr>
<tr><td colspan="4">合计</td><td>100</td><td colspan="2"></td><td></td><td></td><td></td></tr>
<tr><td colspan="10">误差分析（学生填）</td></tr>
<tr><td colspan="10">考核结果（教师填）</td></tr>
<tr><td>检验员</td><td colspan="2"></td><td>记分员</td><td></td><td colspan="2">时间</td><td colspan="3">年　月　日</td></tr>
</table>

七、探究与拓展

利用数控铣床加工如图 2-6 所示的鲁班锁件 2，毛坯为铝合金方料，粗加工每次切削深度为 1.5mm，进给量为 120mm/min，精加工余量为 0.5mm，各尺寸的加工精度为±20μm，额定工时为 1.5h。

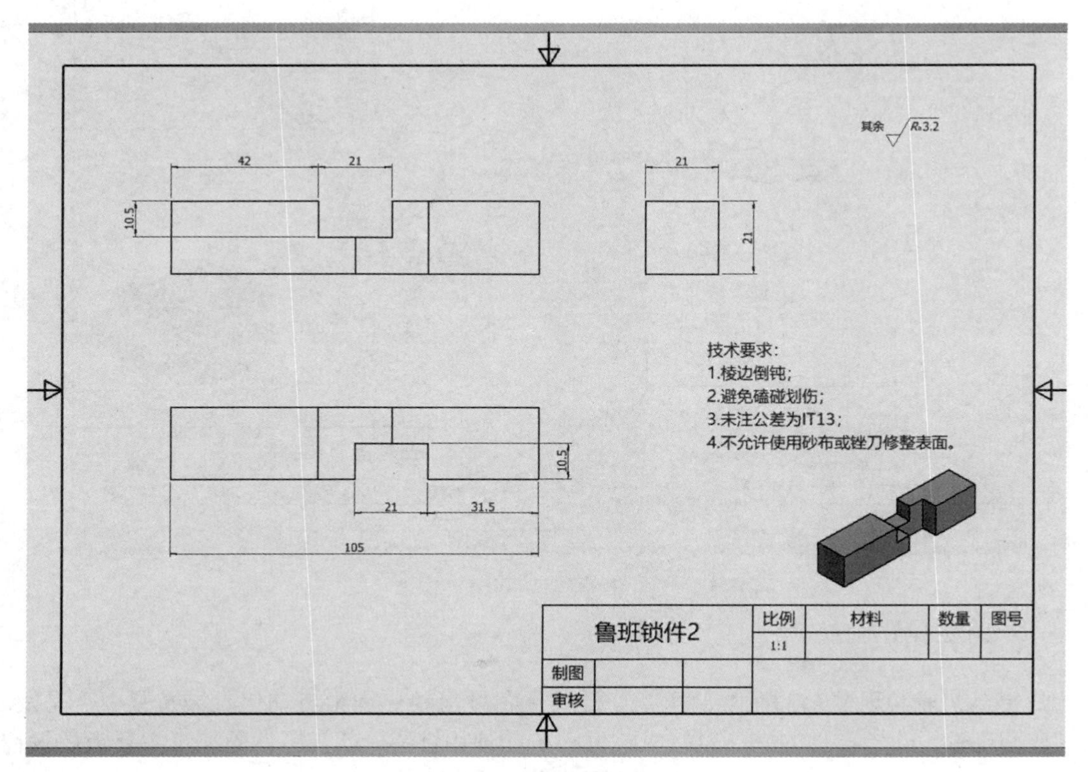

图 2-6　鲁班锁件 2

任务二　凸轮槽的加工

本任务课件

【任务知识目标】

（1）掌握数控铣床圆弧插补指令（G02、G03）的功能及用法。

（2）掌握刀具半径补偿指令（G40、G41、G42）的功能及用法。

【任务技能目标】

（1）进一步熟练掌握数控机床的基本操作方法。

（2）掌握槽与轮廓加工工艺的特点。

（3）会选择合理的切削用量。

（4）完成工作任务。

一、工作任务

学校数控实训车间接到一批凸轮槽加工任务（见图 2-7），委托方提供了直径为 ϕ105mm、厚度为 40mm 的棒料，材质为 45#钢毛坯，现要求学校方分析加工工艺特点，在 8h 内按零件的技术要求加工出合格样件，并提交检验报告，以确定能否投产加工。

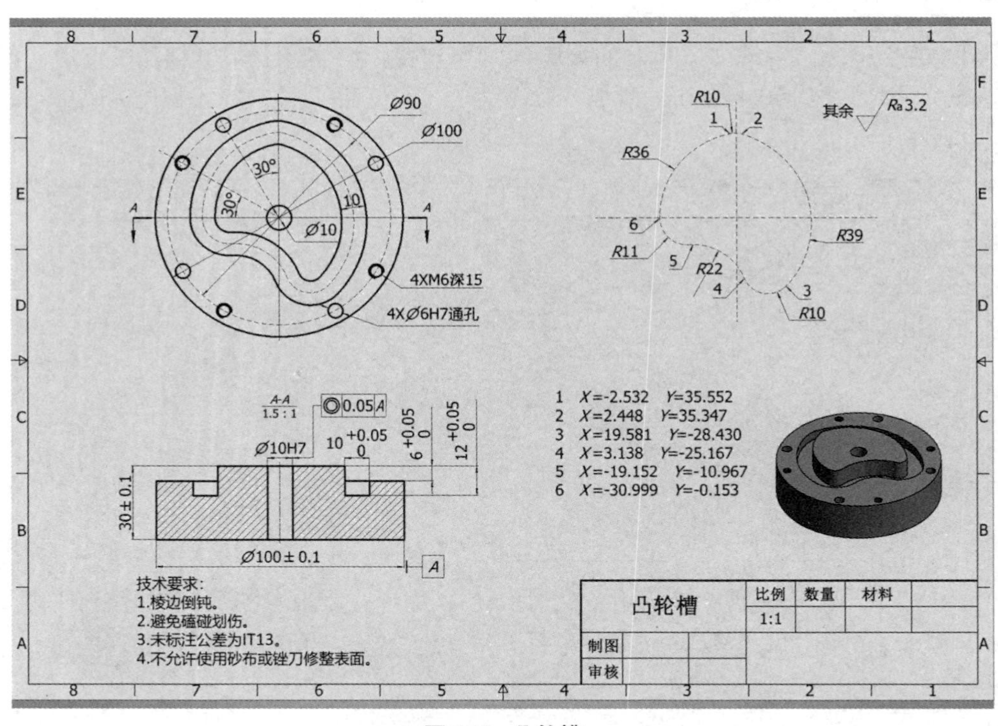

图 2-7　凸轮槽

二、相关知识

凸轮机构能实现复杂的运动要求，广泛用于各种自动化和半自动化机械装置中，是发动机的核心部件，凸轮零件的好坏直接影响发动机的使用性能。此类零件的加工主要考虑编程、下刀方式、刀具切入与切出，以及合理选择切削用量等问题。

（一）常用指令

1. 平面选择指令（G17、G18、G19）

平面选择是指在铣削过程中指定插补平面和刀具补偿平面。如图 2-8 所示，铣削过程中在 *XY* 平面内进行插补时，应选用指令 G17；在 *XZ* 平面内进行插补时，应选用指令 G18；在 *YZ* 平面内进行插补时，应选用指令 G19。平面选择指令是模态指令，与坐标轴的移动无关。

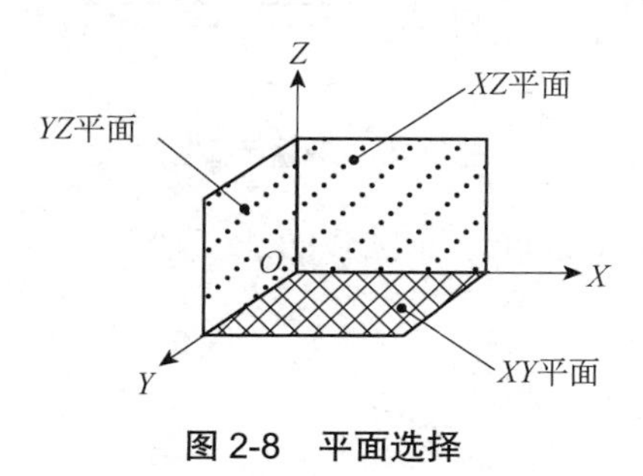

图 2-8　平面选择

2. 圆弧插补指令（G02、G03）

圆弧插补指令的格式：

$$G17\begin{Bmatrix}G02\\G03\end{Bmatrix}X\_Y\_\begin{Bmatrix}I\_\quad J\_\\R\_\end{Bmatrix}F\_;$$

$$G18\begin{Bmatrix}G02\\G03\end{Bmatrix}X\_Z\_\begin{Bmatrix}I\_\quad K\_\\R\_\end{Bmatrix}F\_;$$

$$G19\begin{Bmatrix}G02\\G03\end{Bmatrix}Y\_Z\_\begin{Bmatrix}J\_\quad K\_\\R\_\end{Bmatrix}F\_;$$

圆弧插补指令的相关说明如下。

顺时针圆弧插补：G02。

逆时针圆弧插补：G03。

方向：从 *XY* 平面（*ZX*、*YZ* 平面）的 *Z* 轴（*Y*、*X* 轴）的正向往负向观察，如图 2-9 所示。

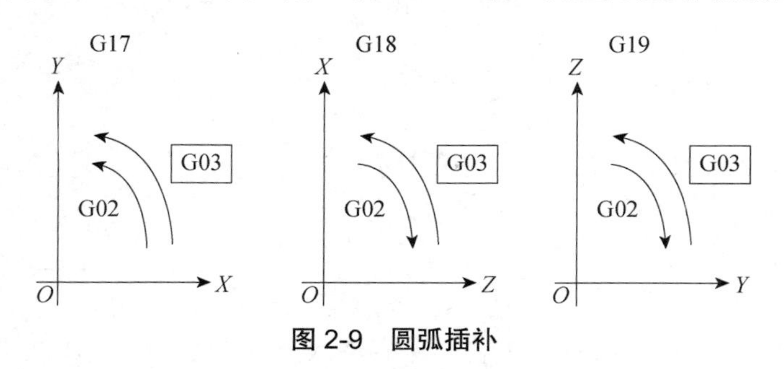

图 2-9　圆弧插补

X，*Y*，*Z*——圆弧的终点坐标，在 G90（绝对编程方式）下为圆弧终点在工件坐标系中的坐标值；在 G91（相对编程方式）下为圆弧终点相对于圆弧起点的位移量。

I，*J*，*K*——圆心在 *X*、*Y*、*Z* 轴上相对于圆弧起点的坐标值，如图 2-10 所示。

R——圆弧半径，对于圆心角 $0° < \alpha \leqslant 180°$时，*R* 为正值；对于圆心角 $180° < \alpha < 360°$时，*R* 为负值。

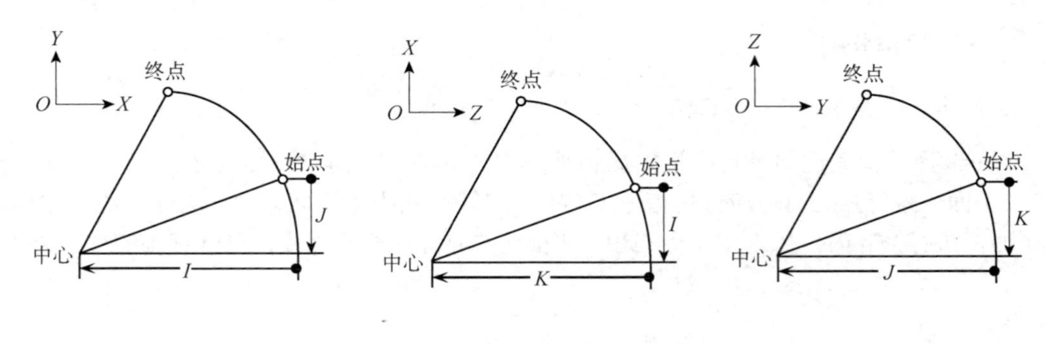

图 2-10 增量示意图

例：试运用圆弧指令编写图 2-11 所示圆弧的加工程序。

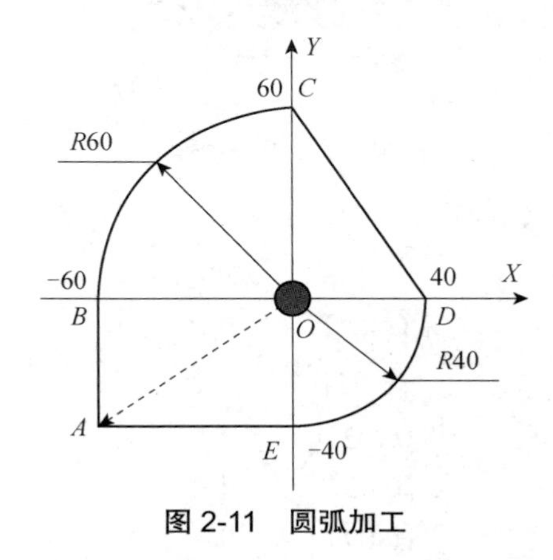

图 2-11 圆弧加工

刀具起始点为坐标原点，其终点也是原点，走刀方向为顺时针，进给速度为 F100。加工程序如下：

```
O1234;
N10 G90 G54 G17 G00 X0 Y0 S1000 M03;
N20 G01 X-60. Y-40.F100; //A 点位置
N30 G01 Y0; //B 点位置
N40 G02 X0 Y60. I60.; //C 点位置
N50 G01 X40. Y0; //AD 点位置
N60 G02 X0 Y-40. I-40.; //E 点位置
N70 G01 X-60. Y-40.; //A 点位置
N80 G00 X0 Y0 M05;
N90 M30;
```

说明：为方便读者理解，本程序中暂时没有加入刀补指令，仅用于展示编程示例。

3. 螺旋线进给

螺旋线进给指令是对一个不在圆弧平面上的一个坐标轴施加直线运动，以避开刀具中心无切削力，靠铣刀的侧刃逐渐向下切削进刀。对于任何角度（＜360°）的圆弧，可附加任一数值的单轴指令。螺旋线进给示意图如图 2-12 所示。

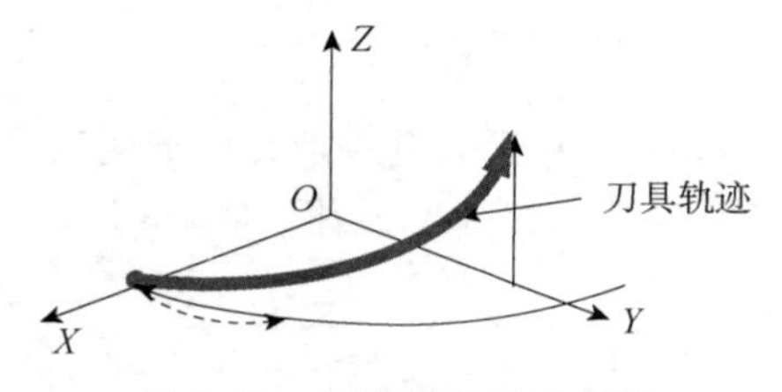

图 2-12　螺旋线进给示意图

绝对值编程为 G17 G90 G03 X0 Y30 R30 Z10 F300；

相对值编程为 G17 G91 G03 X-30 Y30 R30 Z10 F300。

（二）刀具半径补偿指令（G41、G42、G40）

在铣床上进行轮廓加工时，因为铣刀具有一定的半径，所以刀具中心轨迹和工件轮廓不重合。若数控装置不具备刀具半径自动补偿功能，则只能按刀具中心轨迹进行编程，其数值计算有时相当复杂。尤其当刀具磨损、重磨、换刀等导致刀具直径变化时，必须重新计算刀具中心轨迹、修改程序，这样既烦琐，又不易保证加工精度。当数控系统具备刀具半径自动补偿功能时，编程时只需按工件轮廓线进行，数控系统会自动计算刀具中心轨迹坐标，使刀具偏离工件轮廓一个半径值，即进行半径补偿。

刀具半径补偿指令的格式：

$$\begin{matrix} G17 \\ G18 \\ G19 \end{matrix}\left\{\begin{matrix} G40 \\ G41 \\ G42 \end{matrix}\right\}\left\{\begin{matrix} G00 & X\_ & Y\_ & D\_; \\ & X\_ & Z\_ & D\_; \\ G01 & Y\_ & Z\_ & D\_; \end{matrix}\right.$$

说明：G41——刀具半径左补偿；G42——刀具半径右补偿；G40——取消刀具半径补偿；X，Y——建立或取消刀具半径补偿的终点坐标值；D_——刀具偏置代号地址，后面一般为两位数字。

1. 判断刀具半径左、右补偿的方法

假设工件不动，沿着刀具的运动方向向前看，刀具位于工件左侧的刀具半径补偿称为刀具半径左补偿（G41）；沿着刀具的运动方向向前看，刀具位于工件右侧的刀具半径补偿称为刀具半径右补偿（G42），如图 2-13 所示。

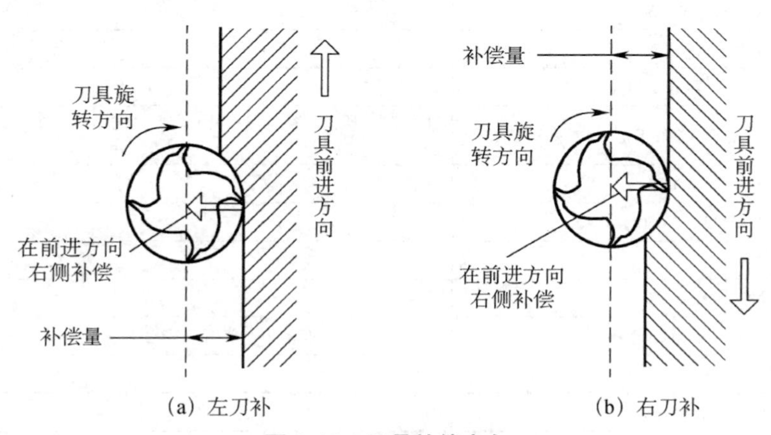

图 2-13　刀具补偿方向

2. 刀具半径补偿的过程

刀具补偿（简称“刀补”）程序分为三个组成部分：形成刀具补偿的建立补偿程序段、零件轮廓切削程序段和补偿撤销程序段。刀具半径补偿的过程如图 2-14 所示。

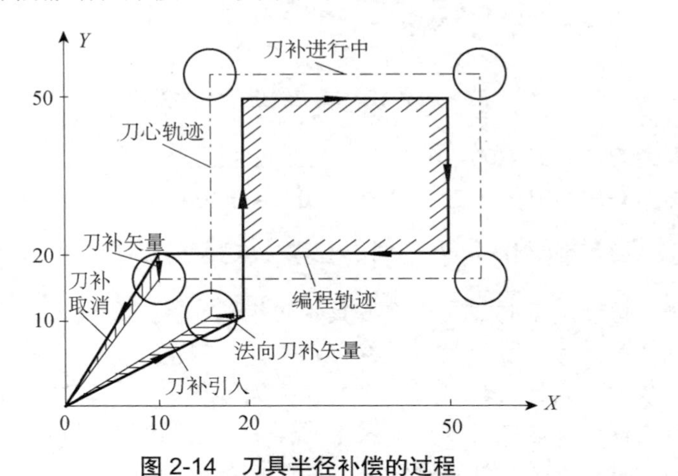

刀具半径补偿

图 2-14　刀具半径补偿的过程

刀具由起刀点（位于零件轮廓及零件毛坯之外，距离加工零件轮廓切入点较近）以进给速度接近工件，刀具半径补偿偏置方向由 G41（左补偿）或 G42（右补偿）确定。

（1）刀补时刀具中心始终与编程轨迹相距一个偏置量，直到刀补取消。

（2）刀补的取消：刀具撤离工件，回到退刀点，取消刀具半径补偿。与建立刀具半径补偿过程类似，退刀点也应位于零件轮廓之外，可与起刀点相同，也可以不相同。G40 必须与 G41 或 G42 成对使用；编入 G40 的程序段为刀具半径补偿撤销程序段，使用 G01 或 G00 指令，不能使用 G02、G03。G40 是模态指令，机床初始状态为 G40。刀具半径补偿加工代码及说明见表 2-11。

表 2-11　刀具半径补偿加工代码及说明

加工代码	说明
O2002；	程序名
N10　G90 G54 G17 G00 X0 Y0 Z100；	选择工件坐标系，绝对编程，快速定位至（0，0，100）
N20　M03 S1000；	
N30　G00 Z5；	
N40　G01 Z-10 F50；	下刀
N50　G01 G41 X20 Y20 D01 F100；	建立刀具半径左补偿（G41），补偿号 01（D01），直线插补至（20，20）处
N60　X20 Y50；	
N70　X50 Y50	
N80　X50 Y20	
N90　X10 Y20	
N100　G01 G40 X0 Y0；	取消刀具半径补偿，快速定位至（0，0）
N110　G00 Z100	
N120　M05 M30；	

刀补说明：

① 刀补位置的左右应是顺着编程轨迹前进的方向进行判断的。

② 在进行刀补前，必须用 G17 或 G18、G19 指令指定刀补是在哪个平面上进行的。平面选择的切换必须在补偿取消的方式下进行，否则将产生报警。

③ 刀补的引入和取消程序应包含在 G00 或 G01 程序段中，不应在 G02 或 G03 程序段。

④ 当刀补数据为负值时，则 G41、G42 指令的功能互换。

⑤ G41、G42 指令不能重复指定，否则会产生一种特殊的补偿。

⑥ G40、G41、G42 都是模态指令，可相互注销。

3. 刀具半径补偿应用

利用同一个程序、同一把刀具，通过设置不同大小的刀具补偿半径值而逐步减少切削余量的方法可达到粗、精加工的目的，如图 2-15 所示。

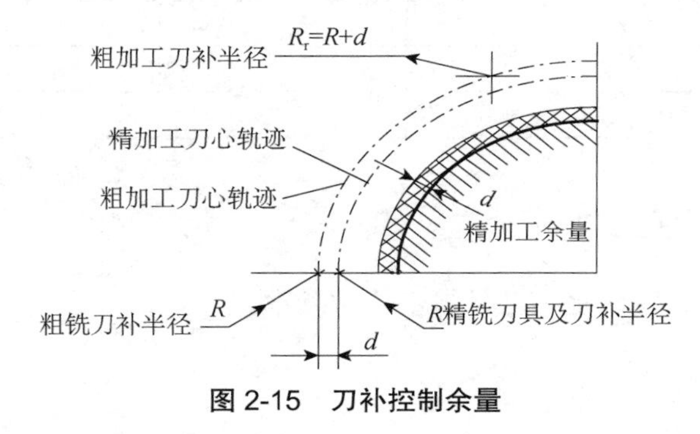

图 2-15　刀补控制余量

4. 铣削方式

铣削有逆铣和顺铣两种方式。如图 2-16 所示，铣刀旋转切入工件的方向与工件的进给方向相反时称为逆铣，相同时称为顺铣。

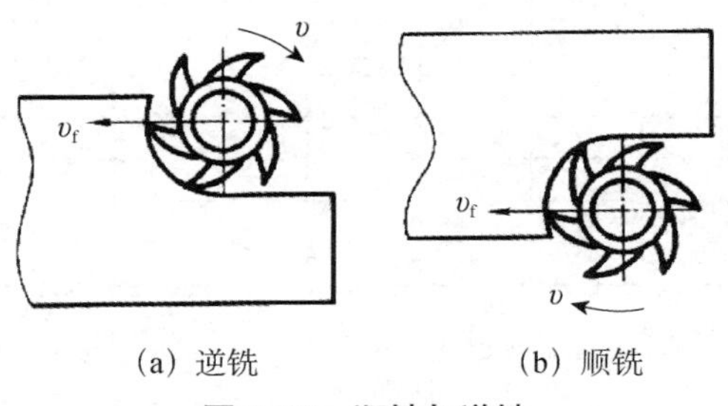

（a）逆铣　　（b）顺铣

图 2-16　顺铣与逆铣

逆铣时，切削厚度由零逐渐增大，切入瞬时刀刃钝圆半径大于瞬时切削厚度，刀齿在工件表面上要挤压和滑行一段后才能切入工件，从而使得已加工表面产生冷硬层，加剧了刀齿的磨损，同时使工件表面粗糙不平。此外，逆铣时刀齿作用于工件的垂直进给力 F 朝上，有抬起工件的趋势，这就要求工件装夹牢固。但是，逆铣时刀齿是从切削层内部开始工作的，当工件表面有硬皮时，对刀齿没有直接影响。

顺铣时，刀齿的切削厚度从最大开始，避免出现挤压、滑行现象，并且垂直进给力 F 朝下压向工作台，有利于工件的夹紧，可提高铣刀耐用度和加工表面质量。与逆铣相反，顺铣时要求工件表面没有硬皮，否则刀齿很易磨损。

对于铝镁合金、钛合金和耐热合金等材料来说，建议采用顺铣加工，这对于降低表面粗糙度值和提高刀具耐用度都有利。但如果零件毛坯为黑色金属锻件或铸件，表皮硬而且余量一般较大，这时采用逆铣较为有利。

三、制订任务进度计划

本次生产任务工期为8h，试根据任务要求，制订合理的工作进度计划，并根据各小组成员的特点分配工作任务。凸轮槽加工任务分配表见表2-12。

表2-12 凸轮槽加工任务分配表

序号	工作内容	时间分配	成员	责任人
1	工艺分析			
2	编制程序			
3	铣削加工			
4	产品质量检验与分析			

四、任务实施方案

（1）分析零件图样，确定加工凸轮槽的定位基准。

（2）以小组为单位，结合所学凸轮槽的加工工艺知识，制定凸轮槽的加工工艺卡（见表2-13）。

表2-13 凸轮槽的加工工艺卡

序号	加工方式	加工部位	刀具名称	刀具直径	刀角半径	刀具长度	刀刃长度	主轴转速（r/min）	进给速度（mm/min）	切削深度（mm）	加工余量（mm）	程序名称
1												
2												
3												
4												
5												

（3）根据凸轮槽的加工内容，完成凸轮槽加工的工艺过程卡（见表2-14）。

表2-14 凸轮槽加工的工艺过程卡

工序号	名称	尺寸	工艺要求	检验	备注
1					
2					
3					
4					
5					
6					

五、实施编程与加工

（1）根据零件图样绘制曲线图并进行标注。

（2）结合“相关知识”，分析加工凸轮槽用到的指令，并写出指令的格式。

（3）根据零件加工步骤及编程分析，小组合作完成凸轮槽的数控铣加工程序（其程序单见表 2-15）。

表 2-15　凸轮槽加工程序单

加工程序	解释说明

（4）通过仿真软件验证零件的铣削程序，校正程序中不合理之处。

（5）在自动模式下完成工件的加工。

六、检查与评价

1. 学生自检

学生完成零件自检，填写“考核评分表”（见表 2-16），同刀具卡、工序卡和程序单一起上交。

2. 成绩评定

教师协同组长，对零件进行检测，对刀具卡、工序卡和程序单进行批改，对学生整个任务的实施过程进行分析，并填写“考核评分表”（见表 2-16）对每个学生进行成绩评定。

表 2-16　考核评分表

零件名称				零件图号		操作人员		完成工时
序号	鉴定项目及标准			配分	评分标准（扣完为止）	自检	检查结果	得分
1	任务实施 45 分	填写刀具卡		5	刀具选用不合理扣 5 分			
2		填写加工工序卡		5	工序编排不合理每处扣 1 分，工序卡填写不正确每处扣 1 分			
3		填写加工程序单		10	程序编制不正确每处扣 1 分			
4		工件安装		3	装夹方法不正确扣 3 分			
5		刀具安装		3	刀具安装不正确扣 3 分			
6		程序录入		3	程序输入不正确每处扣 1 分			
7		对刀操作		3	对刀不正确每次扣 1 分			
8		零件加工过程		3	加工不连续，每终止一次扣 1 分			
9		完成工时		4	每超时 5min 扣 1 分			
10		安全文明		6	撞刀、未清理机床和保养设备扣 6 分			
11	工件质量 45 分	上下平面	尺寸	10	尺寸每超 0.1mm 扣 2 分			
12			粗糙度	5	每降一级扣 2 分			
13		中部凸台	尺寸	10	尺寸每超 0.1mm 扣 2 分			
14			粗糙度	5	每降一级扣 2 分			
15		凹槽	尺寸	10	尺寸每超 0.1mm 扣 2 分			
			粗糙度	5	每降一级扣 2 分			
16	误差分析 10 分	零件自检		4	自检有误差每处扣 1 分，未自检扣 4 分			
17								
18		填写工件误差分析		6	误差分析不到位扣 1～4 分，未进行误差分析扣 6 分			
合计				100				
误差分析（学生填）								
考核结果（教师填）								
检验员				记分员		时间		年　月　日

七、探究与拓展

加工同一个零件可能需要多把刀具，相同或不同的刀具安装在刀柄上其长度不可能相等，因此使用的每把刀具都需要进行对刀操作。当然，若编程时不考虑每把刀具的不同长度、磨损或其他原因引起的刀具长度变化，简化编程也能够实现，这就需使用刀具长度补偿指令。

1. 长度补偿的方法

如图 2-17 所示，程序运行中当执行到下刀程序段 G01Z0 时，G54 对刀用的 3 号刀具刚好到达指定位置，而比 3 号刀具短的 1 号刀具距离目标位置为 20mm，比 3 号刀具长的 2 号刀具已经超过目标位置 20mm。因此，为了使 1、2 号刀具都能到达指定的下刀位置 Z0 处，必须将 1 号刀具向 *Z* 轴负向补偿 20mm，而 2 号刀具向 *Z* 轴正向补偿 20mm。

利用刀具测量仪直接测定（或简单计算）刀具的长度值时，如图 2-17 中的 20、60、40，如果以 3 号刀具为基准设置工件坐标系，则 1 号刀具的长度补偿值为 20−40=−20mm，2 号刀具的长度补偿值为 60−40=20mm。计算结果为负值，说明比基准刀具短；结果为正值，说明比基准刀具长。在基准刀具确定后，不能再发生变化。

2. 长度补偿的含义

调用和取消刀具长度补偿的指令是 G43、G44 和 G49。G43 是刀具长度正补偿指令，G44 是刀具长度负补偿指令。因为刀具的长度补偿值可以是正值或负值，所以常用 G43 指令，而很少用 G44 指令。G49 是取消刀具长度补偿值的指令。G43、G44 和 G49 是同一组指令。下面将通过图 2-18 说明 G43 指令的含义。

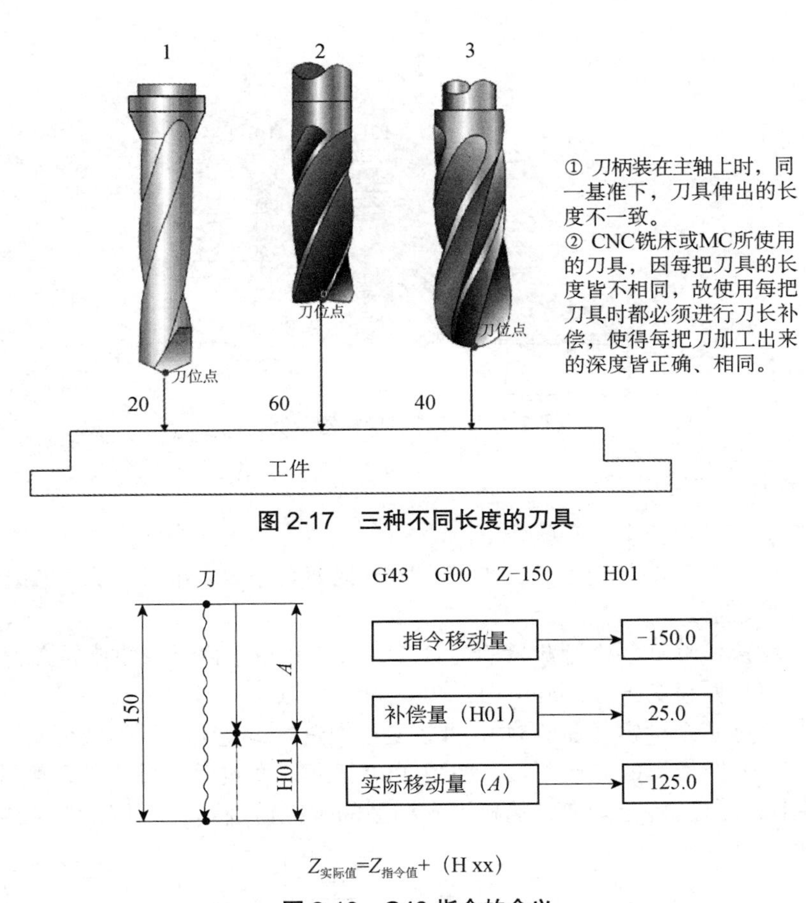

图 2-17　三种不同长度的刀具

图 2-18　G43 指令的含义

使用 G43、G44、G49 指令时应该注意：刀具在 Z 方向要有直线运动 G00/G01，同时要在一定的安全高度上，否则会造成事故。

刀具长度补偿指令的格式：

$$\begin{matrix}G17\\G18\\G19\end{matrix}\begin{Bmatrix}G43\\G44\\G49\end{Bmatrix}\begin{Bmatrix}G00 & Z\_ & Z\_ & H\_;\\ & Y\_ & Y\_ & H\_;\\G01 & X\_ & X\_ & H\_;\end{Bmatrix}$$

说明：Z 地址符后面的数字表示刀具在 Z 方向上运动的距离或绝对坐标值；H 地址符后面的数字表示刀具号。按照上面的格式就可以将相应刀具的长度补偿值从系统长度补偿寄存器中调出。G43 为刀具长度正补偿（补偿轴终点加上偏置值）指令，G44 为刀具长度负补偿（补偿轴终点减去偏置值）指令，G49 为撤销刀具长度补偿指令。H 用于设定在偏置储存器中的偏置号码，与刀具半径补偿 D 指令一致，偏置号可为 H00～H99，偏置量与偏置号相对应，通过操作面板预先输入在存储器中；对应偏置号 00（即 H00）的偏置值通常为 0，因此对应于 H00 的偏置量不设定。

刀具长度补偿示例（刀具快速接近程序）如图 2-19 所示，其程序如下：

```
O0001
G90  G54  X0  Y0  M03;
G43  Z100.0  H01;
M08;
M02;
```

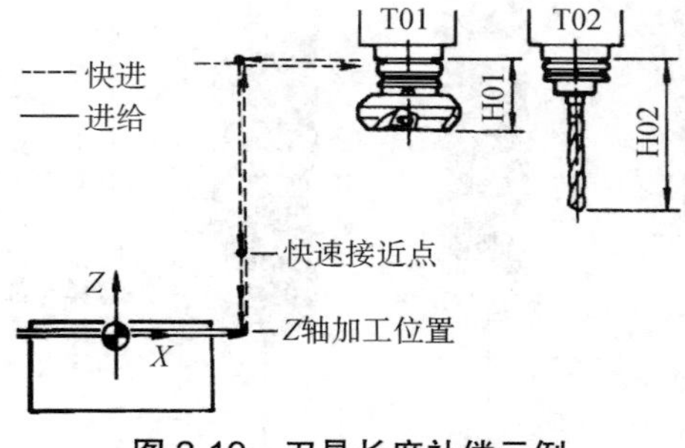

图 2-19　刀具长度补偿示例

3. 建立刀具长度补偿的步骤

（1）把工件放在平口钳上，夹紧。

（2）加工一个零件需要几把刀具，把其中的一把刀具作为基准刀，在主轴上安装基准刀具，使它接近工件表面。

（3）通过手动操作移动要进行测量的刀具 T01，使其与工件上表面接触，记录 *Z* 轴的机械坐标系的坐标值，假设 Z1=−260mm（按 Z0 测量也可以）。

（4）在工件坐标系中设定（在 G54 中的 Z 坐标中进行设定）Z 值为−260。

（5）依次换上所要使用的其他刀具，如图 2-20 所示。通过手动操作移动要进行测量的刀具，使其与工件上表面接触，记录 Z 轴的机械坐标系的坐标值，假设分别为 Z2=−270，Z3=−245。

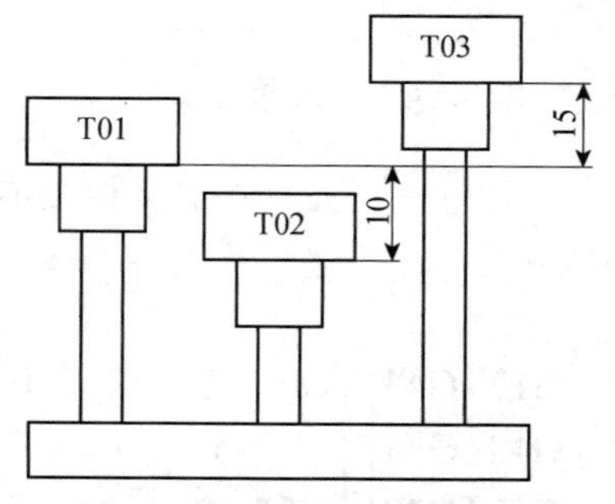

图 2-20　刀具长度补偿原理

注意：第二把刀 T02、第三把刀 T03 等不能按 Z0 测量。

（6）按 MDI 面板上的键，屏幕显示如图 2-21（刀具补偿参数设定界面）所示，基准刀为 1 号刀具，Z2、Z3 依次为 2 号、3 号刀具，将 Z2 与 Z3 的机械坐标系的坐标值减去基准刀的坐标值，作为不同刀具间的长度补偿值，将基准刀为 0、Z2 为−10、Z3 为 15 分别输入 H01、H02、H03 中，如图 2-21 所示。

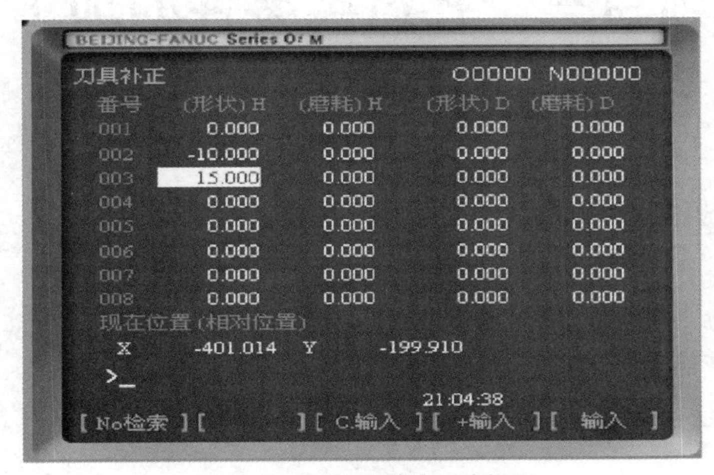

图 2-21　刀具补偿参数设定界面

项目三　孔盘类零件的加工

项目知识目标

（1）掌握制定钻孔加工工艺的方法。
（2）能够正确选择钻孔所用的刀具、夹具。
（3）能够灵活地运用孔的加工指令编制钻孔程序。

项目技能目标

（1）会制定孔盘类零件的加工方案。
（2）能够用数控铣床/加工中心加工孔盘类零件。
（3）掌握孔径、螺纹的检查方法。

项目案例导入

在机械零件加工的作业中，孔的加工占有相当大的比例。而在数控系统中，准备功能G代码如G00～G03，分别对应机床的一个动作，对于一系列的机床加工动作，如钻孔，就需要用几个程序段来实现。FANUC系统设计了固定的循环指令，其将钻孔、镗孔、攻螺纹等加工动作预先编好程序，存储在内存中，用包含G代码的一个程序段调用即可完成一系列机床加工的动作。

本项目将通过对镶件和支撑盖零件的加工，介绍孔加工的工艺特点和用孔固定循环指令编写加工程序。

任务一　镶件零件的加工

本任务课件

【任务知识目标】

掌握数控铣床孔加工固定循环指令的使用方法。

【任务技能目标】

（1）会制定钻孔的加工工艺。
（2）会编制孔类零件的加工程序。
（3）会合理地选择切削用量。
（4）完成工作任务。

一、工作任务

与我校进行校企联合的某模具公司，委托我校数控系学生为其轮胎模具加工一批镶件零件（图纸见图 3-1），件数为 50，工期为 5 天，包工包料，要求根据图纸编制加工程序，并完成零件加工，任务完成后，提交成品件及检验报告。

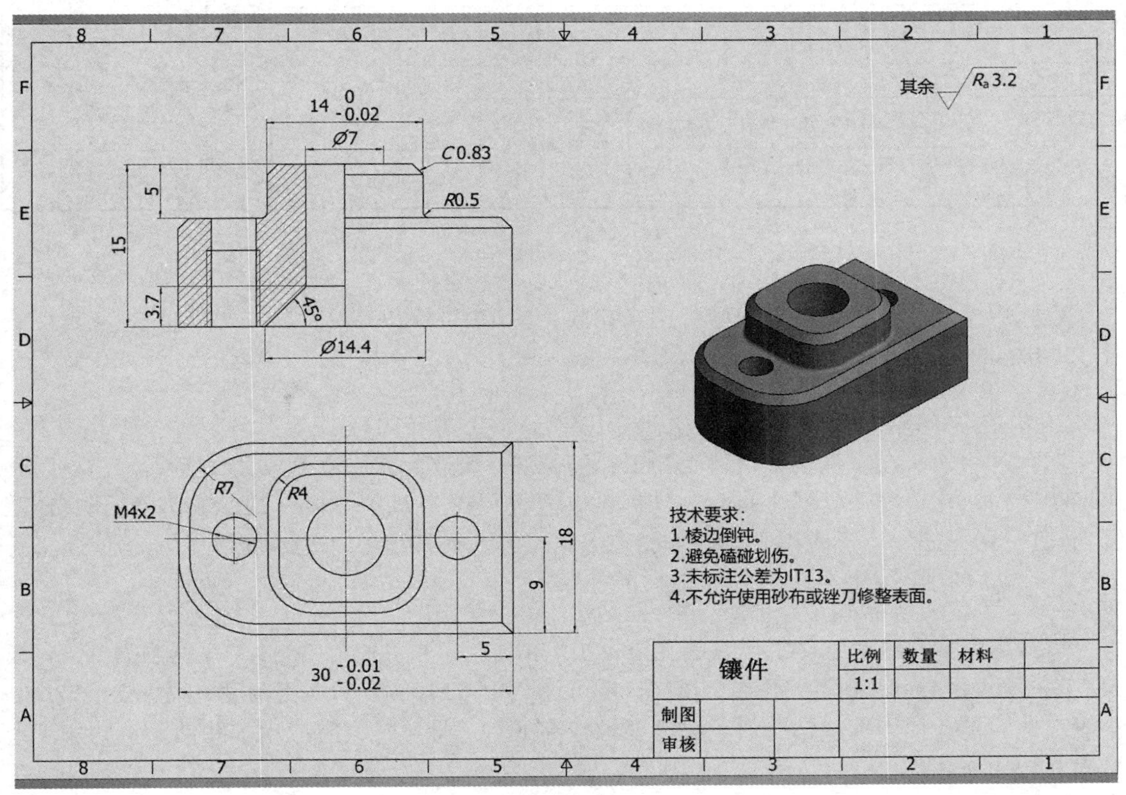

图 3-1 镶件图纸

二、相关知识

（一）孔加工方法的选择

点钻

钻孔

钻孔加工

在数控铣床上，常用于加工孔的方法有钻孔、扩孔、铰孔、粗/精镗孔及攻丝等（见表 3-1），应根据被加工孔的加工要求、尺寸、具体生产条件、批量的大小及毛坯上有无预制孔等情况合理选用。

表 3-1 数控铣床加工内孔方案

序号	加工方案	精度等级	表面粗糙度 R_a/μm	适用范围
1	钻	11～13	50～12.5	可用于加工未淬火钢及铸铁的实心毛坯，也可用于加工有色金属（但粗糙度较差），孔径＜15～20mm
2	钻—铰	9	3.2～1.6	
3	钻—粗铰（扩）—精铰	7～8	1.6～0.8	
4	钻—扩	11	6.3～3.2	同上，但孔径＞15～20mm
5	钻—扩—铰	8～9	1.6～0.8	

续表

序号	加工方案	精度等级	表面粗糙度 R_a/μm	适用范围
6	钻→扩→粗铰→精铰	7	0.8～0.4	
7	粗镗（扩孔）	11～13	6.3～3.2	除淬火钢外的各种材料，毛坯有铸出孔或锻出孔
8	粗镗（扩孔）→半精镗（精扩）	8～9	3.2～1.6	
9	粗镗（扩）→半精镗（精扩）→精镗	6～7	1.6～0.8	
10	粗镗（扩）→半精镗（精扩）→精镗（铰）→浮动镗刀精镗	6～7	0.2～0.4	
11	粗镗（扩）→半精镗→磨孔	7～8	0.2～0.8	主要用于淬火钢，也可用于未淬火钢，但不宜用于有色金属
12	粗镗（扩）→半精镗→粗磨→精磨	6～7	0.1～0.2	
13	粗镗→半精镗→精镗磨→金刚镗	6～7	0.05～0.2	主要用于对精度要求高的有色金属的加工

1. 点孔

点孔用于钻孔加工之前，由中心钻来完成。由于中心钻的直径较小，主轴转速应不得低于 1000r/min。

2. 钻孔

钻孔是用钻头在工件实体材料上加工孔的方法。麻花钻是钻孔最常用的刀具，一般用高速钢制造。钻孔精度一般可达 IT10～IT11 级，表面粗糙度 R_a 为 50μm～12.5μm，钻孔直径范围为 0.1～100mm，广泛应用于孔的粗加工，也可作为不重要孔的最终加工。

3. 扩孔

扩孔是用扩孔钻对工件上已有的孔进行扩大的加工。扩孔钻有 3～4 个主切削刃，没有横刃，它的刚性及导向性好。扩孔加工精度一般可达 IT9～IT10 级，表面粗精度 R_a 为 6.3～3.2μm。一般工件的扩孔使用麻花钻，对于精度要求较高或生产批量较大时应用扩孔钻，扩孔加工余量为 0.4～0.5mm。

4. 锪孔

锪孔是指用锪钻或锪刀刮平孔的端面或切出沉孔的加工方法，通常用于加工沉头螺钉的沉头孔、锥孔、小凸台面等，锪孔时切削速度不宜过高，以免产生径向振纹或出现多棱形等质量问题。

5. 铰孔

铰孔是利用铰刀从工件孔壁上切除微量金属层，以提高其尺寸精度和表面粗糙度的孔加工方法。铰孔精度等级可达 IT7～IT8 级，表面粗糙度 R_a 为 1.6～0.8μm，适用于孔的半精加工及精加工。铰刀是定尺寸刀具，有 6～12 个切削刃，刚性和导向性比扩孔钻更好，适合加工中小直径孔。铰孔之前，工件应经过钻孔、扩孔等加工。

6. 镗孔

镗孔是一种加工精度较高的孔加工方法，一般安排在最后一道工序。镗孔的尺寸公差等级可以达 IT6～IT9 级，孔的加工表面粗糙度 R_a 为 0.16～3.2μm。

通常 IT7～IT8 级的孔采用以下加工方法：

（1）孔径 $D \leqslant 15$mm 或位置精度要求较高的孔，钻中心→钻→铰；

（2）孔径 $D \leqslant 20$mm，钻→扩→铰；

（3）孔径 20mm＜$D \leqslant 80$mm 或位置精度要求较高的孔，钻→扩→铰，或钻→扩→镗，或钻→铣→铰。

（二）孔加工走刀路线

1. 使走刀路线最短，提高加工效率

欲使刀具在 *XY* 平面上的走刀路线最短，则必须保证各定位点间路线的总长最短，减少刀具的空行程时间，从而提高加工效率，如图 3-2 所示最短走刀路线的选择。

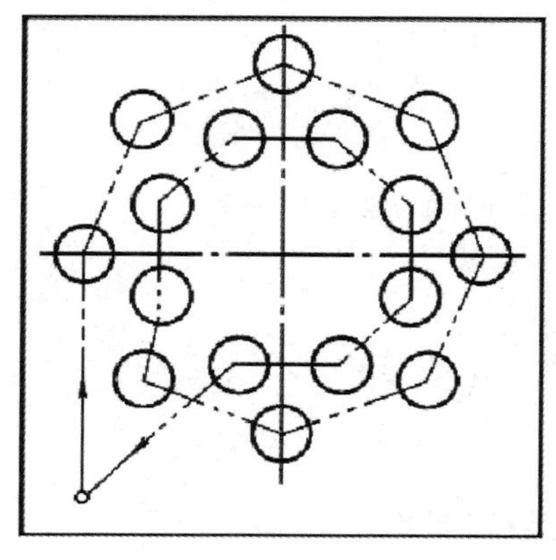

（a）常规路线　　　　（b）最短路线

图 3-2　最短走刀路线的选择

2. 保证零件的加工精度

对于位置度要求较高的孔加工，精加工时一定要注意各孔的定位方向要一致，即采用单向趋近定位点的方法，以避免传动系统反向间隙误差或测量系统误差对定位精度的影响。如图 3-3（a）所示的孔系加工路线，在加工孔 D 时，*X* 轴的反向间隙将会影响 C、D 两孔的孔距精度。如改为图 3-3（b）所示的孔系加工路线，可使各孔的定位方向一致，提高孔距精度。

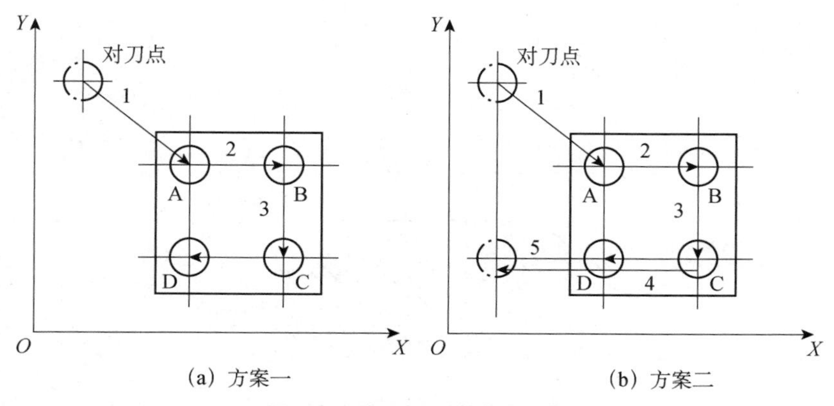

（a）方案一　　　　（b）方案二

图 3-3　孔系加工方案的比较

（三）孔加工固定循环动作

孔加工固定循环中，刀具的运动由 6 个动作组成（见图 3-4）：

动作 1——快速定位至初始点，*X*、*Y* 表示了初始点在初始平面中的位置；

动作 2——快速定位至 *R* 点，刀具自初始点快速进给到 *R* 点；

动作 3——孔加工，以切削进给的方式执行孔加工动作；

动作 4——在孔底的相应动作，包括暂停、主轴准停、刀具移位等动作；

动作 5——返回到 *R* 点，继续孔加工时刀具返回到 *R* 点平面；

动作 6——快速返回到初始点，孔加工完成后返回到初始点平面。

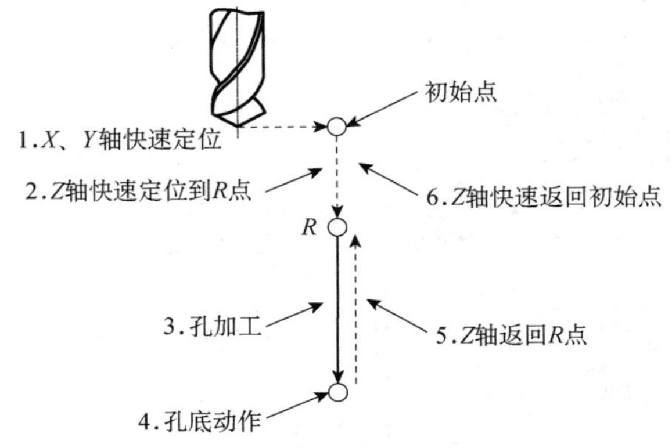

图 3-4　孔加工固定循环动作

根据刀具的运动位置，孔加工循环的平面可以分为 4 个，即初始平面、*R* 平面、工件平面和孔底平面，如图 3-5 所示。

初始平面：是为安全下降刀具而规定的一个平面。初始平面到零件表面的距离可以设定在一个安全的高度上，一般为 50～100mm。

R 平面：又称参考平面 *R*，这个平面是刀具进刀时由快速进给转为切削进给的平面，距工件表面的距离主要通过考虑工件表面尺寸的变化来确定，一般可取 3～5mm。

加工盲孔时，孔底平面就是孔底的 *Z* 轴深度；加工通孔时，刀具一般要伸出工件底平面一段距离，主要是为保证全部孔深都加工到规定尺寸；钻削加工时，还需考虑钻尖对孔深的影响。

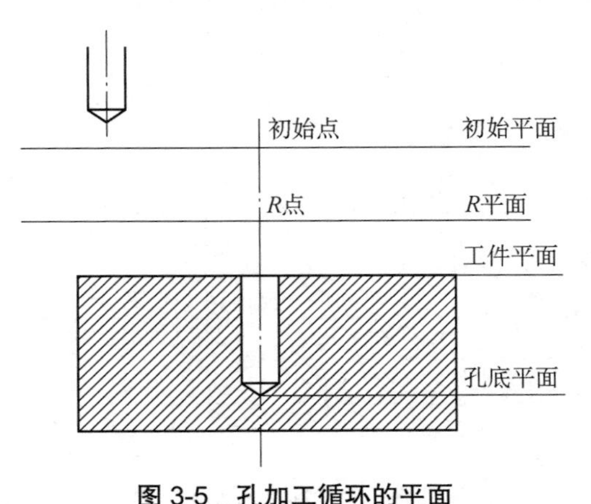

图 3-5　孔加工循环的平面

当刀具加工到孔底平面时，刀具从孔底平面以两种方式返回，即返回到初始平面或 *R* 平面，分别用指令 G98 或 G99 来完成。

一般来说，如果被加工的孔在一个平整的平面上，可以使用 G99 指令，因为 G99 模态下是返回 *R* 点后再进行下一个孔的定位，而一般编程中的 *R* 点非常靠近工件表面，这样可以缩短零件加工的时间；但如果工件表面有高于被加工孔的凸台时，使用 G99 指令则有可能使刀具和工件发生碰撞，这时，就应该使用 G98 指令，使 *Z* 轴返回初始点后再进行下一个孔的定位，这样比较安全。

（四）孔加工固定循环指令

孔加工循环指令为模态指令，一旦某个孔加工循环指令有效，在接着的所有位置均采用该孔加工循环指令进行孔加工，直到用 G80 指令取消孔加工循环为止。在孔加工循环指令有效时，*XY* 平面内的运动（即孔位之间的刀具移动）为快速运动（G00）。

表 3-2 列出了所有的孔加工固定循环指令。

表 3-2　孔加工固定循环指令

G 代码	加工运动（*Z* 轴负向）	孔底动作	返回运动（*Z* 轴正向）	应用
G73	分次，切削进给	—	快速定位进给	高速深孔钻削
G74	切削进给	暂停－主轴正转	切削进给	左螺纹攻丝
G76	切削进给	主轴定向，让刀	快速定位进给	精镗循环
G80	—	—	—	取消固定循环
G81	切削进给	—	快速定位进给	普通钻削循环
G82	切削进给	暂停	快速定位进给	钻削或粗镗削
G83	分次，切削进给	—	快速定位进给	深孔钻削循环
G84	切削进给	暂停－主轴反转	切削进给	右螺纹攻丝
G85	切削进给	—	切削进给	镗削循环
G86	切削进给	主轴停	快速定位进给	镗削循环
G87	切削进给	主轴正转	快速定位进给	反镗削循环
G88	切削进给	暂停－主轴停	手动	镗削循环
G89	切削进给	暂停	切削进给	镗削循环

孔加工固定循环指令的格式：

G98/G99 G　X　Y　Z　R　Q　P　I　J　K　F　L；G80；

说明：G98/G99——刀具返回的方式，G98 为返回初始平面，G99 为返回 R 点平面；

G——固定循环代码，包括 G73、G74、G76 和 G81～G89；

X、Y——加工起点到孔位的距离（G91）或孔位坐标（G90）；

Z——R 点到孔底的距离（G91）或孔底坐标（G90）；

R——初始点到 R 点的距离（G91）或 R 点的坐标（G90）；

Q——每次进给深度（G73/G83）；

J——刀具在轴向位移增量（G76/G87）；

P——刀具在孔底的暂停时间；

K——重复次数，未指定时默认为 1 次；

F——切削进给速度；

L——固定循环的次数；

G80——取消固定循环指令，同时 R 点和 Z 点也被取消。

G73、G74、G76 和 G81～G89 是模态指令，如果不改变当前的孔加工模式或取消固定循环，孔加工模式会一直保持下去。使用 G80、G01～G03 等指令可以取消固定循环。孔加工参数也是模态的，在被改变或固定循环被取消之前也会一直保持，即使孔加工模式被改变。可以在执行固定循环指令中的任何时刻指定或改变任何一个孔加工参数。

重复次数 *K* 不是一个模态的值，它只在需要重复的时候给出。进给速率 *F* 是一个模态的值，即使取消固定循环它仍然会保持。如果在执行固定循环的过程中 NC 系统被复位，则孔加工模式、孔加工参数及重复次数 *K* 均被取消。

通过表 3-3 所列程序范例可以更好地理解上述内容。

表 3-3　程序范例

序号	程序内容	注释
1	S____ M03;	给出转速，并指令主轴正向旋转
2	G81X__Y__Z__R__F__K__;	快速定位到 X、Y 指定点，以 Z、R、F 给定的孔加工参数，使用 G81 指令给定的孔加工方式进行加工，并重复 K 次，在固定循环执行的开始，Z、R、F 是必要的孔加工参数
3	Y__;	X 轴不动，Y 轴快速定位到指令点进行孔加工，孔加工参数及孔加工方式保持 2 中的模态值。2 中的 K 值在此不起作用
4	G82X__P__K__;	孔加工方式被改变，孔加工参数 Z、R、F 保持模态值，给定孔加工参数 P 的值，并指定重复 K 次
5	G80X__Y__;	固定循环被取消，除 F 以外的所有孔加工参数被取消
6	G85X__Y__Z__R__P__;	由于执行 5 时固定循环已被取消，所以必要的孔加工参数除 F 之外必须重新给定，即使这些参数和原值相比没有变化
7	X__Z__;	X 轴定位到指令点进行孔加工，孔加工参数 Z 在此程序段中被改变
8	G89X__Y__;	定位到 X、Y 指令点进行孔加工，孔加工方式被改变为 G98。R、P 由 6 指定，Z 由 7 指定
9	G01X__Y__;	固定循环模态被取消，除 F 外所有的孔加工参数都被取消

当加工在同一条直线上的等分孔时，可以在 G91 模态下使用 K 参数，K 的最大取值为 9999。

如：G91 G81 X__ Y__ Z__ R__ F__ K5;

在以上程序段中，X、Y 给定了第一个被加工孔和当前刀具所在点的距离，其他孔的加工位置如图 3-6 所示。

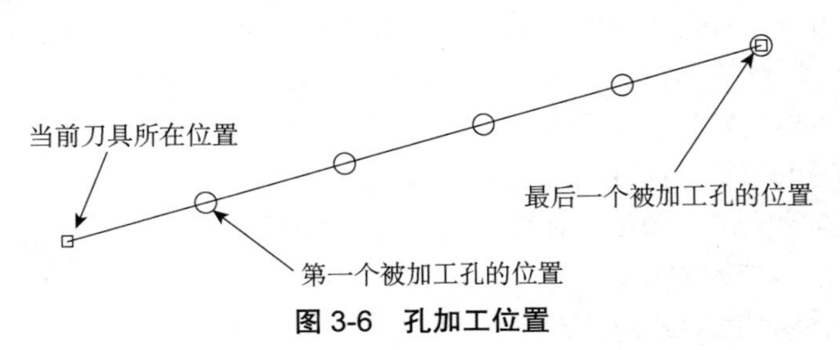

图 3-6　孔加工位置

1. 钻孔加工循环（G81）

格式：G81 X　Y　Z　R　F;

说明：G81 指令用于中心钻的定位钻孔和对孔要求不高的钻孔，切削进给执行到孔底，然后刀具从孔底快速退回。

【例 3-1】使用 G81 指令编制图 3-7 所示的钻孔加工程序，设刀具起点距工件上表面 43mm，距孔底 53mm，在距工件上表面 3mm 处（R 点）由快进转为工进。

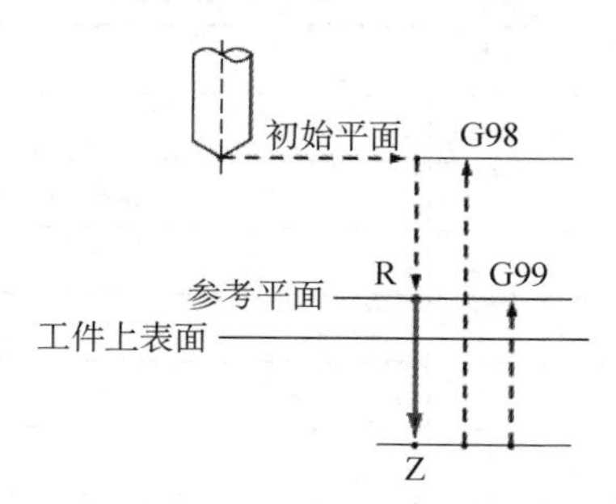

图 3-7　G81 指令动作及编程

以下为程序及说明：

```
O0001;                          //程序名
N10 G92 X0 Y0 Z43;              //根据刀具起始点建立临时坐标系
N20 M03 S1000;
N30 G90 G00 X50 Y0;             //刀具快速定位到点（X50, Y0）
N40 G99 G81 Z-10 R3             //用 G81 指令进行钻孔，孔底位置为
F200;                           Z-10，钻孔完成后返回参考平面
N50 G00 X0 Y0 Z43;              //加工完成返回起始点
N60 M05;
N70 M30;                        //程序结束
```

2. 高速深孔加工循环（G73）

格式：G73 X　Y　Z　R　Q　P　F　L;

说明：Q 为每次进给深度；P 为在孔底的暂停时间，单位为 s，主要用于加工盲孔，以减小孔底面的粗糙度。

在 G73 指令中，从 R 点到 Z 点的进给是分段完成的，每段切削进给完成后 Z 轴向上抬起一段距离，然后再进行下一段的切削进给，Z 轴每次向上抬起的距离为 d，由机床参数给定，每次进给的深度由孔加工参数 Q 给定。该固定循环可有效减少退刀量，可以进行高效率的钻孔。

【例 3-2】使用 G73 指令编制图 3-8 所示的深孔加工程序，设刀具起点距工件上表面 43mm，距孔底 73mm，在距工件上表面 3mm 处（R 点）由快进转为工进，每次进给深度为 10mm。

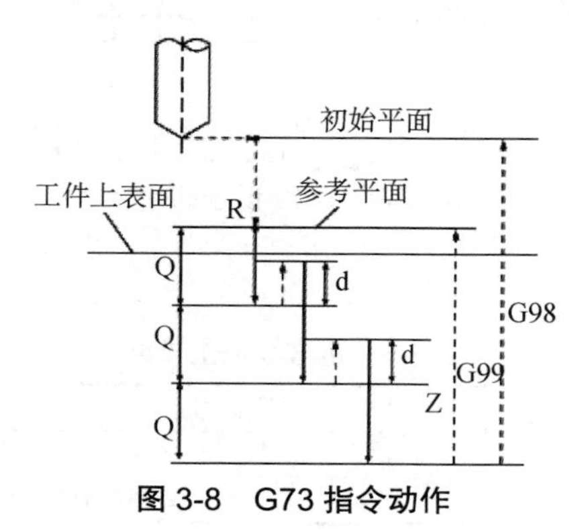

图 3-8　G73 指令动作

加工程序见表 3-4。

表 3-4　例 3-2 加工程序

加工程序	说明
O0073;	程序名
N10 G92 X0 Y0 Z43;	根据刀具起始点建立临时坐标系
N20 M03 S1000;	
N60 M05;	
N70 M30;	程序结束

3. 深孔加工循环（G83）

格式：G83 X　Y　Z　R　Q　P　F;

说明：G83 指令通过 Z 轴方向的啄式进给来实现断屑与排屑。但与 G73 指令不同的是，刀具间歇进给后快速回退到 R 点，再快速进给到 Z 轴方向距上次切削孔底平面距离为 d 处，在该点处，快进变成切削进给，进给距离为 Q+d。此种方式多用于加工深孔。

【例 3-3】使用 G83 指令编制图 3-9 所示的深孔加工程序，设刀具起点距工件上表面 43mm，距孔底 73mm，在距工件上表面 3mm 处（R 点）由快进转为工进，每次进给深度为 10mm。

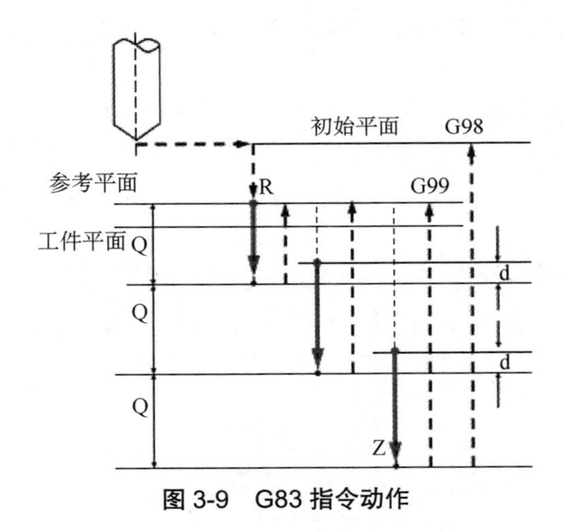

图 3-9　G83 指令动作

加工程序见表 3-5。

表 3-5　例 3-3 加工程序

加工程序	说明
O0073;	程序名
N10 G92 X0 Y0 Z43;	根据刀具起始点建立临时坐标系

续表

加工程序	说明
N20 M03 S1000；	
N60 M05；	
N70 M30；	程序结束（M30）

三、制订任务进度计划

本次生产任务工期为 7 天，试根据任务要求，制订合理的工作进度计划，并根据各小组成员的特点分配工作任务。镶件加工任务分配表见表 3-6。

表 3-6　镶件加工任务分配表

序号	工作内容	时间分配	成员	责任人
1	工艺分析			
2	编制程序			
3	铣削加工			
4	产品质量检验与分析			

四、任务实施方案

（1）分析零件图样，确定加工镶件的定位基准。

（2）以小组为单位，结合所学普通铣床加工工艺知识，制定镶件的加工工艺卡（见表 3-7）。

表 3-7　镶件的加工工艺卡

序号	加工方式	加工部位	刀具名称	刀具直径	刀角半径	刀具长度	刀刃长度	主轴转速（r/min）	进给速度（mm/min）	切削深度（mm）	加工余量（mm）	程序名称
1												
2												
3												
4												

（3）根据镶件加工内容，完成镶件加工的工艺过程卡（见表 3-8）。

表 3-8　镶件加工的工艺过程卡

工序号	名称	尺寸	工艺要求	检验	备注
1					
2					
3					
4					
5					
6					

五、实施编程与加工

（1）根据零件图样绘制曲线图并进行标注。

（2）结合“相关知识”，分析加工镶件所使用的指令，并写出指令的格式。

（3）根据零件加工步骤及编程分析，小组合作完成镶件的数控铣床加工程序（其程序单见表 3-9）。

表 3-9 镶件加工程序单

加工程序	解释说明
	程序名，以字母“O”开头
	程序段号 N10，以 G54 为工件坐标原点，绝对编程方式（G90），刀具快速定位（G00）到工件坐标原点（X0，Y0，Z100）
	主轴（Z 轴）转数 800r/min（S8000），且正转（M03）
	刀具快速定位至 Z100
	主轴停止转动（M05），程序结束（M30）

（4）通过仿真软件验证零件的铣削程序，校正程序中不合理之处。

（5）在自动模式下完成工件的加工。

六、检查与评价

1. 学生自检

学生完成零件自检，填写“考核评分表”（见表 3-10），并同刀具卡、工序卡和程序单一起上交。

2. 成绩评定

教师协同组长，对零件进行检测，对刀具卡、工序卡和程序单进行批改，对学生整个任务的实施过程进行分析，并填写“考核评分表”（见表 3-10）对每个学生进行成绩评定。

表 3-10 考核评分表

零件名称			零件图号		操作人员		完成工时	
序号	鉴定项目及标准			配分	评分标准（扣完为止）	自检	检查结果	得分
1	任务实施 45 分	填写刀具卡		5	刀具选用不合理扣 5 分			
2		填写加工工序卡		5	工序编排不合理每处扣 1 分，工序卡填写不正确每处扣 1 分			
3		填写加工程序单		10	程序编制不正确每处扣 1 分			
4		工件安装		3	装夹方法不正确扣 3 分			
5		刀具安装		3	刀具安装不正确扣 3 分			
6		程序录入		3	程序输入不正确每处扣 1 分			
7		对刀操作		3	对刀不正确每次扣 1 分			
8		零件加工过程		3	加工不连续，每终止一次扣 1 分			
9		完成工时		4	每超时 5min 扣 1 分			
10		安全文明		6	撞刀、未清理机床和保养设备扣 6 分			
11	工件质量 45 分	上下平面	尺寸	10	尺寸每超 0.1mm 扣 2 分			
12			粗糙度	5	每降一级扣 2 分			
13		中部凸台	尺寸	10	尺寸每超 0.1mm 扣 2 分			
14			粗糙度	5	每降一级扣 2 分			
15		孔	尺寸	10	尺寸每超 0.1mm 扣 2 分			
			粗糙度	5	每降一级扣 2 分			
16	误差分析 10 分	零件自检		4	自检有误差每处扣 1 分，未自检扣 4 分			
17								
18		填写工件误差分析		6	误差分析不到位扣 1～4 分，未进行误差分析扣 6 分			
合计				100				
误差分析（学生填）								
考核结果（教师填）								
检验员			记分员		时间		年 月 日	

七、探究与拓展

在数控铣床上加工螺纹的实质是用丝锥进行成型加工，在加工时要保证主轴的回转和 Z 轴的进给严格地同步，即主轴每转一圈，Z 轴进给一个螺距。编程时，使用 G84（或 G74 左旋攻丝）指令。

G74、G84 指令的编程格式及说明如下。

格式：G74 X　Y　Z　R　P　F;

　　　G84 X　Y　Z　R　P　F;

说明：G74 指令用于加工左旋螺纹。执行该循环指令时，刀具快速在 XY 平面定位后，主轴反转；然后快速移动到 R 点，采用进给方式执行螺纹加工，到达孔底后，主轴正转退回到 R 点；最后主轴恢复反转，完成反攻螺纹加工。其中，P 为暂停时间。G74 指令动作如图 3-10 所示。

螺纹加工

初始平面
参考平面
R
工件上表面
主轴顺时针转动
主轴逆时针转动
Z

螺纹加工过程

图 3-10 G74 指令动作

G84 指令用于加工右旋螺纹。执行该循环指令时，刀具快速在 XY 平面定位后，主轴正转；然后快速移动到 R 点，采用进给方式执行螺纹加工，到达孔底后，主轴反转退回到 R 点；最后主轴恢复正转，完成攻螺纹加工。G84 指令动作如图 3-11 所示。

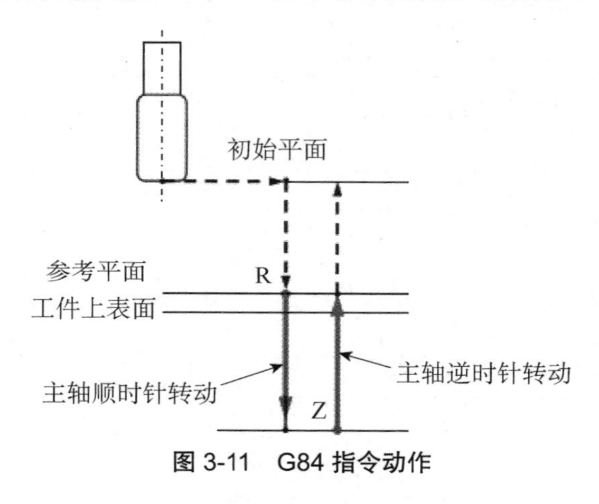

图 3-11 G84 指令动作

需要特别注意，进给速度 F=转速（r/min）×螺距（mm）。G74/G84 指令中的进给倍率不起作用，进给保持只能在返回动作结束后执行。

任务二 支撑盖的加工

本任务课件

【任务知识目标】

掌握数控铣床孔加工镗孔循环指令的使用方法。

【任务技能目标】

（1）会合理地选择切削用量。

（2）会编制镗孔的加工程序。

（3）会分析产生孔加工误差的原因。

（4）完成工作任务。

一、工作任务

学校数控实训车间接到一批支撑盖（零件图见图 3-12）的加工任务，现要求根据零件图编制加工程序，最后完成零件加工。件数为 50 件，工期为 5 天，包工包料。企业生产管理部门委托学校数控技术专业学生来完成此任务，任务完成后，提交成品件及检验报告。

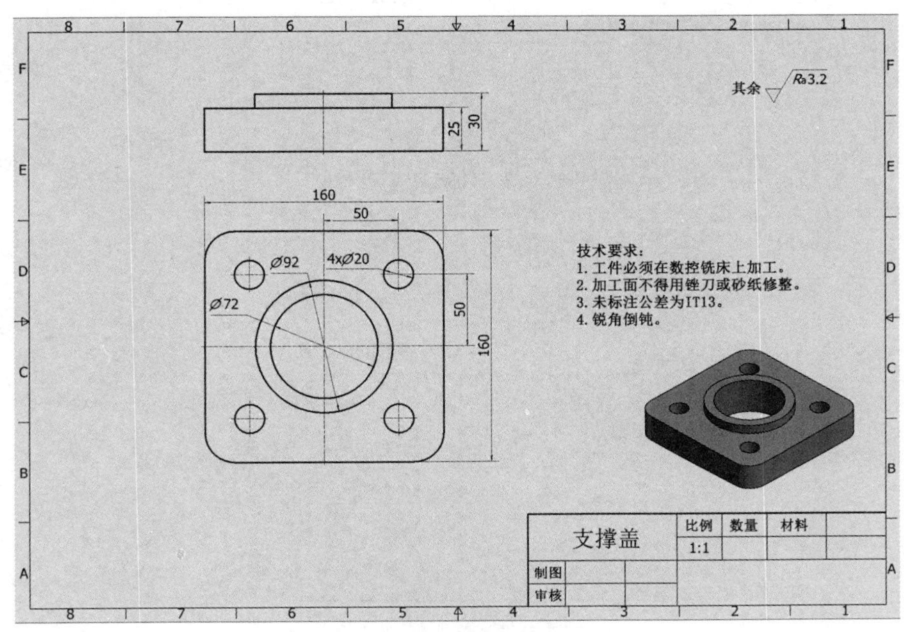

图 3-12　支撑盖

二、相关知识

支撑盖的主要作用是防尘、防油、密封、固定、连接支撑和保护壳体或箱体内部的零件。这类零件对孔的精度要求较高，使用麻花钻很难加工出合格的零件，需要使用铰孔及镗削来完成加工任务。

（一）镗削加工

镗削是镗刀做旋转主运动，而工件做进给运动的切前加工方法。使用切削的方法来扩大工件上已加工孔的尺寸称为镗孔。

镗孔可以分别在镗床上、铣床上和车床上进行，应根据工件的具体情况确定。在铣床上镗孔比在车床上容易保证孔与孔之间的中心距，但是铣床的镗孔精度和生产效率要比镗床低一些。在铣床上镗孔，孔的精度一般可达 IT7～IT8 级，表面粗糙度可达 3.2～0.8μm。另外，孔距精度可控制在 0.05mm 左右。

1. 镗削循环（G85、G86）

格式：G85 X　Y　Z　R　F;

G86 X　Y　Z　R　P　F;

说明：G85——镗孔循环在孔底时主轴不停转，然后快速退刀，指令动作如图 3-13 所示。

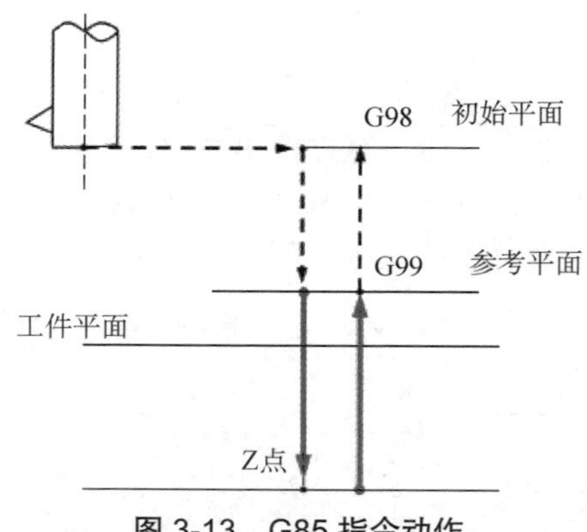

图 3-13　G85 指令动作

G86——镗孔循环在孔底时主轴停止，然后快速退刀，指令动作如图 3-14 所示。

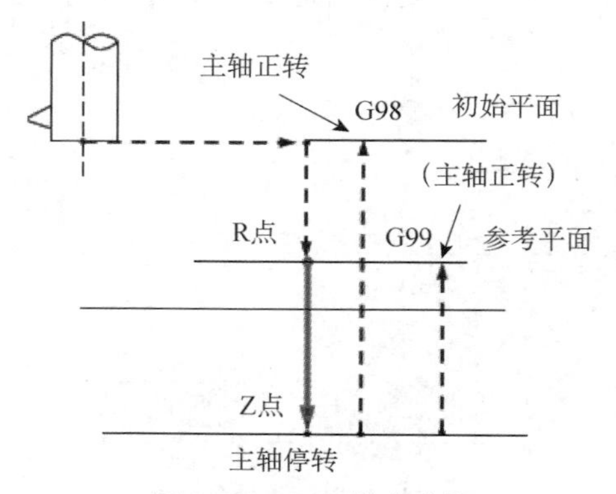

图 3-14　G86 指令动作

2. 精镗循环（G76）与反镗循环（G87）

格式：G76 X　Y　Z　R　Q　F；

　　　G87 X　Y　Z　R　Q　F；

说明：G76——精镗孔指令，镗孔时，主轴在孔底定向停止后，向刀尖反向移动，然后快速退刀。这种带有让刀的退刀动作指令不会划伤已加工表面，保证了镗孔的精度和表面质量。G76 指令动作如图 3-15 所示。

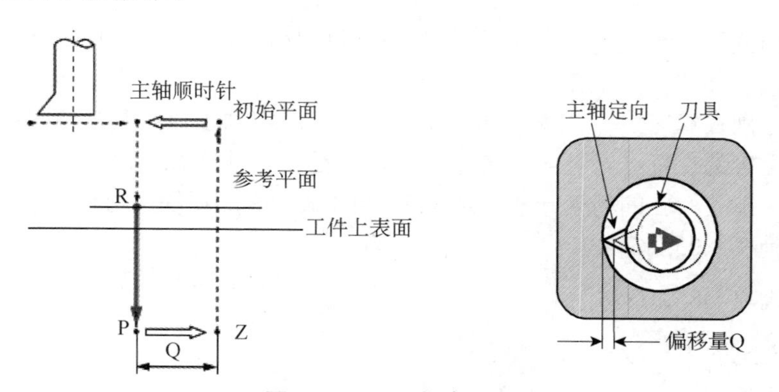

图 3-15　G76 指令动作

G87——反镗孔指令，加工时，X 轴和 Y 轴定位后，主轴停止，刀具以刀尖相反方向按 Q 设定的偏移量位移，并快速定位到孔底。在该位置刀具按原偏移量返回，然后主轴正转，沿 Z 轴正向加工到 Z 点。在此位置主轴再次停止后，刀具再次按原偏移量反向位移，然后主轴向上快速移动到达初始平面（只能用 G98），并按原偏移量返回后主轴正转，继续执行下一个程序段。如果 Z 轴的移动量为零，该指令不执行，如图 3-16 所示。

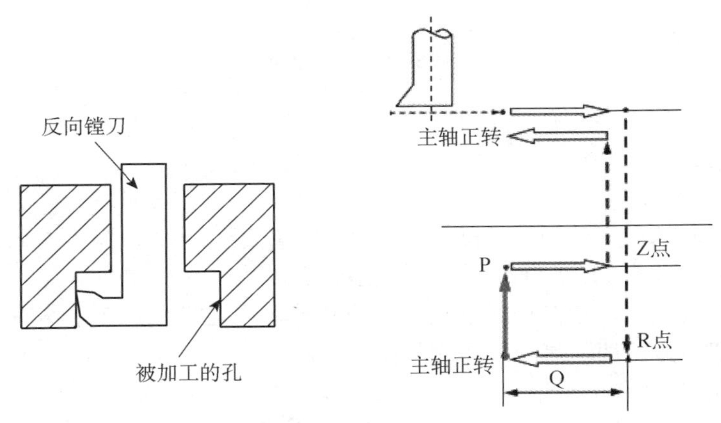

图 3-16 G87 指令动作

3. 镗削循环（G88、G89）

格式：G88 X　Y　Z　R　P　F;

G89 X　Y　Z　R　P　F;

说明：执行 G88 循环，刀具以切削进给方式加工到孔底，刀具在孔底暂停后主轴停转，这时可通过手动方式从孔中安全退出刀具，再进行自动运行，Z 轴快速返回 R 点或初始平面，主轴恢复正转。此种方式虽能相应提高孔的加工精度，但加工效率较低。G88 指令动作如图 3-17 所示。

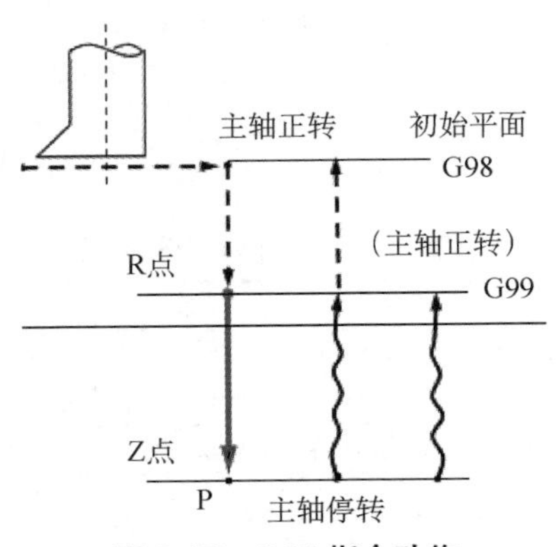

图 3-17 G88 指令动作

G89 指令动作与 G85 指令动作基本类似，不同的是 G89 指令动作在孔底增加了暂停，因此，常用于阶梯孔的加工，如图 3-18 所示。

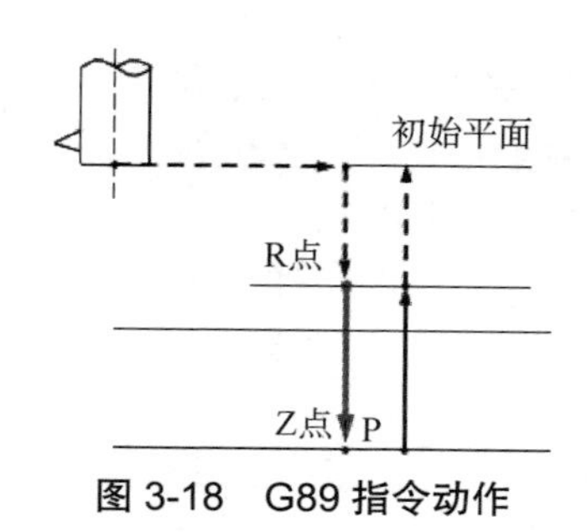

图 3-18　G89 指令动作

（二）铰孔

1. 铰孔的方法

铰孔是利用铰刀从工件孔壁上切除微量金属层，以提高其尺寸精度和表面粗糙度的加工方法。铰孔精度等级可达 IT7～IT8 级，表面粗糙度 R_a 为 1.6～0.8μm，适用于孔的半精加工及精加工。在铰削过程中，铰削用量的选择将直接影响加工孔的精度和表面粗糙度，所以应有效避免摩擦、切削力、切削热及积屑瘤等问题。

1）铰刀的切削速度和进给量

采用普通的高速钢铰刀进行铰孔加工，当加工材料是铸铁时，切削速度 v_c≤10m/min，进给量 f≤0.8mm/r；当加工材料为钢料时，切削速度 v_c≤8m/min，进给量 f≤0.4mm/r。

2）铰削余量

铰削余量应适中，太小时，上道工序残留余量去除不掉，使铰孔质量达不到要求，且铰刀啃刮现象严重，增加刀具的磨损；太大时，将破坏铰削过程的稳定性，增加切削热，铰刀直径胀大，孔径也会随之变大，且会增大加工表面粗糙度。

3）切削液的选择

为了提高铰孔的加工表面质量并延长刀具的耐用度，应选用有一定流动性的切削液来冲去切屑和降低温度，同时也要有良好的润滑性。当铰削韧性材料时，可采用润滑较好的植物油作为切削液；当铰削铸铁等脆性材料时，通常采用机油作为切削液。

2. 铰孔质量分析

铰孔质量分析见表 3-11。

表 3-11　铰孔质量分析

序号	故障现象	故障原因	排除方法
1	孔径过大	铰孔前没有仔细检查所选铰刀的直径	在铰孔前要仔细检查铰刀的尺寸
		加工孔与铰刀的轴线同轴度差或铰刀偏摆较大	装夹时要将铰刀夹紧
		进给速度过高，使铰刀温度升高，增大加工孔的直径	在铰孔时一定要选择合理的进给速度
		铰孔时，进给量过大	在铰孔时一定要选择合理的进给量
2	孔径过小	使用磨损或磨钝的铰刀铰孔	及时更换铰刀
		铰削钢件时，铰削余量太大，由于铰削后内孔弹性变形恢复而使孔径变小	根据加工材料的不同，选择合理的铰削余量和润滑油
3	孔轴线不直	铰刀前端的导向部分不标准，有磨损，致使铰刀导向性差，铰削时方向发生偏斜	定期检查并校正铰刀，使各部分能够正常工作
		在铰孔前一道工序中，孔的轴线就不直。在铰削小孔时，铰刀的刚度小，不能改变原有轴线弯曲的孔	可用刚度较好的铣刀先校正孔的轴线，再铰孔

续表

序号	故障现象	故障原因	排除方法
4	孔表面粗糙度值大	铰削退刀时铰刀反转	保证铰刀正转退刀
		铰削余量选用不当	在铰削时要选择合理的铰削余量、铰削速度和切削液，避免积屑瘤的产生
		铰削速度高，产生积屑瘤，粘有积屑瘤的铰刀使容屑槽中切屑过多	
		切削液选择不当或浇注不充分	

（三）孔的尺寸、精度的测量方法

1. 孔距测量

孔距是指第一个孔的中心到第二个孔的中心的距离。常用孔距测量方法如下：

（1）用卡尺。首先测量出两孔最近边的距离，再用这个距离加上每个孔的实际半径。

（2）用滑轨式测距尺。滑轨式测距尺由滑杆和两个测头组成。测头可在滑杆上沿长度方向滑动，自身高度也可调节；滑杆上刻有刻度尺，可直接读出两个测头之间的距离。使用滑轨式测距尺寸可测量不在同一平面或中间有障碍物的两孔间的距离，该测距尺应用灵活、方便。

在两孔直径相等时，为精确测量两孔中心的距离，应测量两孔壁同一侧的距离，且该距离为两孔中心距离。两孔孔径尺寸不相等时，为测出两孔距离，可先测出两孔相邻壁（内壁）的距离，再测出外壁的距离，两者的平均值即为两孔中心距离。当两孔径尺寸不等时，还可测其两孔的中心距为 $A=B+$（$R-r$）或 $A=C$（$R-r$），其中 R 为大孔的半径，r 为小孔的半径，这种测量方法因受大、小孔孔径测量尺寸的影响而精度较低。

（3）测量大型圆周上的孔距时可用多个直销分别插到相应的销孔中，然后测量孔距；也可以通过专用螺栓，将螺栓拧入螺母内，然后在螺栓上取点测量，间接评价螺母的位置度。

2. 孔径尺寸及内表面粗糙度的简单测量方法

孔的尺寸测量可以使用内径量表在外径千分尺上核对基准尺寸后测量，还可以用棒规（塞规）、孔径规、针规等进行测量。

3. 镗孔质量分析

镗孔质量分析表见表 3-12。

镗孔加工

表 3-12　镗孔质量分析

序号	故障现象	故障原因	排除方法
1	在铣床上镗出的孔孔径超差	镗刀回转半径调整不当	重新调整镗刀回转半径
		测量不准	仔细测量
		镗刀伸得过长，产生弹性偏让	增加镗刀柄的刚度
		镗刀刀尖磨损	重新刃磨镗刀头并选择合适的切削液来减少对镗刀刀尖的磨损
2	孔圆度误差大	工件在装夹时变形	薄壁工件装夹要适当并适当减小压紧力
		主轴回转精度差	检查铣床并调整主轴精度
		镗刀柄和镗刀产生弹性变形	增加镗刀柄、镗刀的刚度
		当在立式铣床上镗削时或未紧固工作台纵向、横向位置	工作台不进给的方向应紧固
		工件装夹不牢固或镗削时抖动	重新设计夹紧力的作用点并可适当增加夹紧力

续表

序号	故障现象	故障原因	排除方法
3	孔轴线与基准面的垂直度误差较大	工件定位基准选择不当	选择合适的定位基准
		装夹工件时清洁工作没有做好	装夹时做好基准面与工作台台面的清洁工作
		采用主轴移动手轮进给时或主轴“0”位不准	重新校正主轴“0”位
4	孔呈椭圆	铣床上镗出的孔呈椭圆的原因为主轴轴线与进给方向垂直度超差	重新校正主轴“0”位
5	孔呈锥度	切削过程中刀具磨损	修磨刀具
		镗刀紧固螺钉松动，加工时抖动	安装刀头时要拧紧紧固螺钉
6	孔壁有划痕	退刀时或刀尖没有远离孔壁	退刀时将刀尖远离孔壁
		主轴未停稳或快速退刀	主轴停止转动后再退刀
7	孔壁有振纹	镗刀柄的刚度差	选择合适的镗刀柄，镗刀柄另一端尽可增加支撑或增加支撑面积
		工作台进给时有爬行	调整铣床的垫铁并润滑导轨
		工件夹持不当	改进夹持方法
8	孔表面粗糙度值大	刀尖角或刀尖圆弧半径太小	增大刀尖圆弧半径
		进给量过大	减小进给量
		刀具已磨损	修磨刀具
		切削液使用不当	正确使用切削液

三、制订任务进度计划

本次生产任务工期为 5 天，试根据任务要求，制订合理的工作进度计划，根据各小组成员的特点分配工作任务。支撑盖加工任务分配表见表 3-13。

表 3-13　支撑盖加工任务分配表

序号	工作内容	时间分配	成员	责任人
1	工艺分析			
2	编制程序			
3	铣削加工			
4	产品质量检验与分析			

四、任务实施方案

（1）分析零件图样，确定加工支撑盖的定位基准。

（2）以小组为单位，结合所学普通铣床加工工艺知识，制定支撑盖的加工工艺卡（见表 3-14）。

表 3-14　支撑盖的加工工艺卡

序号	加工方式	加工部位	刀具名称	刀具直径	刀角半径	刀具长度	刀刃长度	主轴转速/（r/min）	进给速度/（mm/min）	切削深度/mm	加工余量/mm	程序名称
1												

续表

序号	加工方式	加工部位	刀具名称	刀具直径	刀角半径	刀具长度	刀刃长度	主轴转速/（r/min）	进给速度/（mm/min）	切削深度/mm	加工余量/mm	程序名称
2												
3												
4												

（3）根据支撑盖加工内容，完成支撑盖加工的工艺过程卡（见表 3-15）。

表 3-15　支撑盖加工的工艺过程卡

工序号	名称	尺寸	工艺要求	检验	备注
1					
2					
3					
4					
5					
6					

五、实施编程与加工

（1）根据零件图样绘制曲线图并进行标注。

（2）结合“相关知识”，分析加工支撑盖用到的指令，并写出指令的格式。

（3）根据零件的加工步骤及编程分析，小组合作完成支撑盖的数控铣床加工程序（程序单见表 3-16）。

表 3-16　支撑盖加工程序单

加工程序	解释说明
	程序名，以字母“O”开头
	程序段号 N10，以 G54 为工件坐标原点，绝对编程方式（G90），刀具快速定位（G00）到工件坐标原点（X0，Y0，Z100）
	主轴（Z 轴）转数 800r/min（S800），且正转（M03）
	刀具快速定位至 Z100
	主轴停止转动（M05），程序结束（M30）

（4）通过仿真软件验证零件的铣削程序，校正程序中不合理之处。

（5）在自动模式下完成工件的加工。

六、检查与评价

1. 学生自检

学生完成零件自检，填写“考核评分表”（见表 3-17），并同刀具卡、工序卡和程序单一起上交。

2. 成绩评定

教师协同组长，对零件进行检测，对刀具卡、工序卡和程序单进行批改，对学生整个任务的实施过程进行分析，并填写“考核评分表”（见表 3-17）对每个学生进行成绩评定。

表 3-17　考核评分表

零件名称			零件图号		操作人员		完成工时	
序号	鉴定项目及标准			配分	评分标准（扣完为止）	自检	检查结果	得分
1	任务实施 45 分	填写刀具卡		5	刀具选用不合理扣 5 分			
2		填写加工工序卡		5	工序编排不合理每处扣 1 分，工序卡填写不正确每处扣 1 分			
3		填写加工程序单		10	程序编制不正确每处扣 1 分			
4		工件安装		3	装夹方法不正确扣 3 分			
5		刀具安装		3	刀具安装不正确扣 3 分			
6		程序录入		3	程序输入不正确每处扣 1 分			
7		对刀操作		3	对刀不正确每次扣 1 分			
8		零件加工过程		3	加工不连续，每终止一次扣 1 分			
9		完成工时		4	每超时 5min 扣 1 分			
10		安全文明		6	撞刀、未清理机床和保养设备扣 6 分			
11	工件质量 45 分	上下平面	尺寸	10	尺寸每超 0.1mm 扣 2 分			
12			粗糙度	5	每降一级扣 2 分			
13		中部凸台	尺寸	10	尺寸每超 0.1mm 扣 2 分			
14			粗糙度	5	每降一级扣 2 分			
15		孔	尺寸	10	尺寸每超 0.1mm 扣 2 分			
			粗糙度	5	每降一级扣 2 分			
16	误差分析 10 分	零件自检		4	自检有误差每处扣 1 分，未自检扣 4 分			
17								
18		填写工件误差分析		6	误差分析不到位扣 1～4 分，未进行误差分析扣 6 分			
合计				100				
误差分析（学生填）								
考核结果（教师填）								
检验员			记分员		时间		年　月　日	

七、探究与拓展

刀柄结构和刀柄类型的选用是数控机床配置中的重要内容之一，其直接影响产品的加工质量及加工效率，根据不同的机床性能和产品加工工艺要求，合理地配置刀柄系统可以使产品的加工质量和加工效率得到有效的提高。

1. 刀柄的结构

数控铣床使用的刀具通过刀柄与主轴相连，刀柄通过拉钉和主轴内的拉刀装置固定在主轴上，由刀柄夹持传递速度、扭矩。刀柄的强度、刚性、耐磨性、制造精度及夹紧力等对加工有直接的影响。

弹性夹头刀柄主要用于钻头、铣刀、铰刀、丝锥等直柄刀具的装夹，其夹紧机构由刀柄内锥孔、弹性夹头和螺帽组成。由螺帽将夹头向内压入，和刀柄内孔锥度配合的夹头收缩完成夹紧过程。刀柄与主轴孔的配合锥面一般采用 7：24 的锥度，这种锥柄不自锁，换刀方便，与直柄相比有较高的定心精度和刚度。现在广泛使用是 BT40 系列刀柄和拉钉，如图 3-19 所示。

图 3-19　BT40 系列刀柄及拉钉

弹性筒夹（如图 3-20 所示）用来配合刀柄使用，目前用得较多的是 ER 型和 C 型两种弹性筒夹。ER 型弹性筒夹型号较多，其特性是径向跳动仅为 C 型弹性筒夹的一半，大大提高了产品在加工过程中的精度要求，减少了报废率。

（a）ER型弹性筒夹

（b）C型弹性筒夹

图 3-20　弹性筒夹

为了适应各种不同的加工和安装环境，还可给刀柄配置各种不同的螺帽以得到不同的用途，图 3-21 所示为几种不同的螺帽。

ER-UM 型螺帽用于 ER25 以上的普通刀柄，是通用的标准螺帽，也可用于其他场合。

ER-A 型螺帽一般用于 ER20、FR16、ER11 普通刀柄，因其直径较小，所以设计成六角形，以便于制作和装卸。

ER-M 型螺帽专用于 M 型 ER 刀柄，这种刀柄专用于细长直径容易干涉处，这种螺帽也叫薄壁型或者小径型螺帽，其不可用于普通 ER 刀柄。

(a) ER-UM型螺帽　(b) ER-A型螺帽　(c) ER-M型螺帽

图 3-21　螺帽

2. 刀柄类型的选用

数控铣床使用的刀具通过刀柄与主轴相连，刀柄通过拉钉和主轴内的拉刀装置固定在主轴上，由于是通过刀柄来传递速度和扭矩的，因此刀柄的强度、刚性、耐磨性、制造精度及夹紧力等对加工有直接的影响。刀柄的类型（见图 3-22）很多，常用的有以下几种。

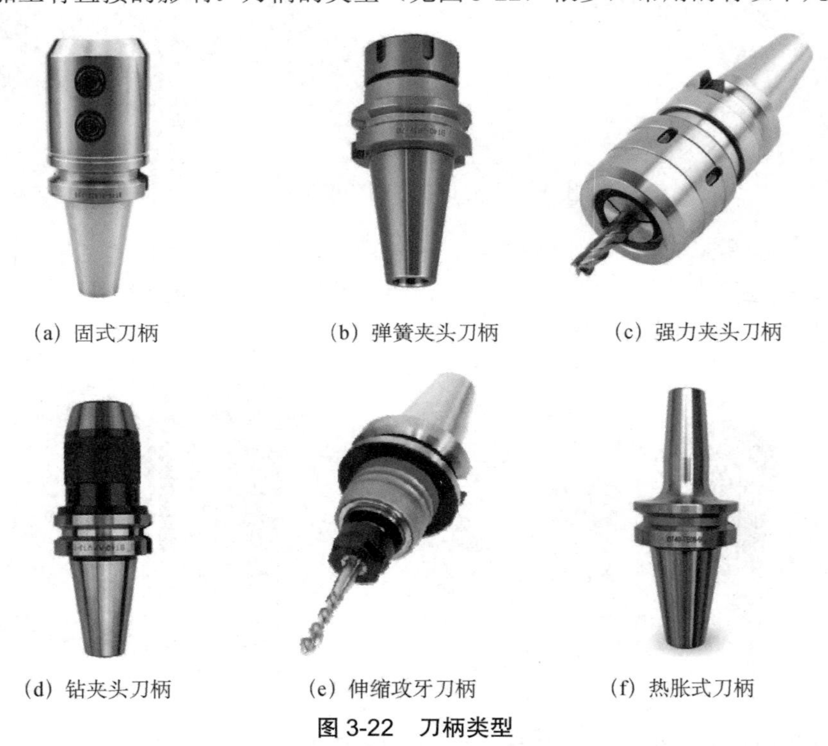

(a) 固式刀柄　(b) 弹簧夹头刀柄　(c) 强力夹头刀柄

(d) 钻夹头刀柄　(e) 伸缩攻牙刀柄　(f) 热胀式刀柄

图 3-22　刀柄类型

1）固式刀柄

如图 3-22（a）所示为固式刀柄，用于削平柄刀具的夹持，采用侧向螺丝锁固式夹紧；其夹持力大，适用于切削力大的加工，但一种尺寸的刀具需对应配备一种夹头，规格较多。

2）弹簧夹头刀柄

如图 3-22（b）所示为弹簧夹头刀柄，生产中使用较多，采用 ER 型弹性筒夹，具有良好的同心度和平衡性；其径跳误差小，从而能显著提高刀具的切削性能和使用寿命，适用于加持直径在 16mm 以下的面铣刀或直柄钻头。

3）强力夹头刀柄

如图 3-22（c）所示为直筒式强力铣刀柄，主要用于铣刀、铰刀等直柄刀具的夹紧；其主要特点是夹持力比较大，拥有稳定的跳动精度，可以进行强力切削。

4）钻夹头刀柄

如图 3-22（d）所示为钻夹头刀柄，其夹紧机构与普通的三爪定心的原理一样，通过内部传动，夹紧普通直柄刀具。钻夹头刀柄主要用于其夹紧范围之内的钻头类刀具的夹紧，亦可用于直柄铣刀、铰刀、丝锥等小切削力刀具的夹紧。夹紧范围主要有 0～8、1～13、2～16 三种。相对于其他产品而言，其夹持范围比较广，单款可以夹持多种不同柄径的刀具，但由于夹紧力较小，夹紧精度低，所以通常用于直径在 16mm 以下的普通钻头、铰刀的夹紧。而直径在 16mm 以上的钻头、铰刀，则多使用莫氏锥度刀柄。

5）伸缩攻牙刀柄

如图 3-22（e）所示为伸缩攻牙刀柄，一般用于加工中心柔性攻牙场合，其可通过 ER 型弹性筒夹安装各种型号的丝锥。通过其内部的保护机构可使其前部向后收缩 5mm，在丝锥过载停转的时候起到保护丝锥的作用。

6）热胀式刀柄

如图 3-22（f）所示为热胀式刀柄，热胀式刀柄的前端是采用热胀冷缩的原理对刀具进行夹紧的。这种刀柄需配置一套加热和冷却系统，对刀具柄部外径要求比较高。热胀式刀柄一般应用于装夹整体硬质合金和 HSS 刀具。通过对刀柄局部加热，使内孔热胀大，装入刀具后冷却，使刀具与刀柄紧密配合起来，形成一体。其优点是夹紧力大、径向跳动小（可达到 0.002～0.005mm）、动平衡好，不影响转速；其缺点是可换性比较差，每只刀柄只适合安装一种刀具。

项目四　槽类零件的加工

项目知识目标

（1）掌握槽类零件加工的工艺特点。
（2）能灵活运用子程序指令进行简化编程。
（3）理解并掌握缩放、旋转等指令的格式。

项目技能目标

（1）会编制槽类零件的加工程序。
（2）会制定加工方案。
（3）能够用数控铣床或加工中心加工槽类零件。

项目案例导入

在零件图样中，如果有多处相同或相似的加工内容，为简化手动编程，对于这部分加工内容可考虑为其编写一个单独的程序，再通过调用这些程序进行多次或不同位置的重复加工。本项目将通过槽类零件的加工来学习利用子程序编制加工程序。

任务一　长条槽板的加工

本任务课件

【任务知识目标】
（1）掌握数控铣床子程序（M98）的使用方法。
（2）掌握机床夹具的分类及应用
【任务技能目标】
（1）会进行数控铣床的基本操作。
（2）会进行槽类零件的加工。
（3）会合理地选择加工槽类零件的方法。
（4）完成工作任务。

一、工作任务

如图 4-1 所示，长条槽板零件为单件生产，毛坯选用 180mm×110mm×30mm 的块料，

45#钢。厂家要求加工方在分析零件结构工艺特征的基础上，拟定零件机械加工工艺方案，编制工艺过程，编写数控加工工序，填写工序卡，编写数控铣削加工程序，并在数控铣床上加工出合格样件。

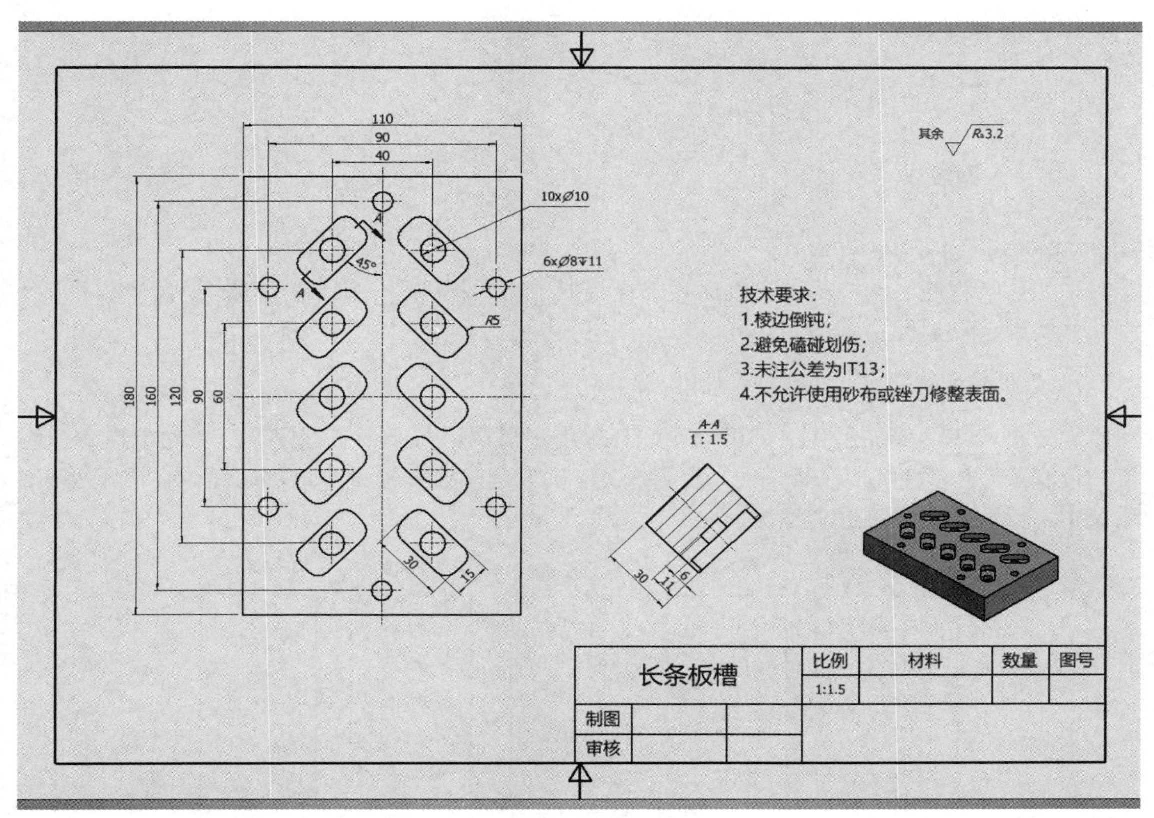

图 4-1　长条槽板零件

二、相关知识

（一）子程序编程

1. 子程序的调用

程序分为主程序和子程序，当程序中含有某些固定顺序或重复的相对独立的代码段时，可将这些代码段编成一个单独的程序，再通过调用这些程序进行多次或不同位置的重复加工。在系统中调用程序的程序称为主程序，被调用的程序称为子程序。

常用的子程序调用格式有两种。

格式一：M98 P xxxx　　L xxxx；

说明：地址 P 后面的四位数字为子程序序号，地址 L 后的数字表示重复调用的次数。子程序号及调用次数前的 0 可省略。如果只调用子程序一次，则地址 L 及其后的数字可省略。

例如：M98 P100 L5 表示调用 100 子程序 5 次；而 M98 P100 表示调用子程序 1 次。

格式二：M98 P xxxxxxxx；

说明：地址 P 后面由八位数字组成，前面四位表示调用次数，后四位表示子程序号，采用这种调用格式时，调用次数前的 0 可以省略不写，但子程序号前的 0 不可省略。

例如：M98 P50010 表示调用 O0010 子程序 5 次；而 M98 P510 表示调用 O510 子程序 1 次。

2. 子程序的格式

格式：O****；　子程序名

…；
…；　中间部分
…；

M99；子程序结束

说明：子程序名的格式同主程序名一样，但主、子程序应不同名；M99 表示子程序的结束，并实现自动返回主程序的功能。

3. 子程序的嵌套

为了进一步简化加工程序，可以允许其子程序再调用另一个子程序，这一功能称为子程序的嵌套。当主程序调用子程序时，该子程序被认为是一级子程序。如图 4-2 所示，在 FANUC 系统中，子程序最多可嵌套 4 级。

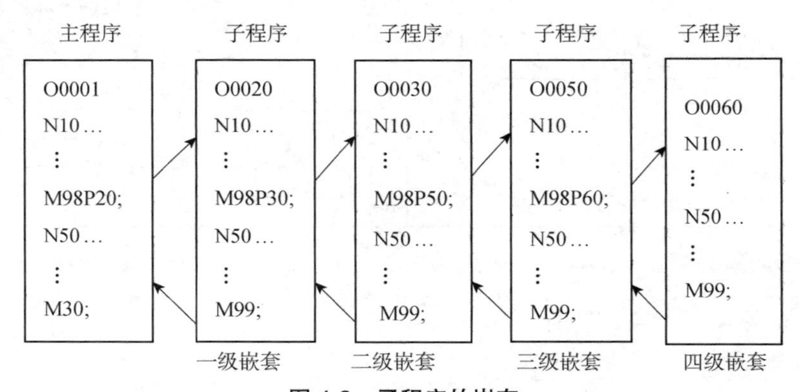

图 4-2　子程序的嵌套

4. 子程序的用法

利用子程序对工件进行分层或平移加工时，主程序中通常使用 G90 的编程模式，子程序中通常使用 G91 的编程模式。子程序中采用 G91 的编程模式可以避免在重复执行子程序的过程中，刀具在同一平面深度进行加工。但需要及时进行 G90 与 G91 模式的转换，如图 4-3 所示。

在半径补偿模式中，程序不能被分支，因此在编程过程中应尽量避免半径补偿建立在主程序中，刀补在子程序中，而取消刀补又回到主程序的这种形式；而应将刀具半径补偿的建立、执行与取消放在子程序中，如图 4-4 所示。

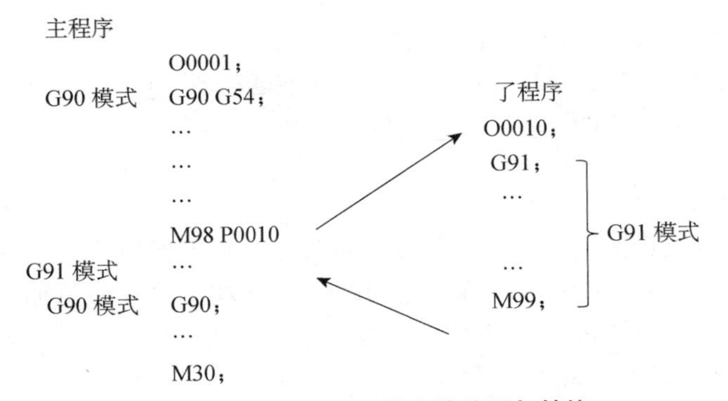

图 4-3　G90 与 G91 模式的使用与转换

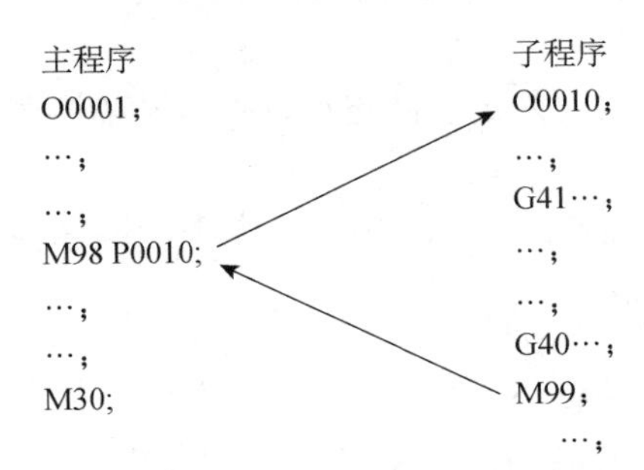

图 4-4　子程序中刀具半径补偿的使用

（二）槽加工工艺特点

1. *下刀方式*

槽加工不同于外轮廓加工，外轮廓加工时可以使用平底刀直接在材料外侧下刀，而槽加工是直接在材料内部下刀，它对刀具有一定的要求。

1）直接下刀

（1）使用键槽铣刀。

键槽铣刀具有底刃，且两刃过中心点，可以直接下刀，但影响平面内的切削效率。

（2）使用平底立铣刀。

平底立铣刀没有底刃，不能直接下刀。解决的办法是用键槽铣刀预先铣一个下刀孔，再换平底立铣刀从下刀孔处下刀，这样可以提高加工效率。

T槽刀

2）斜线下刀

斜线下刀属于两轴联动下刀，即 *Z* 轴与 *XY* 平面内一轴的同时移动。

斜线下刀时需要注意以下几点。

（1）斜度的大小。

斜度一般取 3°～50°，折算长度比约为 1∶10，即 *Z* 轴每下刀 1mm，平面内移动距离约为 10mm。

（2）留有“斜坡”。

需要考虑回拉去除，即在 *XY* 平面内多走一刀。

3）螺线下刀

螺线下刀属于三轴联动下刀。对任何角度的圆弧（<360°），可附加任一数值的单轴指令，

指令格式为：G02 X　Y　Z　I　J；

在三种下刀方式中，直接下刀程序简单、加工效率高，但需要两把刀具；螺线下刀程序复杂、加工效率低；斜线下刀综合了两者的优点，较为常用。

2. 去材料方式

走刀路线就是刀具在整个加工工序中的运动轨迹，它不但包括工步的内容，也反映工步顺序。走刀路线是编写程序的依据。确定走刀路线时应注意寻求最短加工路线。一般来说可以采用往复铣削（如铣长方形）、环形铣削（如铣圆形、正方形）、少用刀补去材料（一般先不用刀补，然后利用刀补进行轮廓的精加工）。

型腔粗加工走刀路线常用的有下列两种。

1）环形走刀

如图 4-5 所示，下刀后由内而外走全圆路径，一般不需要光刀。

2）往复走刀

如图 4-6 所示，类似于平面铣削，一般用 G91 编程。其缺点是两侧留有残留，必须光刀。

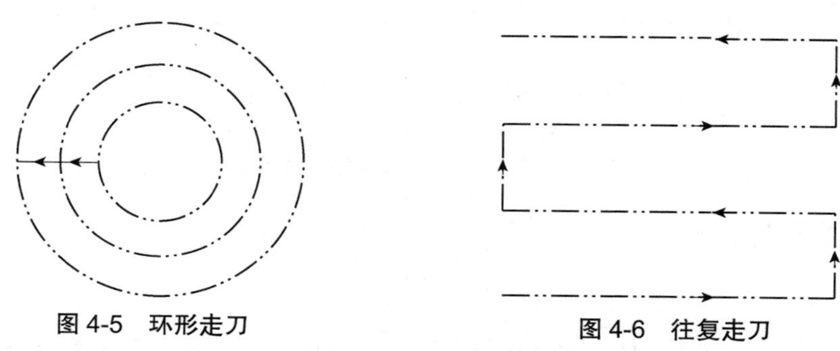

图 4-5　环形走刀　　图 4-6　往复走刀

（三）机床夹具的分类及应用

在铣削加工时，把将工件放在机床上（或夹具中），使它在夹具上的位置按照一定的要求确定下来，并将必须限制的自由度逐一予以限制，称作工件在夹具上的“定位”。工件定位以后，为了承受切削力、惯性力和工件重力，还应夹牢，这称为“夹紧”。把从定位到夹紧的整个过程称为“安装”。工件安装情况的好坏将直接影响工件的加工精度。

1. 工件的定位

工件相对夹具一般应完全定位，且工件的基准相对于机床坐标系原点应有严格的确定位置，以满足能在数控机床坐标系中实现工件与刀具相对运动的要求。同时，夹具在机床上也应完全定位，夹具上的每个定位面相对数控机床的坐标原点均应有精确的坐标尺寸，以满足数控加工中简化定位和安装的要求。

数控铣床和加工中心的工作台是夹具和工件定位与安装的基础，机床的结构形式和工作台的结构差异有所不同，常见的有下面 5 种，如图 4-7 所示。

（1）以侧面定位板定位。利用侧面定位板可直接计算出工件或夹具在工作台上的位置，并能保证与回转中心的相对位置，定位安装十分方便。

（2）以中心孔定位。利用工件的外径或内径进行中心孔定位，能保证工件中心与工作台中心有较高的一致性。

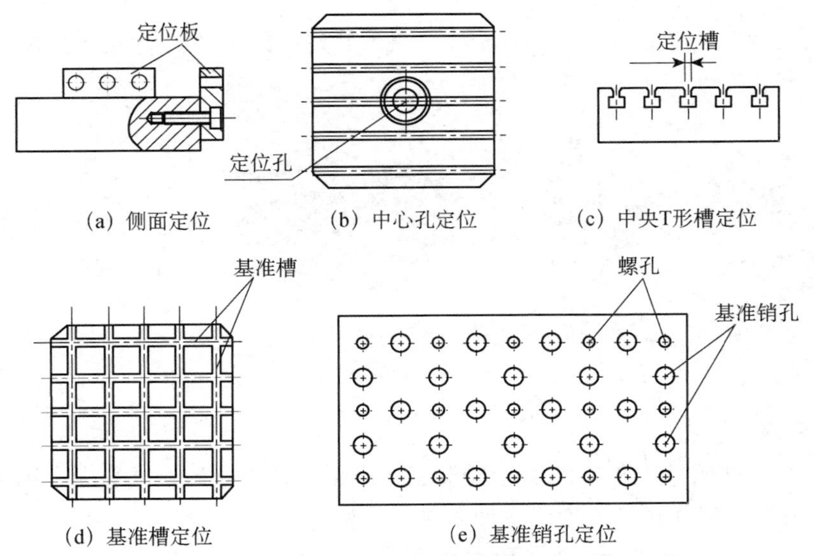

(a) 侧面定位　(b) 中心孔定位　(c) 中央T形槽定位

(d) 基准槽定位　(e) 基准销孔定位

图 4-7　工件（夹具）的安装与定位

（3）以中央 T 形槽定位。通常把标准定位块插入 T 形槽，使安装的工件或夹具紧靠标准块，以此达到定位的目的，多用于立式数控铣床。

（4）以基准槽定位。通常在工作台的基准槽中插入标准定位块或止动块作为工件或夹具的定位基准。

（5）以基准销孔定位。以基准销孔定位的方式多在立式数控铣床辅助工作台上采用，适合多工件频繁装卸的场合。

选择定位方式时应注意以下 5 点。

夹具

（1）所选择的定位方式有较高的定位精度。

（2）无超定位的干涉现象。

（3）零件的安装基准最好与设计基准重合。

（4）便于安装、找正和测量。

（5）有利于刀具的运动和简化程序的编制。

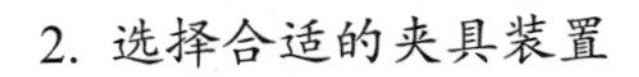

2. 选择合适的夹具装置

零件的数控加工大都采用工序集中原则，加工的部位较多，同时批量较小，零件更换周期短，夹具的标准化、通用化和自动化对加工效率的提高及加工费用的降低有很大影响。

（1）按夹具应用的机床可分为车床夹具、铣床夹具、钻床夹具、镗床夹具、磨床夹具等。

（2）按夹具的夹紧动力源可分为手动夹具、气动夹具、液压夹具、电磁夹具和真空夹具等。

（3）按夹具的通用化程度可分为通用夹具、专用夹具、组合夹具、拼装夹具、通用可调夹具与成组夹具 6 种。

1）通用夹具

通用夹具指结构、尺寸已标准化、系列化，且具有一定的通用性，使用性能较为广泛的夹具。如：三爪卡盘、四爪单动卡盘、平口钳、磁力工作台等，如图 4-8 所示。通用夹具的优点是通用性强，往往无须调整或稍加调整即能用于不同工件的装夹；缺点是夹具的精度不高，多为手动夹紧，生产效率较低，且难以装夹形状复杂的工件，故常用于单件、小批生产，装夹形状简单和精度要求不太高的工件。

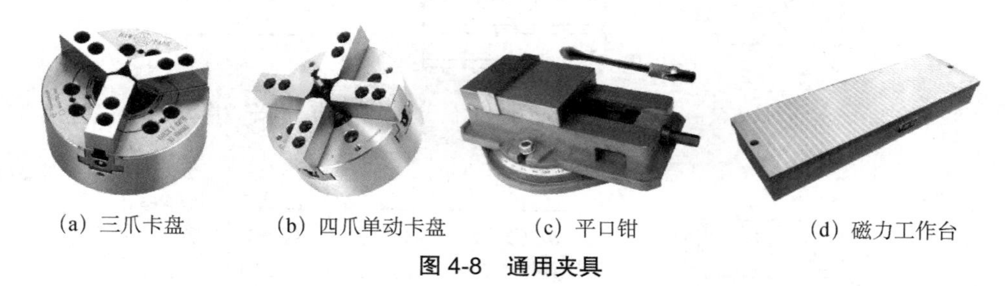

(a) 三爪卡盘　(b) 四爪单动卡盘　(c) 平口钳　(d) 磁力工作台

图 4-8　通用夹具

2）专用夹具

针对某一种工件的某一工序的加工要求而专门设计和制造的夹具称为专用夹具。其特点是结构简单、紧凑、操作迅速、维修方便，在产品相对固定、工艺过程稳定的大批量生产中，采用专用夹具，可以获得高生产率和加工精度。但专用夹具的设计、制造周期较长，在产品或工艺变更时往往无法继续使用。如图 4-9 所示为连杆加工专用夹具零件图，该夹具（实物图见图 4-10）由压板、螺栓和圆柱销等构成；其结构固定，仅适用于一个具体零件的具体工序，这类夹具的设计应力求简化，目的是使制造时间尽量缩短。

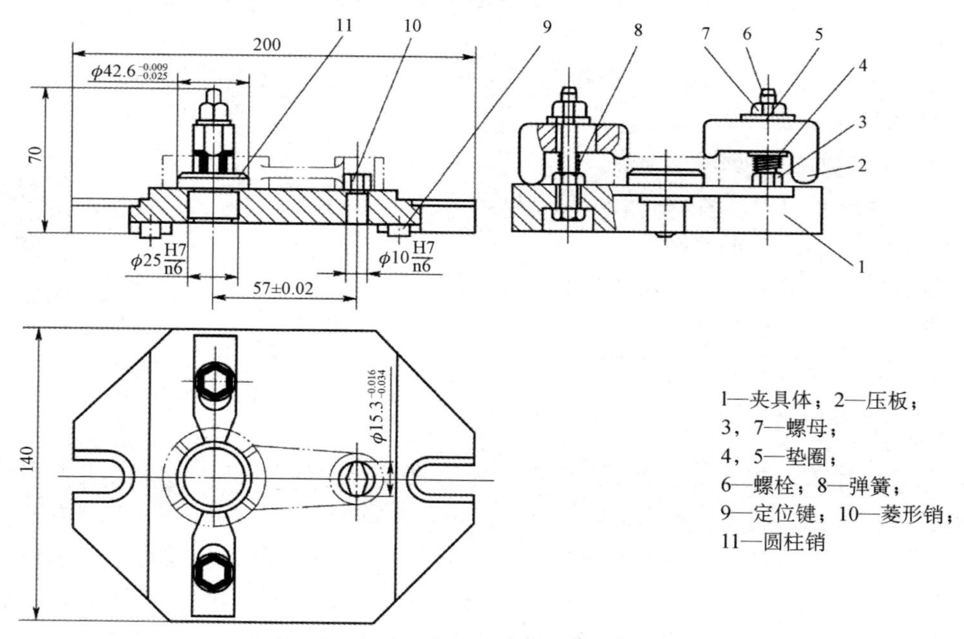

图 4-9　连杆加工专用夹具零件图

3）组合夹具

组合夹具是在机床夹具元件通用化、标准化、系列化的基础上发展起来的新型夹具。它是由预先制造好的标准化组合夹具元件，根据被加工工件的工序要求组装而成的，具有元件使用通用性和夹具功能专用性的双重性质。其适用于小批量生产或研制产品时的中小型工件在数控铣床上进行的铣削加工。

图 4-10　连杆加工专用夹具实物图

组合夹具从结构类型的角度划分，可分为槽系组合夹具（见图 4-11）和孔系组合夹具（见图 4-12）。无论是槽系还是孔系，其元件都可以按功能和用途的不同划分为七大类：基础件、支撑件、定位件、导向件、压紧件、合件和其他件。每类元件又包含同一类别的多种不同规格，每种元件都有其基本用途；同时，在夹具的组装过程中，并不严格限制各种元件的功能和用途，如支撑件也可作为基础件和定位件使用，所以组合夹具的设计和组装者要熟知各个元件的结构尺寸和功能，充分利用组合夹具元件精度高、互换性强的特点，发挥其灵活多用的优势。

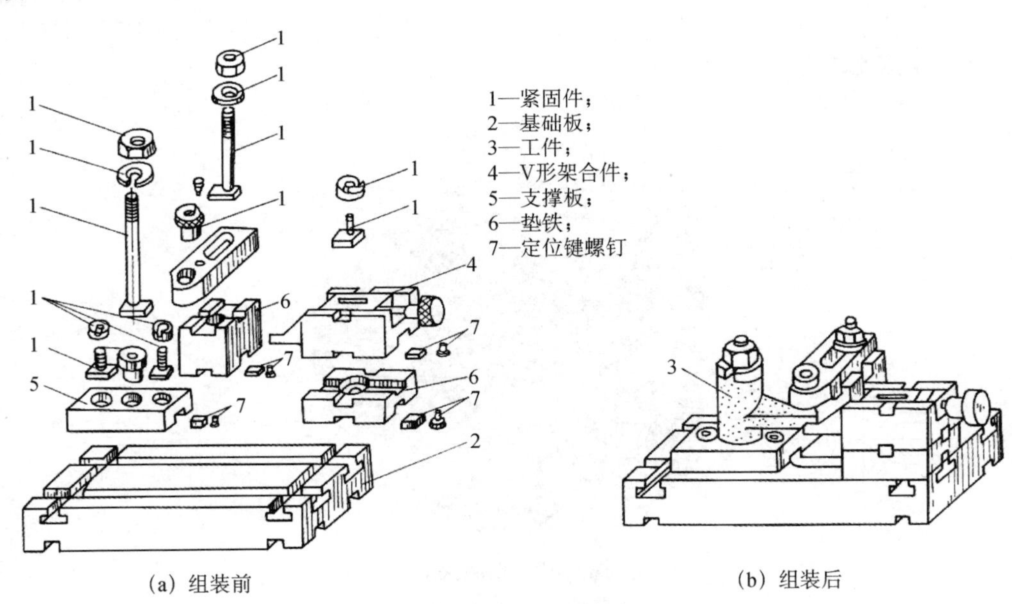

图 4-11　槽系组合夹具

4）拼装夹具

拼装夹具是由预先制造好的各类标准元件和组件拼装而成的。针对不同工件的定位精度和装卸速度要求，可以专门拼装出只用于某种工件特定工序的夹具，这类夹具具有较高的专用性，当生产任务完成后，又可将夹具拆散成各类元件和组件，以备拼装新的夹具。所以，这类夹具具有较好的通用性。它不仅具有组合夹具的优点，而且比组合夹具具有更好的精度

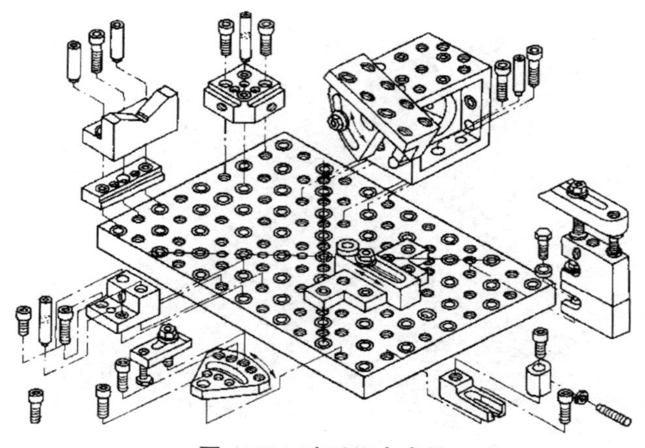

图 4-12　孔系组合夹具

和刚性、更小的体积和更高的效率，并且夹具元件可以重复使用，但其缺点是夹具元件的初始投资较大、个别元件的利用率较低。

5）通用可调夹具

通用可调夹具是指根据工件的不同尺寸或种类，调整或更换个别定位元件或夹紧元件而形成的专用夹具。其加工对象不确定，通用范围较大，适用于多品种、小批量生产。

6）成组夹具

成组夹具（见图 4-13）是指专为加工成组工艺中某一组零件而设计的可调夹具。其加工对象明确，只需调整或更换个别定位元件或夹紧元件便可使用，调整范围只限于本零件组的工件，适用于成组加工。

图 4-13　成组夹具

通用可调夹具和成组夹具都是比较先进的、继承性好的新型夹具。采用这两种夹具可大大减少专用夹具数量、缩短生产准备周期、降低成本、加快产品的更新换代，并可有效地促进并实现夹具的标准化、系列化和通用化。通用可调夹具与成组夹具的区别在于：前者的加工对象不确定，其更换调整部分的结构设计往往具有较大的适应性，通用范围广；而成组夹具则是为成组加工工艺中一组零件专门设计的，加工对象十分明确，可调范围只限于本组内的零件，因此后者亦称为专用可调夹具。

3. 选择有足够刚性和强度的夹具方案

夹具的主要任务是保证零件的加工精度，因此要求夹具必须具备足够的刚性和强度，安装夹具时需注意以下几点。

（1）装卸零件方便，加工中易于观察零件的加工情况。

（2）压板、螺钉等夹紧元件的几何尺寸要适当，不能影响加工路线和刀具交换。

（3）因数控铣床主轴端面至工作台间有一小距离，所以夹具的高度应保证刀具能下到待加工面。

（4）便于在机床上测量。

（5）夹具应能够满足在只对首件零件对刀找正的条件下保证一批零件加工尺寸一致性的要求。

三、制订任务进度计划

本次生产任务工期为 1 天，试根据任务要求，制订合理的工作进度计划，并根据各小组成员的特点分配工作任务。槽板加工任务分配表见表 4-1。

表 4-1　槽板加工任务分配表

序号	工作内容	时间分配	成员	责任人
1	工艺分析			
2	编制程序			
3	铣削加工			
4	产品质量检验与分析			

四、任务实施方案

（1）分析零件图样，确定加工槽板的定位基准。

（2）以小组为单位，结合所学普通铣床加工工艺知识，制定槽板的加工工艺卡（见表 4-2）。

表 4-2　槽板加工工艺卡

序号	加工方式	加工部位	刀具名称	刀具直径	刀角半径	刀具长度	刀刃长度	主轴转速/（r/min）	进给速度/（mm/min）	切削深度/mm	加工余量/mm	程序名称
1												
2												
3												
4												

（3）根据槽板加工内容，完成槽板加工的工艺过程卡（见表 4-3）。

表 4-3　槽板加工的工艺过程卡

工序号	名称	尺寸	工艺要求	检验	备注
1					
2					

续表

工序号	名称	尺寸	工艺要求	检验	备注
3					
4					
5					
6					

五、实施编程与加工

（1）根据零件图样绘制曲线图并进行标注。

（2）结合“相关知识”，分析加工槽板用到的指令，并写出指令的格式。

（3）根据零件的加工步骤及编程分析，小组合作完成槽板的数控铣床加工程序（程序单见表 4-4）。

表 4-4　槽板加工程序单

加工程序	说明
O2001;	程序名，以字母“O”开头
N10 G90 G54 G0 X0 Y0 Z100;	程序段号 N10，以 G54 为工件坐标原点，绝对编程方式（G90），刀具快速定位（G00）到工件坐标原点（X0，Y0，Z100）
N20 M03 S1000;	主轴（Z 轴）转数 1000r/min（S1000），且正转（M03）
N150 G0 Z10;	刀具快速定位至 Z100
N160 M05 M30;	主轴停止转动（M05），程序结束（M30）

（4）通过仿真软件验证零件的铣削程序，校正程序中不合理之处。
（5）在自动模式下完成工件的加工。

六、检查与评价

1. 学生自检

学生完成零件自检，填写“考核评分表”（见表 4-5），并同刀具卡、工序卡和程序单一起上交。

2. 成绩评定

教师协同组长，对零件进行检测，对刀具卡、工序卡和程序单进行批改，对学生整个任务的实施过程进行分析，并填写“考核评分表”（见表 4-5）对每个学生进行成绩评定。

表 4-5　考核评分表

<table>
<tr><td colspan="2">零件名称</td><td colspan="2"></td><td>零件图号</td><td></td><td>操作人员</td><td></td><td>完成工时</td><td></td></tr>
<tr><td>序号</td><td colspan="3">鉴定项目及标准</td><td>配分</td><td colspan="2">评分标准（扣完为止）</td><td>自检</td><td>检查结果</td><td>得分</td></tr>
<tr><td>1</td><td rowspan="10">任务实施
45 分</td><td colspan="2">填写刀具卡</td><td>5</td><td colspan="2">刀具选用不合理扣 5 分</td><td></td><td></td><td></td></tr>
<tr><td>2</td><td colspan="2">填写加工工序卡</td><td>5</td><td colspan="2">工序编排不合理每处扣 1 分，工序卡填写不正确每处扣 1 分</td><td></td><td></td><td></td></tr>
<tr><td>3</td><td colspan="2">填写加工程序单</td><td>10</td><td colspan="2">程序编制不正确每处扣 1 分</td><td></td><td></td><td></td></tr>
<tr><td>4</td><td colspan="2">工件安装</td><td>3</td><td colspan="2">装夹方法不正确扣 3 分</td><td></td><td></td><td></td></tr>
<tr><td>5</td><td colspan="2">刀具安装</td><td>3</td><td colspan="2">刀具安装不正确扣 3 分</td><td></td><td></td><td></td></tr>
<tr><td>6</td><td colspan="2">程序录入</td><td>3</td><td colspan="2">程序输入不正确每处扣 1 分</td><td></td><td></td><td></td></tr>
<tr><td>7</td><td colspan="2">对刀操作</td><td>3</td><td colspan="2">对刀不正确每次扣 1 分</td><td></td><td></td><td></td></tr>
<tr><td>8</td><td colspan="2">零件加工过程</td><td>3</td><td colspan="2">加工不连续，每终止一次扣 1 分</td><td></td><td></td><td></td></tr>
<tr><td>9</td><td colspan="2">完成工时</td><td>4</td><td colspan="2">每超时 5min 扣 1 分</td><td></td><td></td><td></td></tr>
<tr><td>10</td><td colspan="2">安全文明</td><td>6</td><td colspan="2">撞刀、未清理机床和保养设备扣 6 分</td><td></td><td></td><td></td></tr>
<tr><td>11</td><td rowspan="6">工件质量 45 分</td><td rowspan="2">上下平面</td><td>尺寸</td><td>10</td><td colspan="2">尺寸每超 0.1mm 扣 2 分</td><td></td><td></td><td></td></tr>
<tr><td>12</td><td>粗糙度</td><td>5</td><td colspan="2">每降一级扣 2 分</td><td></td><td></td><td></td></tr>
<tr><td>13</td><td rowspan="2">中部凸台</td><td>尺寸</td><td>10</td><td colspan="2">尺寸每超 0.1mm 扣 2 分</td><td></td><td></td><td></td></tr>
<tr><td>14</td><td>粗糙度</td><td>5</td><td colspan="2">每降一级扣 2 分</td><td></td><td></td><td></td></tr>
<tr><td rowspan="2">15</td><td rowspan="2">孔</td><td>尺寸</td><td>10</td><td colspan="2">尺寸每超 0.1mm 扣 2 分</td><td></td><td></td><td></td></tr>
<tr><td>粗糙度</td><td>5</td><td colspan="2">每降一级扣 2 分</td><td></td><td></td><td></td></tr>
<tr><td>16</td><td rowspan="3">误差分析
10 分</td><td colspan="2" rowspan="2">零件自检</td><td rowspan="2">4</td><td colspan="2" rowspan="2">自检有误差每处扣 1 分，未自检扣 4 分</td><td rowspan="2"></td><td rowspan="2"></td><td rowspan="2"></td></tr>
<tr><td>17</td></tr>
<tr><td>18</td><td colspan="2">填写工件误差分析</td><td>6</td><td colspan="2">误差分析不到位扣 1～4 分，未进行误差分析扣 6 分</td><td></td><td></td><td></td></tr>
<tr><td colspan="4">合计</td><td>100</td><td colspan="2"></td><td></td><td></td><td></td></tr>
<tr><td colspan="10">误差分析（学生填）</td></tr>
<tr><td colspan="10">考核结果（教师填）</td></tr>
<tr><td>检验员</td><td colspan="3"></td><td>记分员</td><td></td><td>时间</td><td colspan="3">年　月　日</td></tr>
</table>

七、探究与拓展

利用数控铣床加工如图 4-14 所示的基座零件，工件毛坯为 100mm×100mm×50mm 的

45#钢。粗加工每次切削深度为 1.5mm，进给量为 120mm/min，精加工余量为 0.5mm，各尺寸的加工精度为±20μm，额定工时为 2.5h。

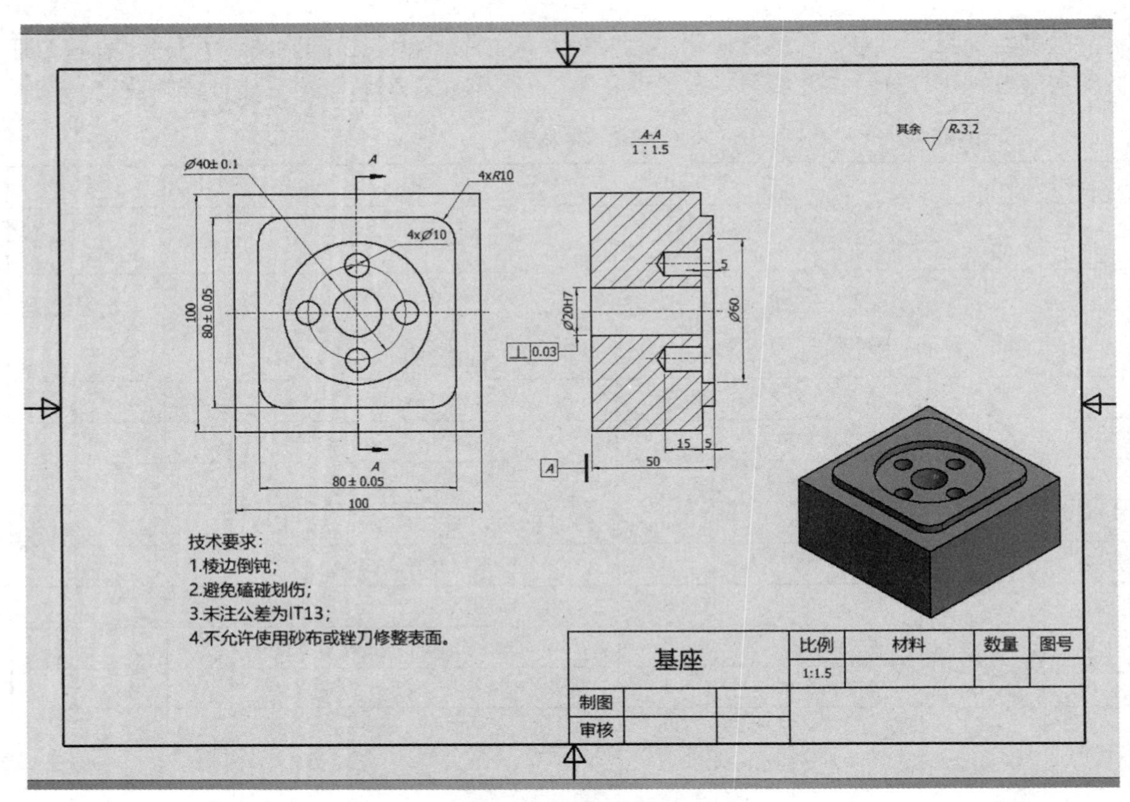

图 4-14　基座零件图

任务二　链轮零件的加工

【任务知识目标】

掌握数控铣床旋转指令（G68、G69）的使用方法。

【任务技能目标】

（1）会进行数控铣床的基本操作。

（2）能灵活运用旋转指令进行简化程序。

（3）会合理地选择加工槽类零件的方法。

（4）完成工作任务。

一、工作任务

学校数控实训车间接到一批链轮零件（见图 4-15）的加工任务，对方提供了直径 Φ 为 110mm、厚度为 20mm 的棒料、材质为 45#钢毛坯，现要求学校方分析加工工艺特点，在 8h 内按零件的技术要求编写加工程序，加工出合格样件，并提交检验报告，以确定能否投产加工。

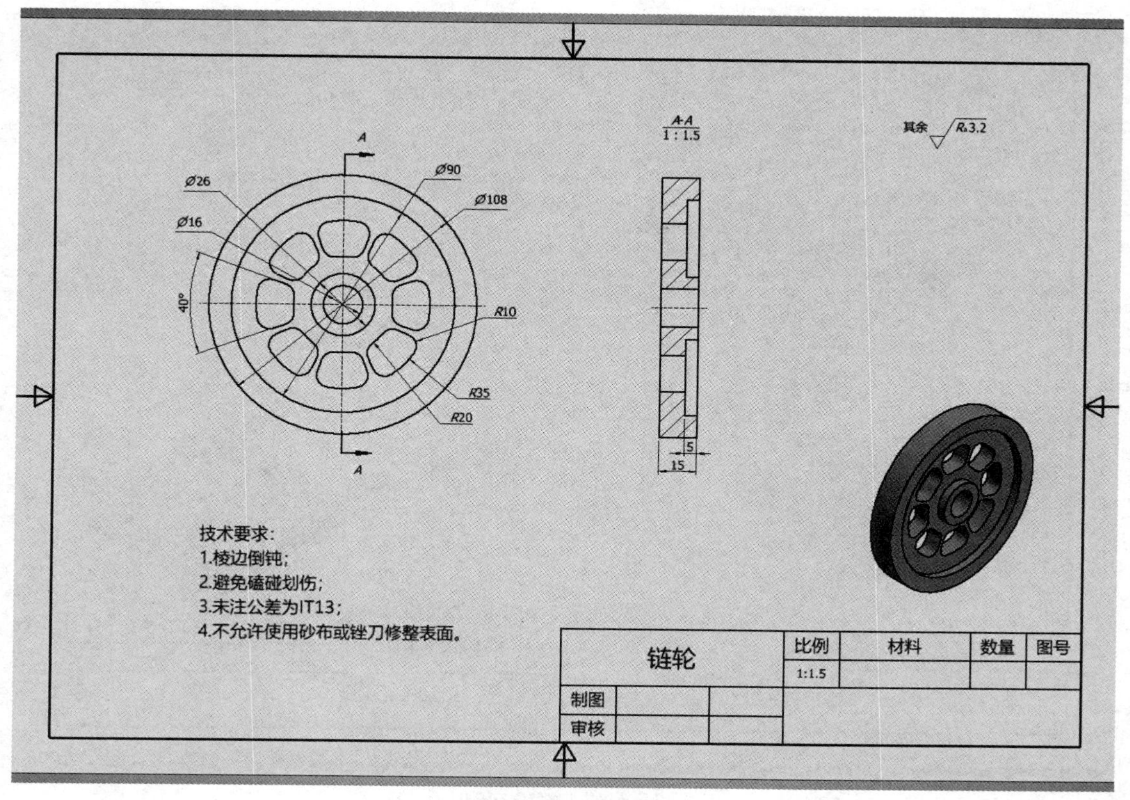

图 4-15　链轮零件图

二、相关知识

加工某些零件时经常会出现一些相同的或对称的或按一定角度排布的结构，如果利用一般的指令编程，程序中会重复出现相同结构的一组程序段。为了简化编程，对于特殊关系的图形可用镜像、缩放或旋转指令进行编程。

（一）简化编程指令

1. 镜像指令（G51.1、G50.1）

格式：G51.1 X　Y　Z ;

　　　G50.1 X　Y　Z ;

说明：G51.1 为镜像指令，X、Y、Z 指定对称轴或对称点。当仅有一个坐标系时，该镜像是以某一坐标轴为镜像轴，如 G51.1 X0 表示以 Y 轴为镜像轴；G50.1 为取消镜像指令，取消镜像时 X、Y、Z 应与建立镜像时保持一致。

需要注意的是，在指定的平面内进行镜像时，圆弧指令 G02 和 G03 互换，刀具半径补偿指令 G41 和 G42 互换，旋转方向互换。

【例 4-1】使用镜像指令编制如图 4-16 所示轮廓的加工程序，设刀具起点距工件上表面 100mm，切削深度为 5mm。

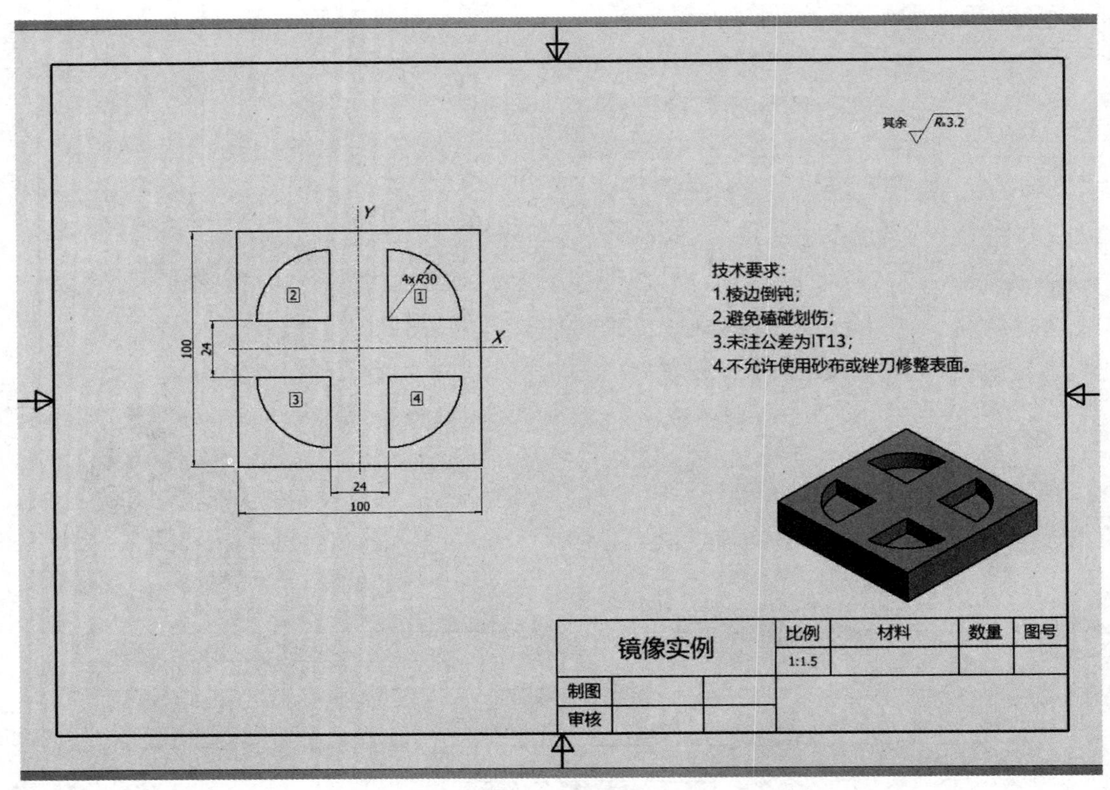

图 4-16 镜像实例

编写的加工程序见表 4-6。

表 4-6 镜像编程

加工程序	说明
O0511;	主程序
N10 G17 G90 G54 G0 X0 Y0 M03 S1000;	
N20 Z5;	
N30 M98 P100;	调用子程序 O100，加工①
N40 G51.1 X0;	以 Y 轴镜像
N50 M98 P100;	调用子程序，加工②
N60 G51.1 Y0;	以 X、Y 轴镜像
N70 M98 P100;	加工③
N80 G50.1 X0;	Y 轴镜像取消，X 轴镜像继续有效
N90 M98 P100;	加工④
N100 G50.1 Y0;	取消 X 轴镜像
N110 G0 Z100;	
N120 M05 M30;	
O100;	子程序
N100 G90 G01 Z-5 F50;	
N110 G41 X12 Y10 D01;	建立刀具半径补偿
N120 Y42 F100;	

续表

加工程序	说明
N130 G02 X42 Y12 R30;	
N140 G01 X10;	
N150 G40 X0 Y0;	取消刀补，返回坐标原点
N160 G00 Z10;	
N170 M99;	返回主程序

2. 旋转指令（G68、G69）

格式：G17 G68 X　　Y　　R ;

G69 ;

说明：G68 指令的功能是在指定的平面内（G17）建立旋转，以（X，Y）为旋转的中心点，当 X、Y 省略时，G68 指令认为当前的位置即为旋转中心；R 为旋转的角度（0≤R≤360°），逆时针旋转定义为正向，顺时针旋转为负向，一般为绝对值；G69 指令用于取消旋转。

在有刀具补偿的情况下，先旋转后刀补（包括半径补偿、长度补偿）。G68、G69 为模态指令，可相互注销。

【例 4-2】使用旋转指令编制如图 4-17 所示轮廓的加工程序，设刀具起点距工件上表面 100mm，切削深度为 5mm。

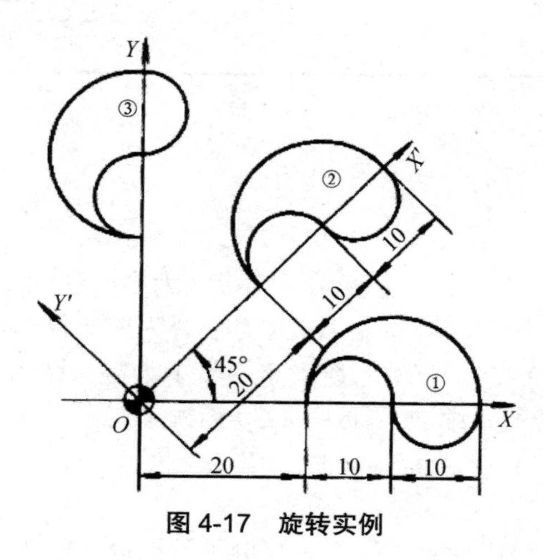

图 4-17　旋转实例

编写的加工程序见表 4-7。

表 4-7　旋转编程

加工程序	说明
O0068;	主程序
N10 G17 G90 G54 G0 X0 Y0 M03 S1000;	
N20 Z5;	
N30 M98 P120;	调用子程序 O110，加工①
N40 G68 X0 Y0 R45;	以点（0，0）为旋转中心，旋转 45°
N50 M98 P120;	调用子程序，加工②
N60 G68 X0 Y0 R90;	以点（0，0）为旋转中心，旋转 90°

续表

加工程序	说明
N70 M98 P120;	加工③
N80 G69;	取消旋转
N90 G00 Z100;	
N100 M05 M30;	
O120;	子程序
N100 G41 X20 Y-10 D01;	建立刀具半径补偿
N110 G01 Z-5 F50;	
N120 Y0 F100;	
N130 G02 X40 Y0 R10;	
N140 G02 X30 Y0 R5;	
N150 G03 X20 Y0 R5;	
N160 G01 Y-6;	
N170 G00 Z10;	
N180 G40 X0 Y0;	取消刀补，返回坐标原点
N190 M99;	返回主程序

3. 缩放指令（G51、G50）

格式一：G51 X　Y　Z　P ;

G50 ;

说明：G51 为缩放指令，X、Y、Z 表示以坐标点为中心进行比例缩放，如果省略了缩放中心的坐标值 X、Y 和 Z，则当前点将是缩放中心；P 为缩放倍数，最小输入量为 0.001，比例系数的范围为 0.001～999.999。有的系统设定不带小数点，比例为 2 时，应输入 2000，表示扩大 2 倍；G50 指令用于取消缩放。G51、G50 为模态指令。

格式二：G51 X　Y　Z　I　J　K ;

G50 ;

说明：I、J、K 表示各坐标轴允许以不同比例进行缩放，I、J、K 的数值直接以小数点的形式来指定。例如，G51 X0 Y0 Z0 I1.5 J2.0 K1.0 表示以坐标点（0，0，0）为中心进行比例缩放，X 轴方向缩放倍数为 1.5 倍，Y 轴方向为 2 倍，Z 轴方向保持不变。

在编写比例缩放程序过程中，要特别注意建立刀补程序段的位置，刀补程序段应写在缩放程序段内，比例缩放对于刀具半径补偿值、刀具长度补偿值及刀具偏置值无效。在有旋转功能的情况下，应先缩放后旋转。在编写比例缩放程序的过程中，不能指定返回参考点的 G 代码（G27～G30），也不能指定坐标系的 G 代码（G52～G59，G92）。若一定要指定这些代码，应在取消缩放功能后指定。

【例 4-3】使用缩放指令编制如图 4-18 所示轮廓的加工程序，设刀具起点距工件上表面 100mm。

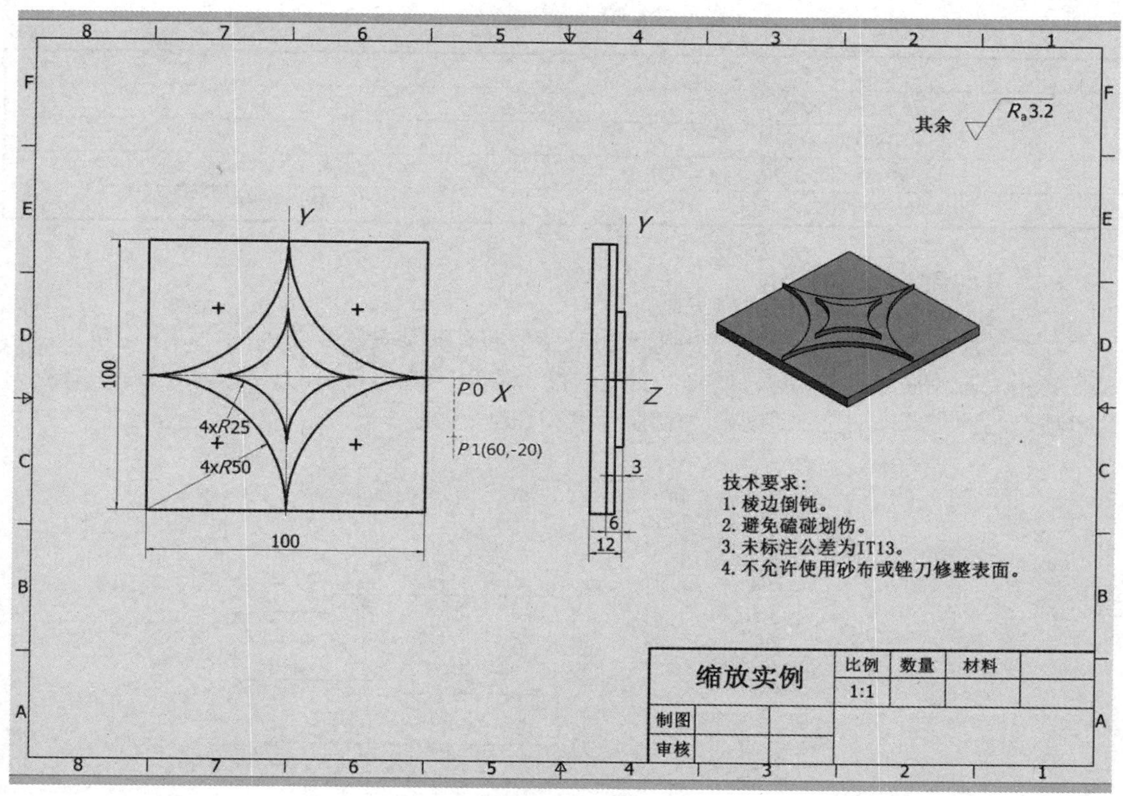

图 4-18　缩放实例

编写的加工程序见表 4-8。

表 4-8　缩放编程

加工程序	说明
O0051;	主程序
N10 G17 G90 G54 G0 X60 Y-20 M03 S1000;	
N20 Z5;	
N30 M98 P120;	调用子程序 O120，加工 4×R50 轮廓
N40 G51 X0 Y0 P0.5;	以点（0，0）为缩放中心，缩放 0.5
N50 M98 P120;	调用子程序，加工 4×R25 轮廓
N60 G50;	取消缩放
N70 G00 Z100;	
N80 M05 M30;	
O120;	子程序
N100 G90 G01 Z-6 F50;	
N110 G41 Y0 D01 F100;	建立刀具半径补偿
N120 X50;	
N130 G03 X0 Y-50 R50;	
N140 G03 X-50 Y0 R50;	
N150 G03 X0 Y50 R50;	
N160 G03 X50 Y0 R50;	

续表

加工程序	说明
N170 G01 X60;	
N180 G00 Z10;	
N190 G40 X60 Y-20;	取消刀补，返回起始点
N200 M99;	返回主程序

（二）切削用量的确定

合理选择切削用量对于发挥数控机床的最佳效益有着至关重要的关系。切削用量包括切削速度 v_c、进给速度 v_f、背吃刀量 a_p、侧吃刀量 a_c 和每齿进给量 a_f，如图 4-19 所示。背吃刀量和侧吃刀量在数控加工中通常称为切削深度和切削宽度。

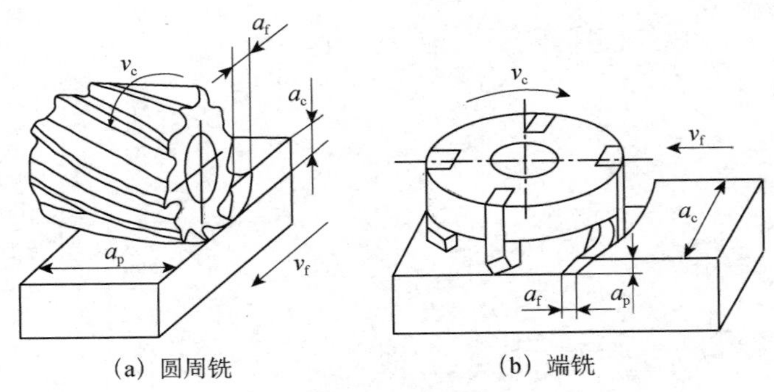

（a）圆周铣　　（b）端铣

图 4-19　切削用量

选择切削用量的原则是：粗加工时，一般以提高生产率为主，但也应考虑经济性和加工成本；半精加工和精加工时，应在保证加工质量的前提下，兼顾切削效率、经济性和加工成本，具体数值应根据机床说明书、切削用量手册，并结合经验而定。

从刀具耐用度出发，切削用量的选择方法是：先选取切削深度或切削宽度，其次确定进给量，最后确定切削速度。

1. 切削深度和切削宽度

在机床、工件和刀具刚度允许的情况下，增加切削深度可以提高生产率。为了保证零件的加工精度和表面粗糙度，一般应留一定的余量进行精加工。

在编程时切削宽度称为步距，一般切削宽度与刀具直径成正比，与切削深度成反比。在粗加工中，步距取得大有利于提高加工效率。在使用平底刀进行切削时，切削宽度的一般取值范围为（0.6～0.9）D。使用圆角刀进行加工时，刀具直径应扣除刀尖的圆角部分，即 $d=D-2r$（D 为刀具直径，r 为刀尖圆角半径），而切削宽度可以取（0.8～0.9）d。在使用球头刀进行精加工时，步距的确定应首先考虑所能达到的精度和表面粗糙度。

切削深度的选择，通常如下：

（1）在工件表面粗糙度值要求为 R_a=12.5～25μm 时，如果圆周铣削的加工余量小于 5mm，端铣的加工余量小于 6mm，粗铣一次进给就可以达到要求。但在余量较大、工艺系统刚性较差或机床动力不足时，可分多次进给完成。

（2）在工件表面粗糙度值要求为 R_a=3.2～12.5μm 时，可分粗铣和半精铣两步进行。粗铣时切削深度或切削宽度选取同前。粗铣后留 0.5～1.0mm 余量，在半精铣时切除。

（3）在工件表面粗糙度值要求为 R_a=0.8～3.2μm 时，可分粗铣、半精铣、精铣 3 步进行。半精铣时切削深度或切削宽度取 1.5～2mm；精铣时圆周铣侧背吃刀量取 0.3～0.5mm，面铣刀背吃刀量取 0.5～1mm。

2. 进给量

进给量有进给速度 v_f、每转进给量 f 和每齿进给量 f_z 3 种表示方法。

进给速度 v_f 是单位时间内工件与铣刀沿进给方向的相对位移，单位为 mm/min，在数控程序中的代码为 F。

每转进给量 f 是铣刀每转一转，工件与铣刀的相对位移，单位为 mm/r。

每齿进给量 f_z 是铣刀每转过一齿，工件与铣刀的相对位移，单位为 mm/齿。

3 种进给量的关系为：

$$v_f = f \times n = f_z \times z \times n$$

式中，n 为铣刀转速，z 为铣刀齿数。

每齿进给量 f_z 的选取主要取决于工件材料的力学性能、刀具材料、工件表面粗糙度等因素。工件材料的强度和硬度越高，f_z 越小；反之则越大。硬质合金铣刀的每齿进给量高于同类高速钢铣刀。工件表面粗糙度要求越高，f_z 就越小。铣刀每齿进给量的确定可参考表 4-9 选取。

表 4-9　铣刀每齿进给量 f_z　（单位：mm/齿）

工件材料＼铣刀	平铣刀	面铣刀	圆柱铣刀	端铣刀	成形铣刀	高速钢镶刃刀	硬质合金镶刃刀
铸铁	0.2	0.2	0.07	0.05	0.04	0.3	0.1
可锻铸铁	0.2	0.15	0.07	0.05	0.04	0.3	0.09
低碳钢	0.2	012	0.07	0.05	0.04	0.3	0.09
中高碳钢	0.15	0.15	0.06	0.04	0.03	0.2	0.08
铸钢	0.15	0.1	0.07	0.05	0.04	0.2	0.08
镍铬钢	0.1	0.1	0.05	0.02	0.02	0.15	0.06
高镍铬钢	0.1	0.1	0.04	0.02	0.02	0.1	0.05
黄铜	0.2	0.2	0.07	0.05	0.04	0.03	0.21
青铜	0.15	0.15	0.07	0.05	0.04	0.03	0.1
铝	0.1	0.1	0.07	0.05	0.04	0.02	0.1
Al-Si 合金	0.1	0.1	0.07	0.05	0.04	0.18	0.1
Mg-Al-Zn	0.1	0.1	0.07	0.04	0.03	0.15	0.08
A1-Cu-Mg	0.15	0.1	0.07	0.05	0.04	0.02	0.1
A1-Cu-Si							—

3. 切削速度 V_c

影响切削速度的因素很多，其中最主要的是刀具材料，参见表 4-10。

表 4-10　刀具材料与许用最高切削速度

序号	刀具材料	类别	主要化学成分	最高切削速度/（m·min^{-1}）
1	碳素工具钢		Fc	
2	高速钢	钨系 铝系	l8W+4Cr+1V+（Co） 7W+5Mo+4Cr+1V	50

续表

序号	刀具材料	类别	主要化学成分	最高切削速度/（m·min⁻¹）
3	超硬工具	P 种（钢用） M 种（铸钢用） K 种（铸铁用）	WC+Co+TiC+(TaC) WC+Co+TiC+(TaC) WC+Co	150
4	涂镀刀具（COATING）		超硬母材料镀 Ti TiNi103　A203	250
5	陶金（CERMET）	TicN+NbC 系 NbC 系 TiN 系	TicN+NbC+CO NbC+Tic+CO TiN+TiC+C0	300
6	陶瓷（CERAMIC）	酸化物系 氮化硅素系 混合系	$Al_2O_3Al_2O_3+ZrO_2$ Si3N4 Al_2O_3+Tic	1000
7	CBN 工具	氮化硼	高温高压下烧结（BN）	1000
8	金刚石工具	非金属	钻石（多结晶）	1000

表 4-11～表 4-15 是数控机床和加工中心常用的切削用量表，供参考。

表 4-11　铣刀切削速度　（单位：mm/min）

工件材料	铣刀材料					
	碳素钢	高速钢	超高速钢	合金钢	碳化钛	碳化钨
铝合金	75～150	180～300		240～460		300～600
镁合金		180～270				150～600
铝合金		45～100				120～190
黄铜（软）	12～25	20～25		45～75		100～180
青铜	10～20	20～40		30～50		60～130
青铜（硬）		10～15	15～20			40～60
铸铁（软）	10～12	15～20	18～25	28～40		75～100
铸铁（硬）		10～15	10～20	18～28		45～60
（冷）铸铁			10～15	12～18		30～60
可锻铸铁	10～15	20～30	25～40	35～45		75～110
钢（低碳）	10～14	18～28	20～30		45～70	
钢（中碳）	10～15	15～25	18～28		40～60	
钢（高碳）		180～300	12～20		30～45	
合金钢					35～80	
合金钢（硬）					30～60	
高速钢					45～70	

表 4-12　镗孔切削用量　（单位：切削速度 mm/min，进给量 mm/r）

工　序	工件材料 刀具材料	铸　铁		铜		铝及合金	
		切削速度	进给量	切削速度	进给量	切削速度	进给量
粗镗	高速钢	20～25		15～30		100～150	0.5～1.5
	硬质合金	30～35	0～1.5	50～70	0.35	100～250	
半精镗	高速钢	20～35	0.15～0.45	15～50		100～200	0.2～0.5
	硬质合金	50～70		92～130	0.15～0.45		
精镗	高速钢		D1 级 0.08				
	硬质合金	70～90	D1 级 0.12～0.15	100～130	0.2～0.15	150～400	0.06～0.1

表 4-13　攻螺纹切削速度　（单位：mm/min）

工件材料	铸铁	钢及其合金钢	铝及其铝合金
切削速度 V/m • min^{-1}	2.5～5	1.5～5	5～15

表 4-14　金属材料用高速钢钻孔的切削用量

（单位：切削速度 mm/min、进给量 mm/r）

工件材料	牌号或硬度	切削用量	钻头直径			
			1～6	6～12	12～22	22～50
铸铁	HB160-200	切削速度	16～24			
		进给量	0.07～0.12	0.12～0.2	0.2～0.4	0.4～0.8
	HB200-241	切削速度	10～18			
		进给量	0.05～0.1	0.1～0.18	0.18～0.25	0.25～0.4
	HB300-400	切削速度	5～12			
		进给量	0.03～0.08	0.08～0.15	0.15～0.2	0.2～0.3
钢	35、45	切削速度	8～25			
		进给量	0.05～0.1	0.1～0.2	0.2～0.3	0.3～0.45
	15Cr、20Cr	切削速度	12～30			
		进给量	0.05～0.1	0.1～0.2	0.2～0.3	0.3～0.45
	合金钢	切削速度	8～18			
		进给量	0.03～0.08	0.08～0.15	0.15～0.25	0.25～0.35

表 4-15　有色金属材料用高速钢钻孔的切削用量

（单位：切削速度 mm/min、进给量 mm/r）

工件材料	牌号或硬度	切削用量	钻头直径		
			3～8	8～25	25～50
铝	纯铝	切削速度	20～50		
		进给量	0.03～0.2	0.06～0.5	0.15～0.8
	铝合金（长切削）	切削速度	20～50		
		进给量	0.05～0.25	0.1～.6	0.2～1.0
	铝合金（短切削）	切削速度	20～50		
		进给量	0.03～0.1	0.05～0.15	0.08～0.36
铜	黄铜、青铜	切削速度	60～90		
		进给量	0.06～0.15	0.15～0.3	0.3～0.75
铜	硬青铜	切削速度	25～45		
		进给量	0.05～0.15	0.12～0.25	0.25～0.5

4. 主轴转速 n（r/min）

主轴转速一般根据切削速度 v_c 来选定。计算公式为：

$$n=\frac{1000\times v_c}{\pi\times d}$$

式中，d 为刀具或工件直径（mm）。

对于球头立铣刀的直径 D_e，一般要小于铣刀直径 D，故主轴实际转速不应按铣刀直径 D 计算，而应按计算直径 D_e 计算。

$$D_e=\sqrt{D^2-(D-D\times\alpha_p)^2}$$

a_p为切削深度，而

$$n=\frac{1000\times V_c}{\pi\times D_e}$$

数控机床的控制面板上一般设置主轴转速修调（倍率）旋钮和进给速度修调（倍率）旋钮，可在加工过程中对主轴转速和加工速度进行调整。

三、制订工作进度计划

本次生产任务工期为8h，试根据任务要求，制订合理的工作进度计划，并根据各小组成员的特点分配工作任务。链轮加工任务分配表见表4-16。

表4-16 链轮加工任务分配表

序号	工作内容	时间分配	成员	责任人
1	工艺分析			
2	编制程序			
3	铣削加工			
4	产品质量检验与分析			

四、任务实施方案

（1）分析零件图样，确定加工链轮的定位基准。

（2）以小组为单位，结合所学普通铣床的加工工艺知识，制定链轮的加工工艺卡（见表4-17）。

表4-17 链轮加工工艺卡

序号	加工方式	加工部位	刀具名称	刀具直径	刀角半径	刀具长度	刀刃长度	主轴转速/(r/min)	进给速度/(mm/min)	切削深度/mm	加工余量/mm	程序名称
1												
2												
3												
4												

（3）根据链轮加工内容，完成链轮加工的工艺过程卡（见表4-18）。

表4-18 链轮加工的工艺过程卡

工序号	名称	尺寸	工艺要求	检验	备注
1					
2					
3					
4					
5					
6					

五、实施编程与加工

（1）根据零件图样绘制曲线图并进行标注。

（2）结合“相关知识”，分析加工链轮用到的指令，并写出指令的格式。

（3）根据零件加工步骤及编程分析，小组合作完成链轮的数控铣床加工程序（程序单见表 4-19）。

表 4-19　链轮加工程序单

加工程序	说明
O2001；	程序名，以字母“O”开头
N10 G90 G54 G0 X0 Y0 Z100；	程序段号 N10，以 G54 为工件坐标原点，绝对编程方式（G90），刀具快速定位（G00）到工件坐标原点（X0，Y0，Z100）
N20 M03 S1000；	主轴（Z 轴）转数 1000r/min（S1000），且正转（M03）
N150 G0 Z10；	刀具快速定位至 Z100
N160 M05 M30；	主轴停止转动（M05），程序结束（M30）

（4）通过仿真软件验证零件的铣削程序，校正程序中不合理之处。
（5）在自动模式下完成工件的加工。

六、检查与评价

1. 学生自检

学生完成零件自检，填写“考核评分表”（见表 4-20），并同刀具卡、工序卡和程序单一起上交。

2. 成绩评定

教师协同组长对零件进行检测，对刀具卡、工序卡和程序单进行批改，对学生整个任务的实施过程进行分析，并填写“考核评分表”（见表 4-20）对每个学生进行成绩评定。

表 4-20 考核评分表

零件名称			零件图号		操作人员		完成工时	
序号	鉴定项目及标准			配分	评分标准（扣完为止）	自检	检查结果	得分
1	任务实施 45 分	填写刀具卡		5	刀具选用不合理扣 5 分			
2		填写加工工序卡		5	工序编排不合理每处扣 1 分，工序卡填写不正确每处扣 1 分			
3		填写加工程序单		10	程序编制不正确每处扣 1 分			
4		工件安装		3	装夹方法不正确扣 3 分			
5		刀具安装		3	刀具安装不正确扣 3 分			
6		程序录入		3	程序输入不正确每处扣 1 分			
7		对刀操作		3	对刀不正确每次扣 1 分			
8		零件加工过程		3	加工不连续，每终止一次扣 1 分			
9		完成工时		4	每超时 5min 扣 1 分			
10		安全文明		6	撞刀、未清理机床和保养设备扣 6 分			
11	工件质量 45 分	外轮廓	尺寸	10	尺寸每超 0.1mm 扣 2 分			
12			粗糙度	5	每降一级扣 2 分			
13		中部槽	尺寸	10	尺寸每超 0.1mm 扣 2 分			
14			粗糙度	5	每降一级扣 2 分			
15		中部孔	尺寸	10	尺寸每超 0.1mm 扣 2 分			
			粗糙度	5	每降一级扣 2 分			
16	误差分析 10 分	零件自检		4	自检有误差每处扣 1 分，未自检扣 4 分			
17								
18		填写工件误差分析		6	误差分析不到位扣 1～4 分，未进行误差分析扣 6 分			
合计				100				
误差分析（学生填）								
考核结果（教师填）								
检验员			记分员		时间		年 月 日	

七、探究与拓展

通过前面的学习，已掌握了数控铣削的基本加工类型及其工艺特点，也熟悉了数控铣床常用的指令，并能够编制加工程序。但机械零件往往是由多种表面以不同的形式组合而成的，因此，还必须进一步学习和训练，以较全面地合理使用相关指令来完成较复杂零件各个表面、轮廓的加工，这样才能真正掌握数控铣削加工的知识和技能。

可尝试利用数控铣床加工如图 4-20 所示的基座零件，工件毛坯为ϕ68mm×25mm 的棒料，材料为 45#钢。粗加工每次切削深度为 1.5mm，进给量为 120mm/min，精加工余量为 0.5mm，各尺寸的加工精度为±20μm，额定工时为 2.5h。

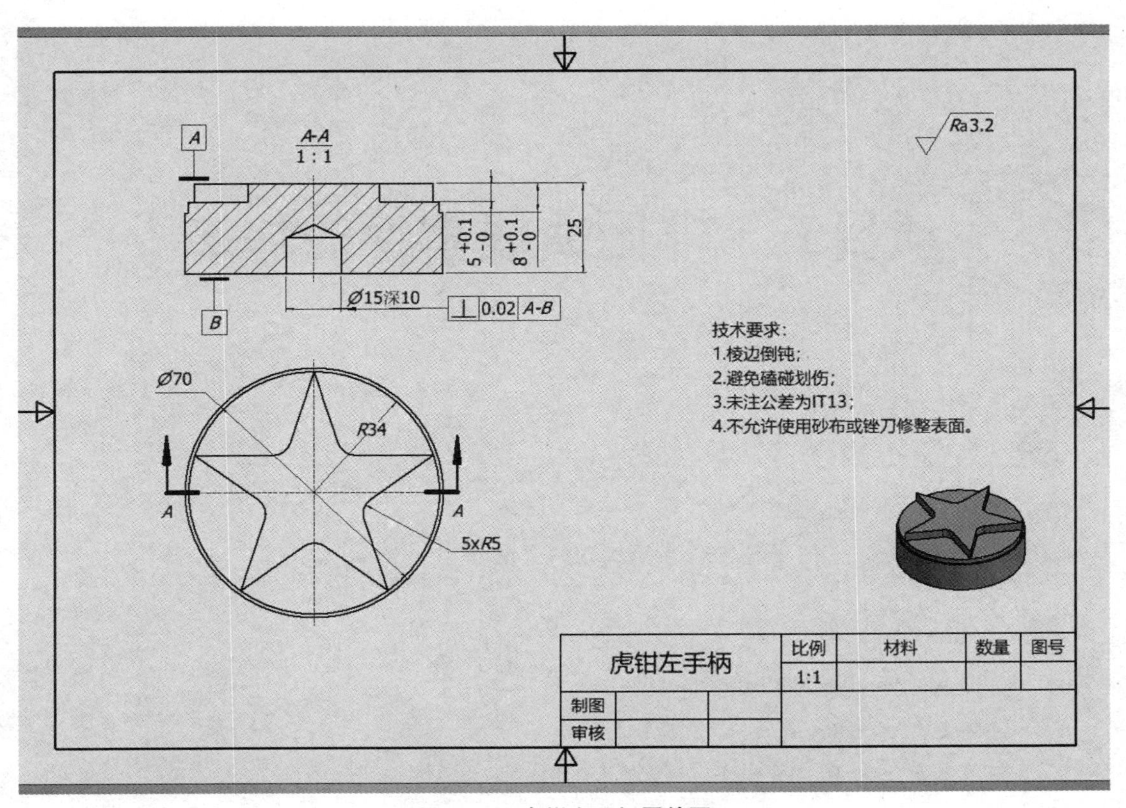

图 4-20　虎钳左手柄零件图

项目五　非圆曲线零件的加工

项目知识目标

（1）掌握宏程序的编程思路。

（2）掌握 FANUC 数控系统宏程序的编程格式。

项目技能目标

（1）会编制非圆曲线的加工程序。

（2）会制定加工方案。

（3）会录入加工程序，并编辑、调试、模拟加工程序。

（4）会加工简单轮廓。

项目案例导入

在数控铣床编程中，宏程序与子程序类似，它可使相同加工操作的程序更方便、更简化、更灵活。简单地说，宏程序就是用户利用数控系统提供的变量、数学运算功能、逻辑判断功能、程序循环功能等，实现一些特殊的用法。本项目主要通过数控铣削项目的学习与实践，使学习者掌握数控铣削的宏程序基本编程指令、编程方法、零件工艺分析、工艺制定和基本操作步骤等。

任务一　椭圆柱注塑模具的加工

本任务课件

【任务知识目标】

（1）掌握数控铣床宏程序的基础知识。

（2）掌握基本宏程序加工指令和编程格式。

（3）能使用椭圆参数方程编制加工程序。

【任务技能目标】

（1）数控铣床的基本操作。

（2）会进行椭圆轮廓的铣削加工。

（3）会选择合理的切削用量。

（4）加工完成工作任务。

一、工作任务

在数控加工中，加工程序是关键，对于较复杂的零件来说，采用 CAM 软件编程较为容易。企业在某次加工中，由于 PC 与机床连接故障，程序无法传送，而工件加工要求按时完成。企业生产管理部门委托学校数控技术专业学生来完成此任务，为此，学生和教师共同分析零件加工要求，利用宏程序编程，以发挥出数控机床潜力。零件图如图 5-1 和图 5-2 所示，需要完成编制加工程序及加工零件任务，工期为 2 天，毛坯为 45#钢。

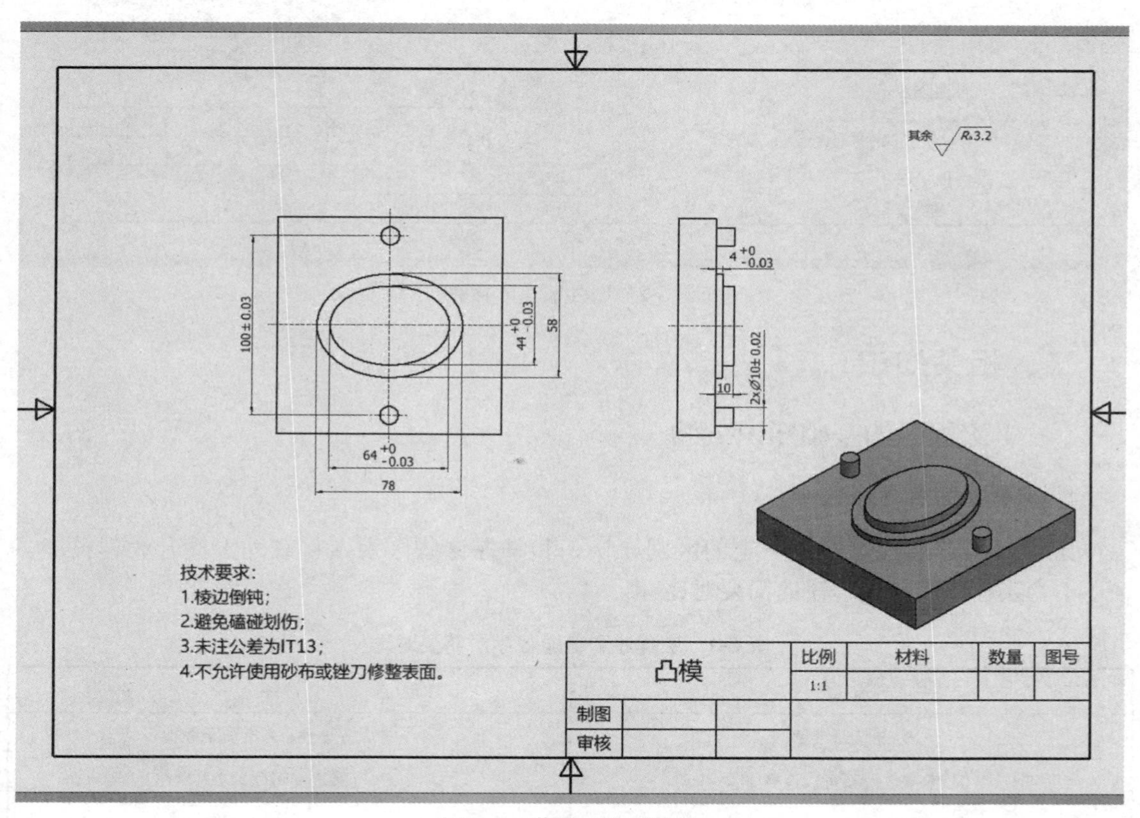

图 5-1　薄壁容器零件图

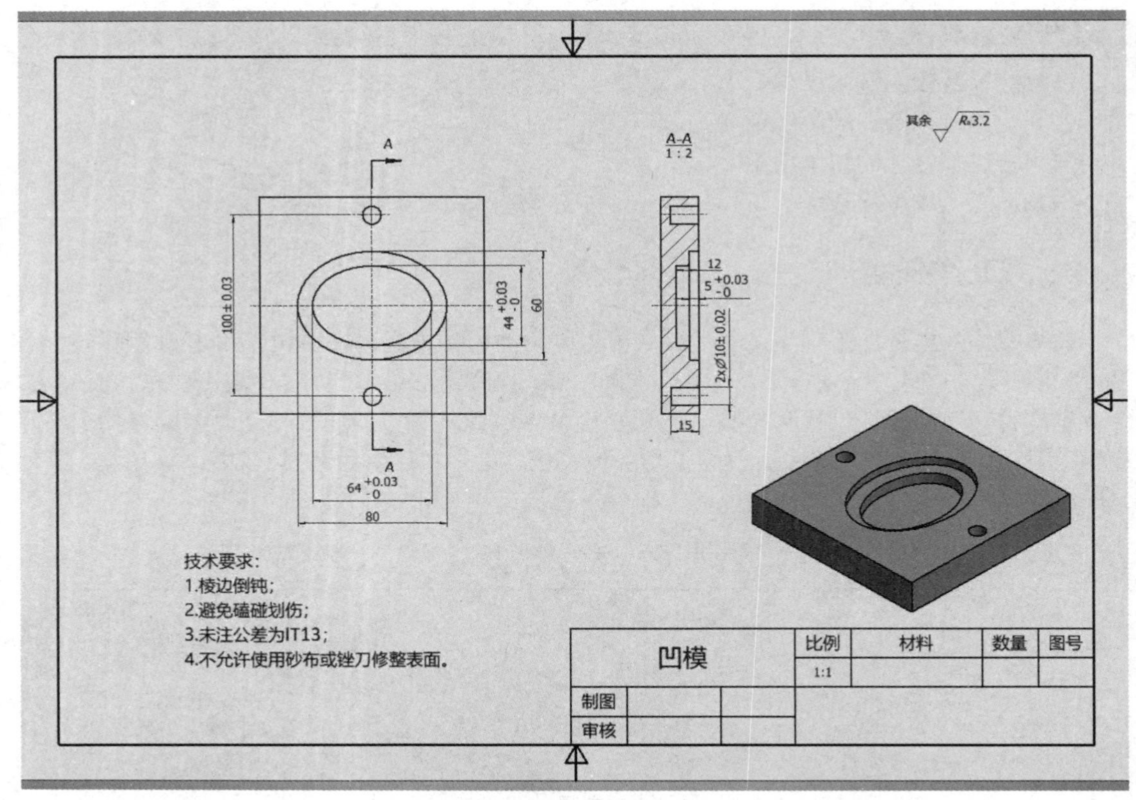

图 5-2 凹件节点零件图

二、相关知识

（一）宏程序的基础知识

1. 宏程序的概念

宏程序与普通程序存在一定的区别，认识和掌握这些区别，将有助于提升编程技能。表 5-1 为宏程序和普通程序的简要对比。

表 5-1 宏程序和普通程序的简要对比

普通程序	宏程序
只能使用常量	可以使用变量，并给变量赋值
常量之间不可以运算	变量之间可以运算
程序只能顺序执行，不能跳转	程序运行可以跳转

宏程序提供了循环语句、分支语句和子程序调用语句，利于编制各种复杂的零件加工程序，减少乃至免除手工编程时进行烦琐的数值计算，以及精简程序量。

下面以一个示意性的例子来说明宏程序的概念。

加工图 5-3 所示尺寸，其程序见表 5-2。

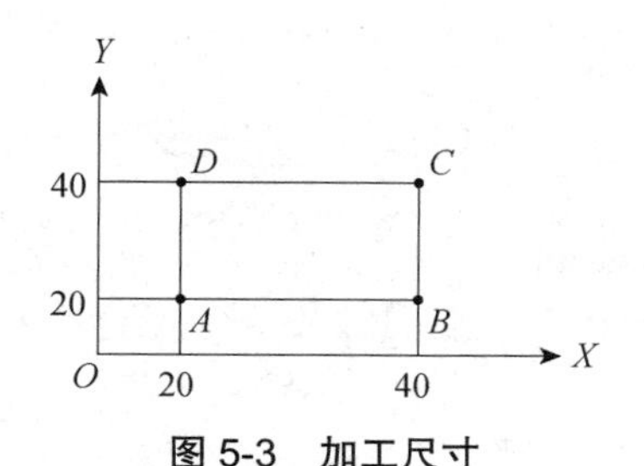

图 5-3　加工尺寸

表 5-2　图 5-3 对应的加工程序

手工编程	宏程序	说明
O0001； ... G91X20.0Y20.0； G01Y20.0； X40.0； Y-20.0； X-40.0； G00X-20.0Y-20.0； ...	O0002； ... #1=20 #2=40 G91G00X#1Y#1； G01Y#1； X#2； Y-#1； X-#2； G00X-#1Y-#2； ...	当尺寸数值变化时，手工编程则需要重新编写一个程序。对于宏程序编写来说，只需改变用户宏命令的数值即可

变量可以用来代替程序中的数据，如尺寸、刀补号、G 指令编号……。变量的使用给程序的设计带来了极大的灵活性。

宏程序分 A 类和 B 类两种，由于宏程序 A 中需要使用“G65Hm”格式的宏指令来完成各种数学和逻辑关系运算，不太直观，且可读性较差，因而在实际工作中很少使用。FANUC 系统采用 B 类宏程序进行编程。本书限于篇幅，只介绍宏程序 B 的相关知识。

2. 变量的类型和功能

变量的类型和功能（以 FANUC 系统为例）见表 5-3。

表 5-3　变量的类型和功能

变量号	变量类型	功能
#0	空变量	该变量值总为空
#1～#33	局部变量	局部变量只能用在宏程序中存储数据，例如，存储运算结果。当断电时，局部变量被初始化为空。调用宏程序时，自变量对局部变量赋值
#100～#149 #500～#999	公共变量	公共变量在不同的宏程序中的意义相同。当断电时，变量#10～#199 初始化为空。变量#500～#999 的数据保存，即使断电也不丢失
#1000	系统变量	系统变量用于读和写 CNC 的各种数据，例如，刀具的当前位置和补偿值

为什么要把变量分为局部变量和全局变量？如果只有全局变量，由于变量名不能重复，就可能造成变量名不够用。全局变量在程序中的任何位置都可以改变它的值，这是它的优点，也是它的缺点。说是优点，是因为参数传递很方便；说是缺点，是因为当一个程序较复杂时，一不小心就有可能在程序的某个位置使用了相同的变量名或者改变了它的值，造成程序混乱。局部变量的使用，解决了同名变量冲突的问题，编写子程序时，不需要考虑其他位置是否用过某个变量名。

在一般情况下，应优先考虑选用局部变量。局部变量在不同的子程序里，可以重复使用，不会互相干扰。如果一个数据在主程序和子程序里都要用到，就应考虑使用全局变量。用全局变量来保存数据，可以在不同子程序间传递、共享及反复使用。

3. 变量的引用

在程序中使用变量值时，跟在地址后面的数值可用变量来代替。

例如：G01X10.0F#1；

这里把#1 值作为 F 的指令值。当用表达式指定变量时，必须把表达式放在括号中。

例如：G01X［#11+#22］F#3；

把变量用于地址数据的时候，被引用变量的值根据地址的最小设定单位自动地四舍五入。

例如：G01X#1；

当#1 赋值为 12.3456 时，实际指令值为 G01X12.346；改变引用变量的值的符号，要把负号（−）放在#的前面。

例如：G00 X−#12；

当引用未定义的变量时，变量及地址都被忽略。如当变量#1 的值为 0，并且变量#2 的值为空时，G00 X#1Y#2 的执行结果为 G00 X0。

注意：从上述例子可以看出，所谓“变量的值是 0”与“变量的值是空”是两个完全不同的概念。可以这样理解：“变量的值是 0”相当于“变量的数值等于 0”，而“变量的值是空”则意味着“该变量所对应的地址不存在，该变量不生效”。

不能用变量代表的地址符有：程序号 O，顺序号 N，任选程序段跳转号/。例如：以下情况不能使用变量。

O#1；

G00 X100.0；

N#33 Y200.0；

另外，使用 ISO 代码编程时，可用“#”代码表示变量；若用 EIA 代码，则应用“&”代码代替“#”代码，因为 EIA 代码中没有“#”代码。

4. 系统变量

#1000 以上的变量是系统变量。系统变量是具有特殊意义的变量，它们是在数控系统内部定义好的，不可以改变用途。系统变量是全局变量，使用时可以直接调用。

系统变量是自动控制和通用加工程序开发的基础，在这里仅介绍部分系统变量（见表 5-4）。

表 5-4 FANUC Oi 系统变量一览表

变 量 号	含 义
#1000～#1015，#1032	接口输入变量
#1100～#1115，#1132，#1133	接口输出变量
#10001～#10400，#11001～#11400	刀具长度补偿值
#12001～#12400，#13001～#13400	刀具半径补偿值
#2001～#2400	刀具长度与半径补偿值（偏置组数≤200 时）
#3000	报警
#3001，#3002	时钟
#3003，#3004	循环运行控制
#3005	设定数据（SETTING 值）

续表

变 量 号	含 义
#3006	停止和信息显示
#3007	镜像
#3011，#3012	日期和时间
#3901，#3902	零件数
#4001～#4102，#4130	模态信息
#5001～#5104	位置信息
#5201～#5324	工件坐标系补偿值（工件零点偏移值）
#7001～#7944	扩展工件坐标系补偿值（工件零点偏移值）

下面仅介绍与编程及操作相关性较大的部分系统变量。

1）接口（输入/输出）

接口信号是可编程机床控制器（PMC）和用户程序之间交换的信号，见表 5-5。

表 5-5 接口信号

变量号	功能
#1000～#1015 #1032	把 16 位信号从 PMC 送到用户宏程序。变量#1000～#1015 用于按位数读取信号；变量#1032 用于一次读取一个 16 位信号
#1100～#1115 #1132	把 16 位信号从用户宏程序送到 PMC。变量#1100～#1115 用于按位数写信号；变量#1132 用于一次写一个 16 位信号
#1133	变量#1133 用于从用户宏程序一次写一个 32 位的信号送到 PMC。注意：#1133 的值的范围为 −99999999～+99999999

只有在使用 FANUC 可编程机床控制器时，才能使用表 5-5 中的变量。在运算中，系统变量#1000～#1015 及#1032 不能用作左边的项。

2）刀具补偿值

用系统变量可以读和写刀具补偿值。通过对系统变量赋值，可以修改刀具补偿值（见表 5-6）。

表 5-6 FANUC Oi 刀具补偿存储器 C 的系统变量

补偿号	刀具长度补偿（H）		刀具半径补偿（D）	
	几何补偿	磨损补偿	几何补偿	磨损补偿
1	#11001（#2201）	#10001（#2001）	#13001	#12001
2	#11002（#2202）	#10002（#2002）	#13002	#12002
⋮	⋮	⋮	⋮	⋮
24	#11024（#2224）	#10024（#2024）	#13024	#12024
⋮	⋮	⋮	⋮	⋮
400	#11400	#10400	#13400	#12400

在 FANUC Oi 系统中，刀具补偿分为几何补偿和磨损补偿，而且长度补偿和半径补偿也是分开的。刀具补偿号有 400 个，理论上数控系统支持和控制 400 把刀的刀库。

当刀具补偿号≤200 时（一般情况也的确如此），刀具长度补偿（H）也可使用#2001～#2400。

刀具补偿值的系统变量在宏程序编程中可以这样使用：假设有一把 Φ10mm 的立铣刀，在机床上刀号为 10，刀具半径补偿（D）为 5.0，即#13010=5.0；刀具半径补偿中的磨损补偿为 0.02，即#12010=0.02。那么，在应用宏程序编写加工程序时，就可以采用以下的描述形式。

#2=#13010：把 10 号刀的半径补偿值赋值给变量#2，即#2=5.0。

#3=#12010：把 10 号刀的半径补偿中的磨损补偿值赋值给变量#3，即#3=0.02。

在程序中，调用#2 就可以理解为对刀具的识别，设置和调整磨损补偿值（#3）就可以控制 10 号刀铣削零件的尺寸了。

5. 算术和逻辑运算

表 5-7 列出的运算可以在变量中运行。等式右边的表达式可包含由常量或函数或运算符组成的变量，表达式中的变量#j 和#k 可以用常量赋值。等式左边的变量也可以用表达式赋值。其中算术运算主要是指加、减、乘、除、函数等，逻辑运算可以理解为比较运算。

表 5-7　FANUC Oi 算术和逻辑运算一览表

功　能		格　式	备　注
定义、置换		#i=#j	
算术运算	加法 减法 乘法 除法	#i=#j+#k #i=#j-#k #i=#j*#k #i=#j/#k	
	正弦	#i=SIN［#j］	三角函数及反三角函数的数值均以度为单位来指定，如 90°30′应表示为 90.5°
	反正弦	#i=ASIN［#j］	
	余弦	#i=COS［#j］	
	反余弦	#i=ACOS［#j］	
	正切	#i=TAN［#j］	
	反正切	#i=ATAN［#j］/［#k］	
	平方根	#i=SQRT［#j］	
	绝对值	#i=ABS［#j］	
	舍入	#i=ROUND［#j］	
	指数函数	#i=EXP［#j］	
	（自然）对数	#i=LN［#j］	
	上取整	#i=FIX［#j］	
	下取整	#i=FUP［#j］	
逻辑运算	与	#i AND #j	逻辑运算一位一位地按二进制数执行
	或	#i OR #j	
	异或	#i XOR #j	
从 BCD 转为 BIN		#i=BIN［#j］	用于与 PMC 的信号进行交换
从 BIN 转为 BCD		#i=BCD［#j］	

以下是算术和逻辑运算指令的详细说明。

1）反正弦运算 #i=ASIN［#j］

（1）取值范围如下：

当参数（NO.6004#0）NAT 位设置为 0 时，在 270°～90°范围内取值。

当参数（NO.6004#0）NAT 位设置为 1 时，在−90°～90°范围内取值。

（2）当#j 超出−1～1 范围时，触发程序错误 P/S 报警 NO.111。

（3）常数可替代变量#j。

2）反余弦运算 #i=ACOS［#j］

（1）取值范围：180°～0°。

（2）当#j 超出−1～1 范围时，触发程序错误 P/S 报警 NO.111。

（3）常数可替代变量#j。

3）反正切运算 #i=ATAN［#j］/［#K］

（1）采用比值的书写方式（可理解为对边/邻边）。

（2）取值范围如下：

当参数（NO.6004#0）NAT 位设置为 0 时，取值范围为 0°～360°。例如，当指定#1=ATAN［−1］/［−1］时，#1=225°。

当参数（NO.6004#0）NAT 位设置为 1 时，取值范围为−180°～180°。例如，当指定#1=ATAN［−1］/［−1］时，#1=−135°。

（3）常数可替代变量#j。

4）对数运算 #i=LN［#j］

（1）相对误差可能大于 10^{-8}。

（2）当反对数（#j）为 0 或小于 0 时，触发程序错误 P/S 报警 NO.111。

（3）常数可替代变量#j。

5）指数函数 #i=EXP［#j］

（1）相对误差可能大于 10^{-8}。

（2）当运算结果超过 3.65×10^{47}（j 大约是 110）时，出现溢出并触发程序错误 P/S 报警 NO.111。

（3）常数可替代变量#j。

6）上取整#i=FIX［#j］和下取整#i=FUP［#j］

CNC 处理数值运算时，无条件地舍去小数部分，称为上取整；小数部分进位到整数，称为下取整（注意与数学上的四舍五入对照）。对于负数的处理要特别小心。

例如：假设#1=1.2，#2=−1.2。

（1）当执行#3=FUP［#1］时，2.0 赋予#3。

（2）当执行#3=FIX［#1］时，1.0 赋予#3。

（3）当执行#3=FUP［#2］时，−2.0 赋予#3。

（4）当执行#3=FIX［#2］时，−1.0 赋予#3。

7）算术与逻辑运算指令的缩写

在程序中指定函数时，函数名的前二个字符可以用于指定该函数。

例如：ROUND→RO；FIX→FI。

8）混合运算时的运算顺序

混合运算时涉及运算的优先级，其运算顺序与一般数学上的定义基本一致，优先级顺序如图 5-4 所示。

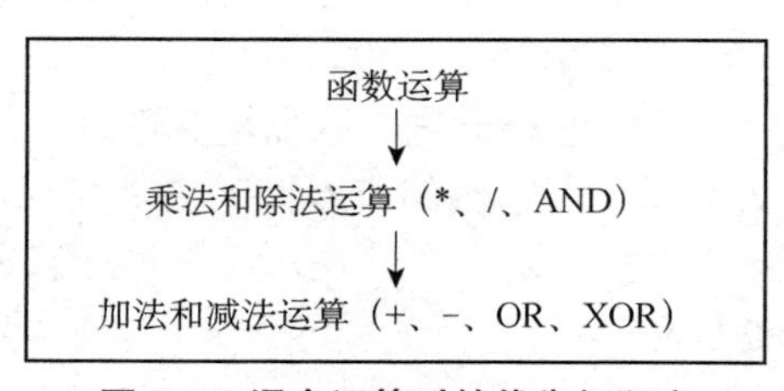

图 5-4　混合运算时的优先级顺序

9）括号嵌套

使用“[ ]”可以改变运算顺序，最里层的 [ ] 优先运算。括号 [ ] 最多可以嵌套 5 级（包括函数内部使用的括号）。当超出 5 级时，触发程序错误 P/S 报警 NO.118。

10）逻辑运算说明

（1）逻辑运算相对于算术运算来说比较特殊，其详细说明见表 5-8。

表 5-8　FANUC Oi 逻辑运算说明

运算符	功　能	逻辑名	运算特点	运算实例
AND	与	逻辑乘	（相当于串联）有 0 得 0	1×1=1，1×0=0，0×0=0
OR	或	逻辑加	（相当于并联）有 1 得 1	1+1=1，1+0=1，0+0=0
XOR	异或	逻辑减	相同得 0，不同得 1	1-1=0，1-0=1，0-0=0，0-1=1

（2）对于逻辑运算，即使使用条件表达式 EQ、NE、GT、GE、LT、LE 也可能造成误差，其情形与加减运算基本相同。

例如：IF［#1EQ#2］的运算会受到#1 和#2 的误差的影响，并不总是能估算正确，由此会造成错误的判断，因此应该改用误差来限制比较稳妥，即用 IF［ABS［#1-#2］LT 0.001］代替上述语句，以避免两个变量的误差。此时，当两个变量的差值的绝对值未超过允许极限（此处为 0.001）时，就认为两个变量的值是相等的。

（3）三角函数运算。在三角函数运算中会出现绝对误差，它不在 10^{-8} 之内，所以应注意使用三角函数后的积累误差。由于三角函数在宏程序中的应用非常广泛，特别在参数方程表达中，因此必须对该类运算保持应有的重视。

（二）B 类宏程序

1. 赋值

赋值是指将一个数据赋予一个变量。例如：#1=0，表示#1 的值是 0。其中，#1 代表变量，“#”是变量符号（注意：根据数控系统的不同，它的表示方法可能有差别），0 就是给变量#1 赋的值。这里“=”是赋值符号，起语句定义作用。

赋值的规律有：

（1）赋值号“=”两边内容不能随意互换，左边只能是变量，右边可以是表达式、数值或变量。

（2）一个赋值语句只能给一个变量赋值。

（3）可以多次给一个变量赋值，新变量值将取代原变量值（最后赋的值生效）。

（4）赋值语句具有运算功能，它的一般形式为：变量=表达式。

在赋值运算中，表达式可以是变量自身与其他数据的运算结果。例如：#1=#l+1，则表示#1 的值为#1+1，这一点与数学运算是有所不同的。

需要强调的是：“#1=#1+1”形式的表达式可以说是宏程序运行的“原动力”，任何宏程序几乎都离不开这种类型的赋值运算，而它偏偏与人们头脑中根深蒂固的数学上的等式概念严重偏离，因此往往给初学者造成很大的困扰。但是，如果对计算机编程语言（例如 C 语言）有一定了解的话，对此应该更易理解。

（5）赋值表达式的运算顺序与数学运算顺序相同。

（6）辅助功能（M 代码）的变量有最大值限制。例如，将 M30 赋值为 300 显然是不合理的。

2. 转移和循环

在程序中，使用 GOTO 语句和 IF 语句可以改变程序的流向。

1）无条件转移（GOTO 语句）

转移（跳转）到标有顺序号 n（行号）的程序段。当指定 1～9999 以外的顺序号时，会触发 P/S 报警 NO.128。其格式为：

GOTO n；n 为顺序号（1～9999）。例如：GOTO 99，即转移至第 99 行。

2）条件转移（IF 语句）

IF 之后加条件表达式。

（1）IF［<条件表达式>］GOTO n。

表示如果指定的条件表达式成立时，则转移（跳转）到标有顺序号 n（即俗称的行号）的程序段。如果指定的条件表达式不成立，则顺序执行下一个程序段。

例如：如图 5-5 所示，如果变量#1 的值大于 100，则转移（跳转）到顺序号为 N99 的程序段。

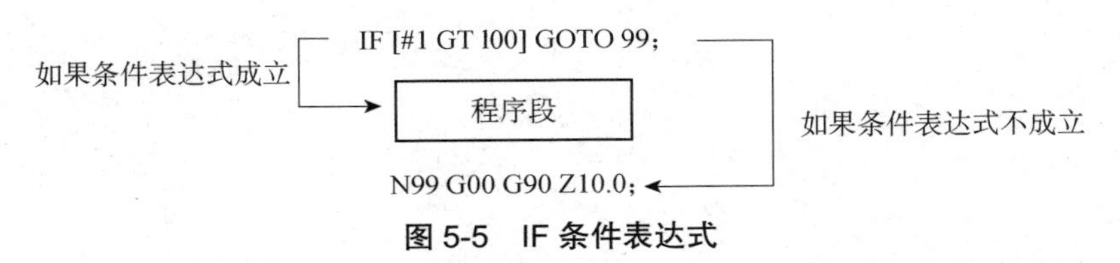

图 5-5　IF 条件表达式

（2）IF［<条件表达式>］THEN。

如果指定的条件表达式成立时，则执行预先指定的宏程序语句，而且只执行一个宏程序语句。

例如：IF［#1 EQ #2］THEN #3=10；如果#1 和#2 的值相同，10 赋值给#3。

说明：条件表达式必须包括运算符。运算符位于两个变量中间或变量和常量中间，并且用“［ ］”封闭。表达式可以替代变量。

运算符由 2 个字母组成（见表 5-9），用于两个值的比较，以决定它们是相等还是一个值小于或大于另一个值。注意，不能使用不等号。

表 5-9　运算符

运算符	含　义	英文注释
EQ	等于（=）	EQual
NE	不等于（≠）	Not Equal
GT	大于（>）	Great Than
GE	大于或等于（≥）	Great than or Equal
LT	小于（<）	Less Than
LE	小于或等于（≤）	Less than or Equal

典型程序示例：表 5-10 所列程序为计算数值 1～10 的累加总和。

表 5-10　典型程序示例

程序内容	程序解释
08000;	
#1=0;	存储和数变量的初值
#2=1;	被加数变量的初值
N5 IF［#2 GT 10］GOTO 99;	当被加数大于 10 时转移到 N99
#1=#1+#2;	计算和数
#2=#2+#1;	下一个被加数
GOTO 5;	转到 N5
N99 M30;	程序结束

3. 循环（WHILE 语句）

WHILE 语句的格式为在 WHILE 后加一个条件表达式。当条件表达式成立时，则执行从 DO 到 END 之间的程序；否则，转到 END 后的程序段。如图 5-6 所示为 WHILE 语句执行示意图。

DO 后面的数字是指定程序执行范围的标号，标号值为 1、2、3。如果使用了 1、2、3 以外的值，会触发 P/S 报警 No.126。

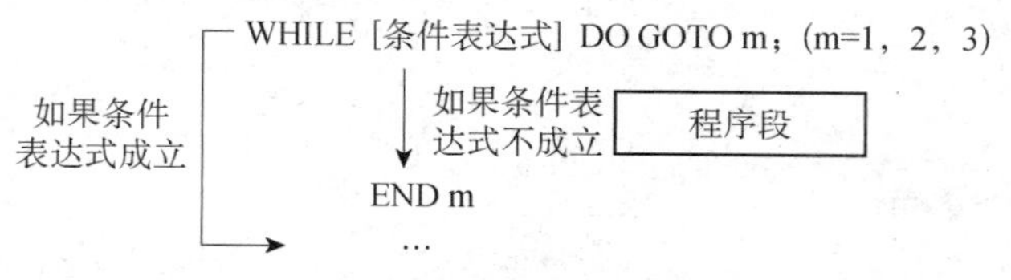

图 5-6　WHILE 语句执行示意图

1）嵌套

DO～END 循环中的标号（1～3）可根据需要多次使用。但是需要注意的是，无论使用多少次，标号永远限制在 1、2、3；此外，当程序有交叉重复循环（DO 范围的重叠）时，会触发 P/S 报警 No.124。

（1）标号（1～3）可以根据需要多次使用，如图 5-7 所示。

（2）DO 的范围不能交叉，如图 5-8 所示。

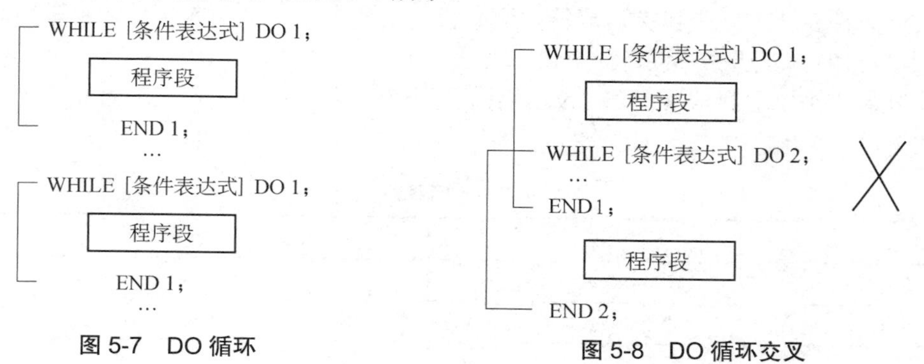

图 5-7　DO 循环

图 5-8　DO 循环交叉

（3）DO 循环可以 3 重嵌套，如图 5-9 所示。

（4）（条件）转移可以跳出至循环的外面，如图 5-10 所示。

（5）如图 5-11 所示，（条件）转移不能进入循环区内，注意与上述（4）对照。

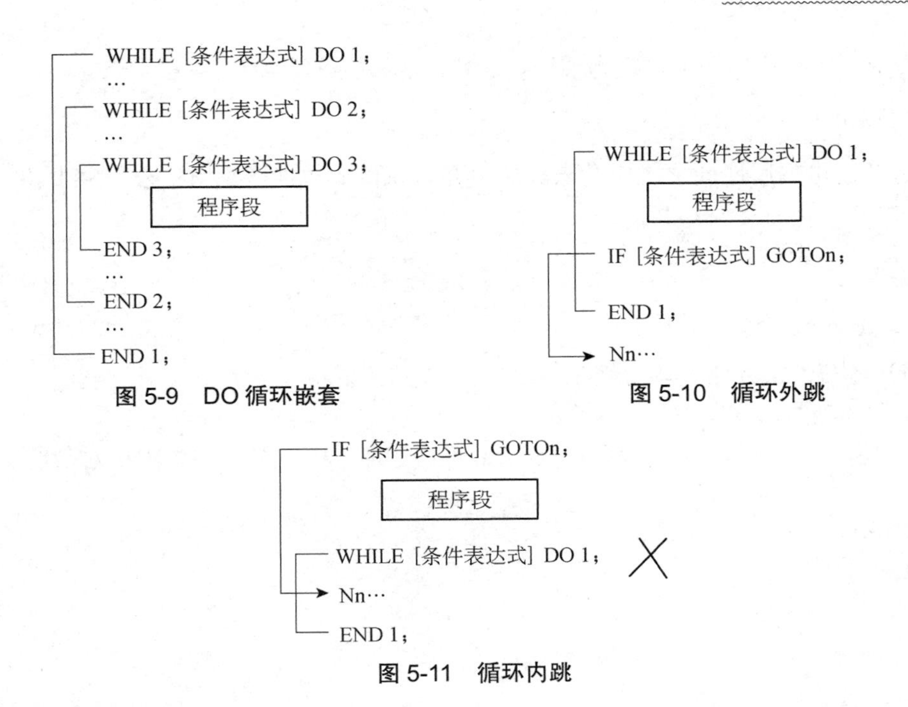

图 5-9　DO 循环嵌套

图 5-10　循环外跳

图 5-11　循环内跳

2）关于循环（WHILE 语句）的其他说明

（1）DO m 和 END m 必须成对使用，而且 DO m 一定要在 END m 指令之前。用识别号 m 来识别循环次数。

（2）当指定 DO 没有指定 WHILE 语句时，将产生从 DO 到 END 的无限循环。

（3）在使用 EQ 或 NE 的条件表达式中，值为空和值为零将会有不同的效果。而在其他形式的条件表达式中，空即被当作零。

（4）处理时间：当在 GOTO 语句（无论是无条件转移的 GOTO 语句，还是“IF…GOTO”形式的条件转移 GOTO 语句）中有标号转移的语句时，系统将进行顺序号检索。一般来说，数控系统执行反向检索的时间要比正向检索长，因为系统通常先正向搜索到程序结尾，再返回程序开头进行搜索，所以花费的时间要多。因此，用 WHILE 语句实现循环可减少处理时间。

（三）宏程序的调用

宏程序调用和一般子程序调用之间的差别主要在于，宏程序将数据传递到宏程序内部，而子程序调用（M98）则没有此功能。其次，M98 程序段可以与另一数据指令共列存在，如 G01 X100.0 M98 P0001；在执行时，先执行 G01 X100.0，再运行子程序 O0001。而宏程序调用语句是独立自成一行的。宏程序与子程序的比较见表 5-11。

表 5-11　宏程序与子程序的比较

名称	宏程序	子程序
使用变量	可使用变量	不可以使用变量
调用方式	G65P_L_<自交量赋值>;	M98P_;
程序结束	M99;	M99;
嵌套	4 重	4 重

宏程序的调用有单纯调用、模态调用、G代码和M代码等调用方法。

1. 单纯调用（G65）

用指令G65可调用地址P指定的宏程序，并将赋值的数据送到用户宏程序中。

格式：

G65P_L_《引数赋值》；

说明：

G65——宏调用指令；

P_——P之后为宏程序主体的程序号；

L_——循环次数（省略时为1）；

《引数赋值》——由地址符及数值（有小数点）构成，由它给宏主体中所对应的变量赋予实际数值。

例：O0001；

```
O9010
..
N0010#3=#1+#2;
G65 P9010 L2 A1.0B2.0;
N0020 IF [#3GT360] GOTO40;
...
N0030 G00 G91 X#3;
M30;
N0040 M99;
```

2. 模态调用（G66）

格式：

G66P_L_《引数赋值》；

说明：

G67——取消用户宏程序指令。

当执行模态调用G66指令后，在用G67指令取消之前，每执行一段轴移动指令的程序段，就调用一次宏程序。G66程序段或只有辅助功能的程序段，不能模态调用宏程序。

例：O0001；

```
...
O9100;
N0030 G66 P9100 L2A1.0B2.0;
N0040 G00 G90 X100.0;
N0050 Z120.;
N0060 X150.;
N0070 G67;
…
```

```
N0150 M30;
N0040 G00 Z#1;
N0050 G01Z-#2F300;
...
N0100 M99;
```

该程序段表明，当主程序执行完 N0040 后调用宏程序 O9100 两次，执行完 N0050 后调用宏程序 O9100 两次，直到执行 G67 指令停止调用。

3. 用 G 代码调用

宏主体除了用 G65、G66 指令调用外，还可以用 G 代码进行调用。将调用宏程序用的 G 代码号设定为对应参数，然后就可以与单纯调用一样调用宏程序了。

格式：

G×× 《引数赋值》;

说明：

为了实现这一方法，需要按下列顺序用表 5-12 中的参数进行设定。

（1）将所使用宏程序号变为 O9010～O9019 中的任意一个。

（2）将与程序号对应的参数设置为 G 代码的数值。

（3）将调用指令的形式换为 G（参数设定值）《引数赋值》。

表 5-12 宏主体号码与参数号

宏主体号码	参数号	宏主体号码	参数号
O9010	6050	O9015	6055
O9011	6051	O9016	6056
O9012	6052	O9017	6057
O9013	6053	O9018	6058
O9014	6054	O9019	6059

如将宏主体 O9010 用 G81 调用，方法如下：

① 将所使用宏程序号设为 O9010。

② 将与 O9010 对应的参数号码（6050 号）的值设定为 81，即参数 6050=81。

③ 用 G81 调用宏程序 O9010 示例如下。

```
O0001;
...
G81 X10.0 Z-10.0;
…
M30:
O9010;
…
N0009 M99;
```

这里 G81 后的 X、Z 分别表示#24、#26 变量，而非进给轴地址。除此之外，还可以设定用 M、T 等代码调用宏程序，做法与此类似。

（四）宏程序的编程实例

编写如图 5-12 所示椭圆凸台零件的加工程序。

椭圆关于中心、坐标轴都是对称的，坐标轴是对称轴，原点是对称中心。对称中心叫作椭圆中心。椭圆和 x 轴有 2 两个交点，和 y 轴有两个交点，这四个交点叫作椭圆顶点，如图 5-13 所示。

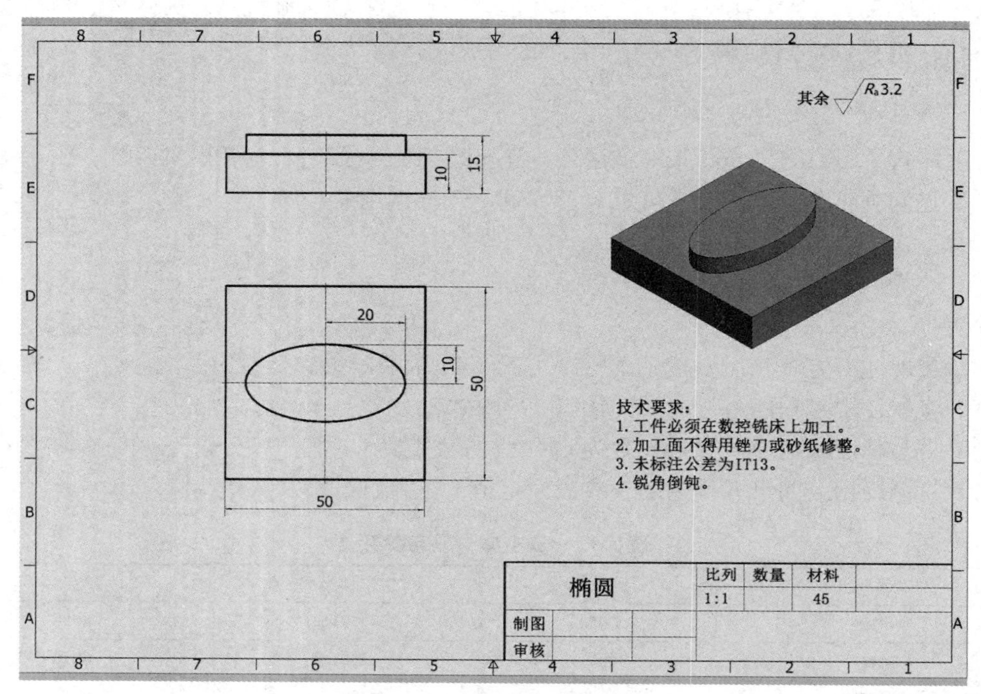

图 5-12　椭圆凸台零件图

椭圆加工

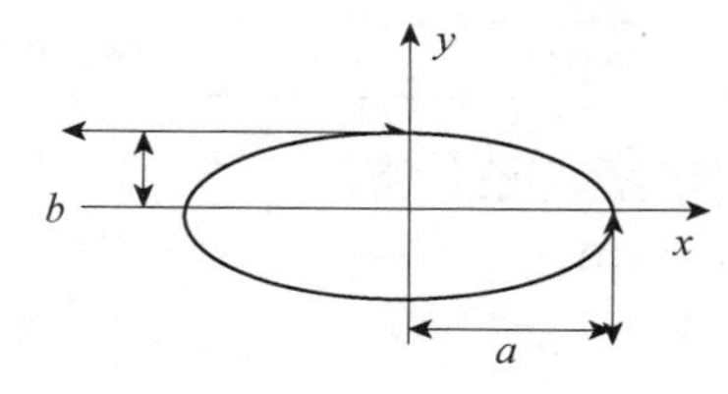

图 5-13　椭圆

椭圆标准方程为：

$$\frac{x^2}{a^2}+\frac{y^2}{b^2}=1$$

其中，a 为椭圆的长半轴；b 为椭圆的短半轴。

将椭圆标准方程变形如下：

$$x=b\times\sqrt{1-\frac{y^2}{a^2}}=b\times\sqrt{a^2-y^2}\ /\ a$$

定义变量#1=y，#2=x，#3=y，#4=x，那么将其转化为 FANUC 系统的宏程序格式为：

#4=#2*SQRT[#1*#1 -#3*#3]/#1

椭圆凸台加工程序见表 5-13。

表 5-13　椭圆凸台加工程序

椭圆凸台加工程序	说明
G40 G80 G49 G69 G21 G17；	程序初始化
G90 G54；	建立工件坐标系
S800 M03；	开启主轴
G0 X0 Y0；	快速定位
G00 X45 Y-15；	
Z3；	
G01 Z-5 F100；	
#10=0；	给角度#10 赋 0 初值
WHILE #10 LE 360 DO 1；	条件判断：椭圆终点角度
#11=40*COS［#10]；	椭圆方程
#12=20*SIN［#10]；	
G01 X#11 Y#12；	
#10=#10+1；	角度步距递增（改变数值可以改变加工精度）
END 1；	与 DO 1 必须匹配
X45 Y15；	
G00 Z30；	
M05 M30；	程序结束

三、制订工作计划

本次生产任务工期为 2 天，试根据任务要求，制订合理的工作进度计划，根据各小组成员的特点分配工作任务。椭圆柱注塑模具加工任务分配表见表 5-14。

表 5-14　椭圆柱注塑模具加工任务分配表

序号	工作内容	时间分配	成员	责任人
1	工艺分析			
2	编制程序			
3	铣削加工			
4	产品质量检验与分析			

四、任务实施方案

（1）分析零件图样，确定加工椭圆柱注塑模具的定位基准。

（2）塑料注射制品脱模后，为改善和提高制品性能，需要进行适当的处理。查阅资料，说明注塑制品脱模后处理的主要方法和意义。

（3）以小组为单位，结合所学普通车床加工工艺知识，制定椭圆柱注塑模具的加工工艺卡（见表 5-15）。

表 5-15　椭圆柱注塑模具的加工工艺卡

单位名称		产品名称或代号		零件名称			图号
工序号	程序编号	夹具		使用设备	数控系统		车间
		编号	夹具名称				
工步号	工步内容	刀具号	刀具规格/（mm×mm）	主轴转速 n/（r/min）	进给量 f/（mm/r）	背吃刀量 a_p/mm	备注（程序编号）
编制		审核		批准		共　页	第　页

（4）根据椭圆柱注塑模具加工内容，完成椭圆柱注塑模具加工的铣削刀具卡（见表 5-16）。

表 5-16　椭圆柱注塑模具加工的铣削刀具卡

产品名称或代号		零件名称		零件图号	
刀具号	刀具名称	数量	加工内容	刀具半径/mm	刀具规格/（mm×mm）
编制		审核	批准	第　页	共　页

五、实施编程与加工

（1）根据零件图样绘制曲线图并进行标注。

（2）结合“相关知识”，分析加工椭圆柱注塑模具用到的指令，并写出指令的格式。

（3）根据零件加工步骤及编程分析，小组合作完成椭圆柱注塑模具的数控铣床加工程序（程序单见表 5-17）。

表 5-17　椭圆柱注塑模具加工程序单

程序段号	椭圆柱注塑模具	O0001
	加工程序	程序说明

（4）通过仿真软件验证零件的铣削程序，校正程序中不合理之处。

（5）在自动模式下完成工件的加工。

六、检查与评价

1. 学生自检

学生完成零件自检，填写“考核评分表”（见表 5-18），并同刀具卡、工序卡和程序单一起上交。

2. 成绩评定

教师协同组长，对零件进行检测，对刀具卡、工序卡和程序单进行批改，对学生整个任务的实施过程进行分析，并填写“考核评分表”（见表 5-18）对每个学生进行成绩评定。

表 5-18　项考核评分表

零件名称		零件图号		操作人员		完成工时	
序号	鉴定项目及标准		配分	评分标准（扣完为止）	自检	检查结果	得分
1	任务实施 45 分	填写刀具卡	5	刀具选用不合理扣 5 分			
2		填写加工工序卡	5	工序编排不合理每处扣 1 分，工序卡填写不正确每处扣 1 分			
3		填写加工程序单	10	程序编制不正确每处扣 1 分			
4		工件安装	3	装夹方法不正确扣 3 分			
5		刀具安装	3	刀具安装不正确扣 3 分			
6		程序录入	3	程序输入不正确每处扣 1 分			
7		对刀操作	3	对刀不正确每次扣 1 分			
8		零件加工过程	3	加工不连续，每终止一次扣 1 分			
9		完成工时	4	每超时 5min 扣 1 分			
10		安全文明	6	撞刀、未清理机床和保养设备扣 6 分			

续表

零件名称			零件图号		操作人员		完成工时	
序号	鉴定项目及标准			配分	评分标准（扣完为止）	自检	检查结果	得分
11	工件质量 45 分	上下平面	尺寸	10	尺寸每超 0.1mm 扣 2 分			
12			粗糙度	5	每降一级扣 2 分			
13		椭圆	尺寸	10	尺寸每超 0.1mm 扣 2 分			
14			粗糙度	5	每降一级扣 2 分			
15		位置精度	尺寸	10	尺寸每超 0.1mm 扣 2 分			
			粗糙度	5	每降一级扣 2 分			
16	误差分析 10 分	零件自检		4	自检有误差每处扣 1 分，未自检扣 4 分			
17								
18		填写工件误差分析		6	误差分析不到位扣 1～4 分，未进行误差分析扣 6 分			
合计				100				
误差分析（学生填）								
考核结果（教师填）								
检验员			记分员		时间		年　月　日	

七、探究与拓展

利用数控铣刀加工如图 5-14 所示的零件，毛坯为 120mm×120mm×35mm 的 45#钢方料，从右端走刀切削，粗加工每次切削深度为 0.5 mm，进给量为 120 mm/min，精加工余量侧面为 0.5mm，Z 向为 0.5mm，各尺寸的加工精度见图纸，额定工时为 1.5h。

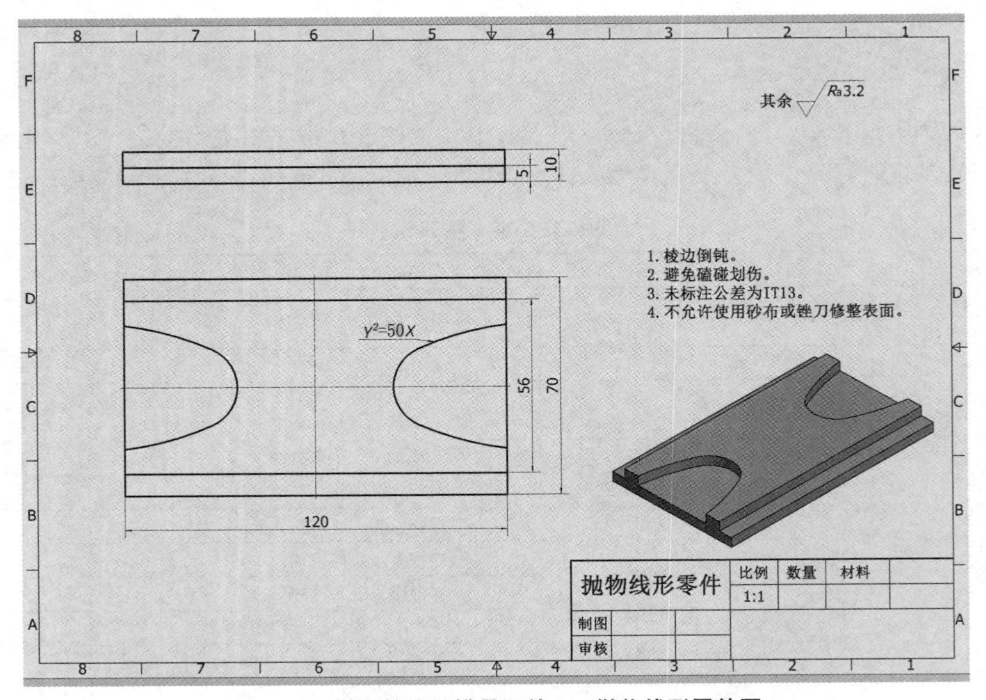

图 5-14　椭圆柱注塑模具凹件——抛物线形零件图

任务二 顶杆底座的曲面加工

本任务课件

【任务知识目标】

（1）掌握加工曲面的工艺知识。

（2）掌握加工曲面的编程知识。

【任务技能目标】

（1）能看懂曲面的图样。

（2）会编制曲面的加工程序。

（3）能够在数控铣床上调试球面加工程序并进行加工。

一、工作任务

工厂有一新产品需加工其顶杆底座，如图 5-15 所示。由于机床年限原因，无法用 CF 卡传输加工程序。后经过仔细分析和研究，决定用宏程序来编制加工程序，而且在程序中，只要修改刀具的相关参数就能加工不同的内球面。

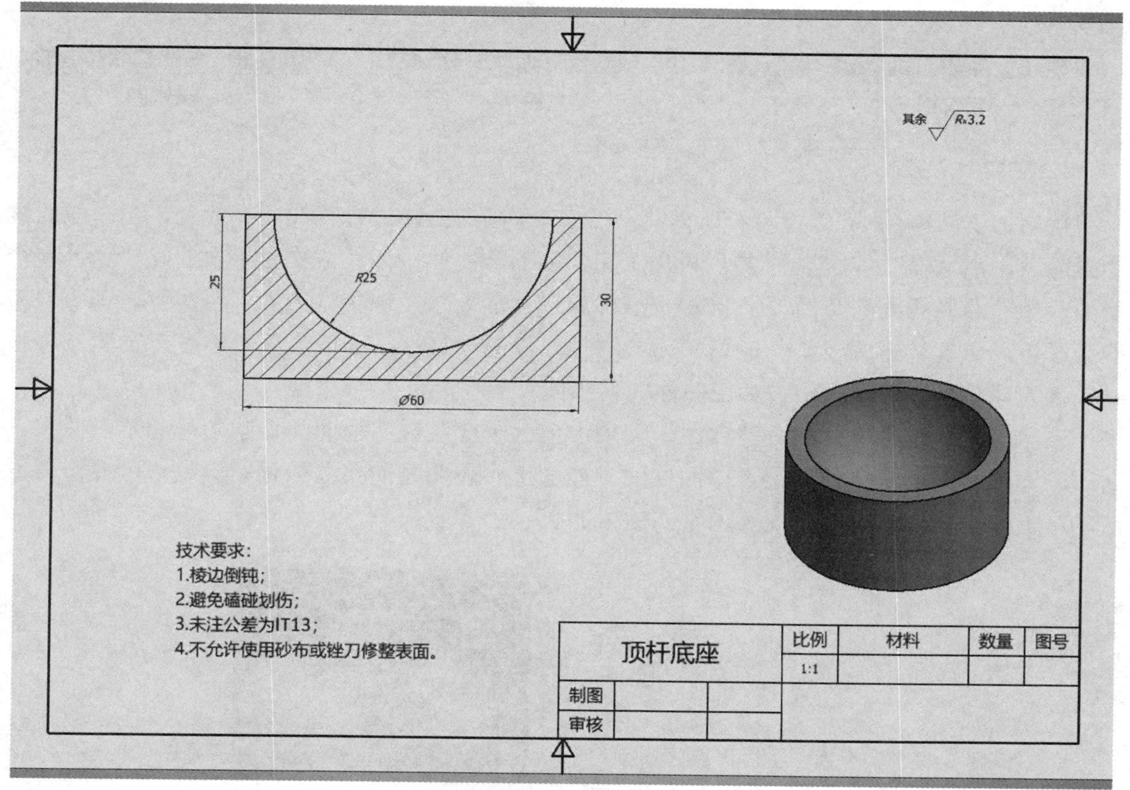

图 5-15 顶杆底座零件图

二、相关知识

（一）曲面轮廓加工的进给路线

加工面为空间曲面的零件称为立体曲面类零件。这类零件的加工面不能展成平面，一般使用球头铣刀切削，加工面与铣刀始终为点接触，若采用其他刀具加工，则易产生干涉而铣伤邻近表面。加工立体曲面类零件一般使用三坐标数控铣床，采用行切加工法和坐标联动加工方法。两坐标联动加工、两坐标联动的三坐标加工、三坐标联动加工示意图分别如图 5-16～图 5-18 所示。坐标联动加工是指数控机床的几个坐标轴能够同时进行移动，从而获得平面直线、平面圆弧、空间直线和空间螺旋线等复杂加工轨迹的能力。

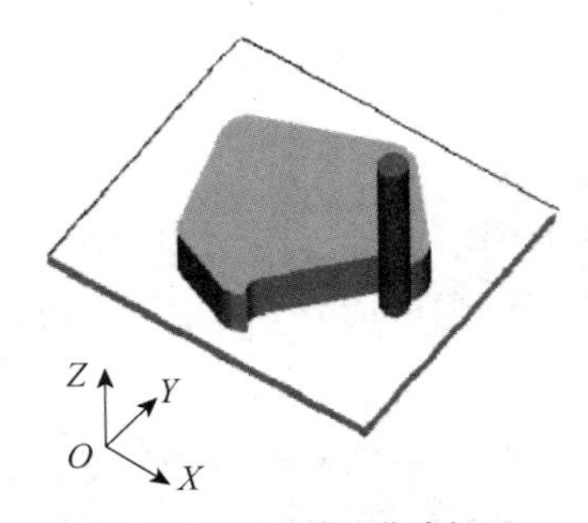

图 5-16　两坐标联动加工示意图

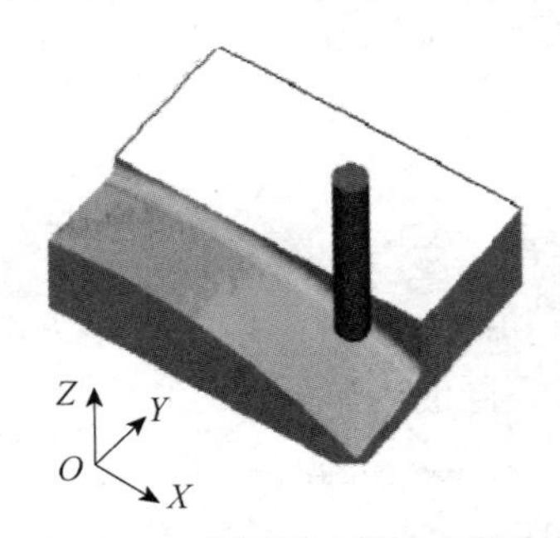

图 5-17　两坐标联动的三坐标加工示意图

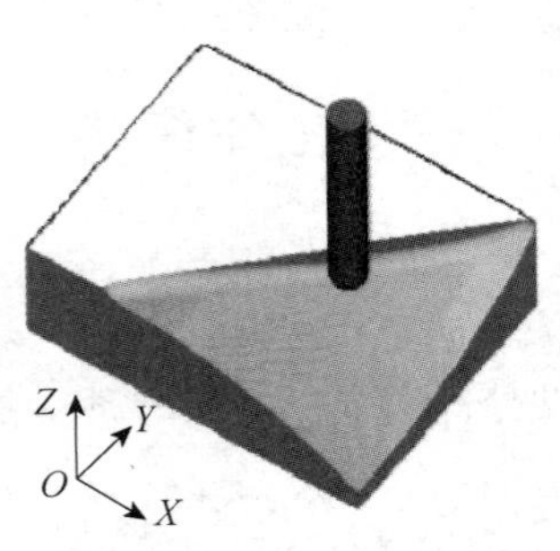

图 5-18　三坐标联动加工示意图

1. 行切加工法

行切加工法如图 5-19 所示，球头铣刀沿 XY 平面的曲线进行直线插补加工，当一段曲线加工完后，沿 X 轴方向进给 ΔX 后再加工相邻的另一曲线，如此依次用平面曲线来逼近整个曲面。相邻两曲线间的距离 ΔX 应根据表面粗糙度的要求及球头铣刀的半径选取。球头铣刀的半径应尽可能选得大一些，以增加刀具刚度，提高散热性，降低表面粗糙度。加工凹圆弧时的铣刀球头半径必须小于被加工曲面的最小曲率半径。

采用这种加工方法时编程计算比较简单，但由于球头铣刀与曲面切削点的位置随曲率不断改变，故切削刃形成的轨迹是空间曲线，曲面上有较明显的扭曲的残留沟纹。因此，该方法常用于曲率变化不大且精度要求不高的粗加工。

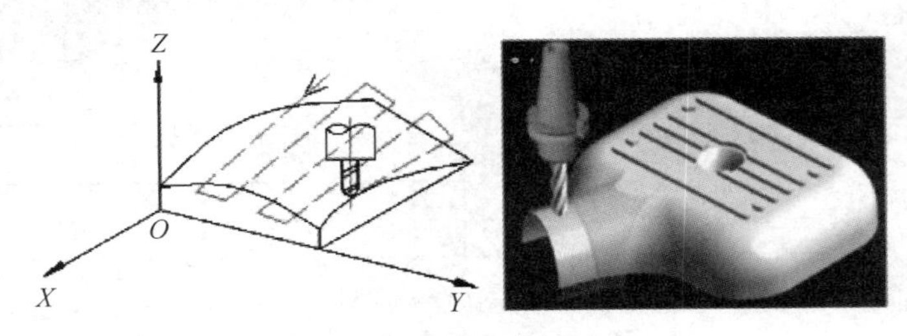

图 5-19　行切加工法

2. 三坐标联动加工法

采用三坐标数控铣床三轴联动加工，即进行空间直线插补。如半球形工件，可用行切加工法加工，也可用三坐标联动加工法加工。这时，数控铣床用 X、Y、Z 三坐标联动的空间直线插补，实现球面加工，如图 5-20 所示。三坐标联动加工法适用于曲率半径变化较大和精度要求较高的曲面精加工。

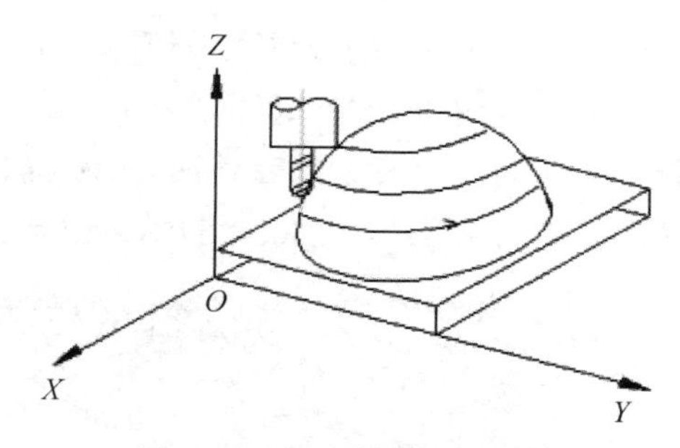

图 5-20　三坐标联动加工法

（二）内凹球面加工

球面阀、滚珠和相应的球面槽等零件都具有球形曲面轮廓，球形曲面是最基本的曲面之一，而凹形球面曲面的机械加工通常较困难。当用自动编程软件进行数控加工程序设计时，由于程序段多、程序编辑烦琐，因此极易出错、编程效率低，而用宏程序编写则效率较高。

现使用 R 为 10mm 的球形铣刀加工如图 5-21 所示的工件，试采用 B 类宏程序编写数控铣床加工程序。

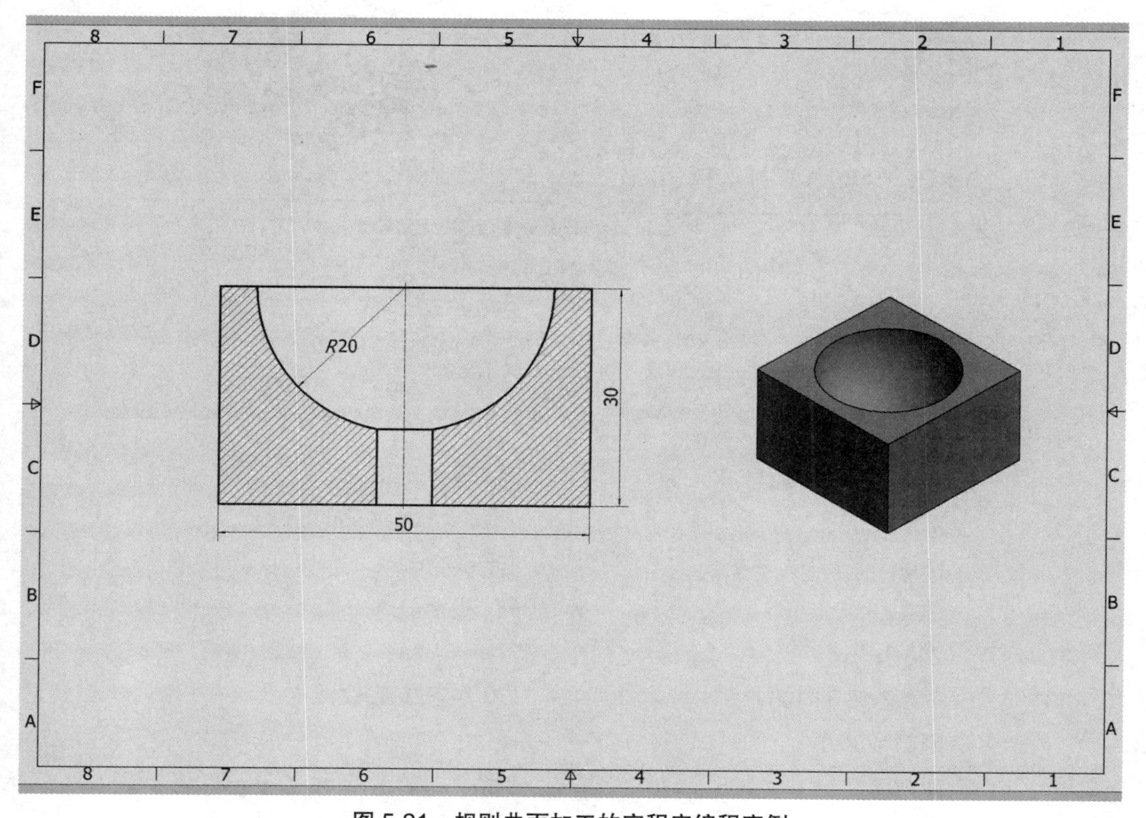

图 5-21　规则曲面加工的宏程序编程实例

加工本例工件时，先采用立铣刀加工出如图 5-22 所示的台阶表面，再用 R 为 10mm 的球形铣刀进行球面轮廓的精加工。加工过程中以球形铣刀的球心作为刀位点，则球心的轨迹为图 5-22 中的圆弧 MN。编程时以角度 α 为自变量，变化范围为 284°～360°，则球心轨迹上的 P 点坐标为 $X_p=15.0\times\cos\alpha$，$Z=15.0\times\sin\alpha$。编程过程中使用以下变量进行运算：

#101：角度自变量，其值为 284～360。

#102：球形铣刀球心的 X 坐标，#102=15.0×cos（#101）。

#103：球形铣刀球心的 Z 坐标，#103=15.0×sin（#101）。

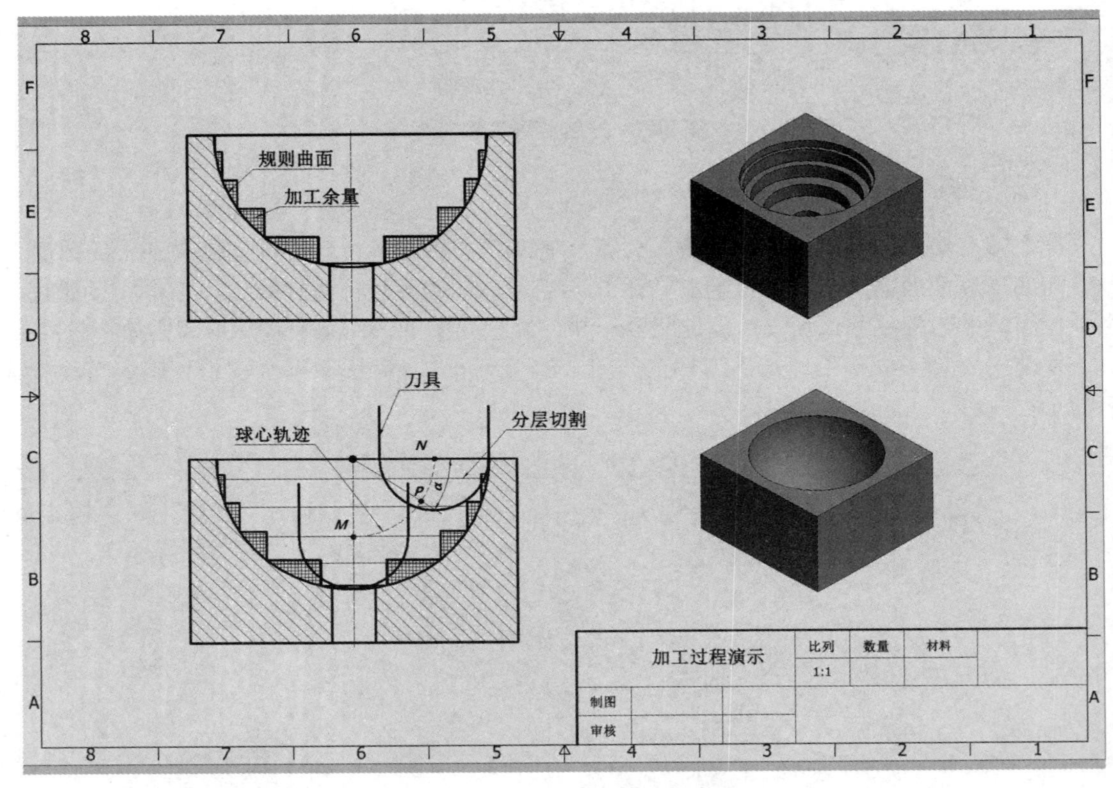

图 5-22　内凹球面加工思路

内凹球面的加工程序如下：

```
C94 C40 G17 G21 C90 G54;            //程序初始化
M03 S800;                           //主轴转速 800r/min
M08;                                //开启冷却液
G00 X0.0 Y0.0;                      //程序开始部分
Z20.0;
G01 Z-15.0 F100;                    //刀具下降至最低点
#101=284.0;
N100 #102=15.0*COS［#101］;          //球心点的 X 坐标
#103=15.0*SIN［#101］;               //球心点的 Z 坐标
```

```
G01 Z#103;                              //先Z轴方向进给再X轴方向进给
X#102;
G03 X#102 Y0.0 I-#102 J0;               //刀具走一个整圆
#101=#101+0.5;                          //角度增量为0.5°
IF［#101 LE 360.0］GOTO 100;            //条件判断
G91 G28 Z0.0;                           //程序结束部分
M09;
M05;
M30;
```

宏程序在曲面加工中的应用极大地简化了零件的计算和编程过程，解决了仅靠机床自身指令功能手工编程难以完成的特征（球面、边角倒圆等）编程。宏程序不仅是一种编程手段，更重要的是，使用宏程序编程也是一个熟知数控系统功能、确定及优化加工工艺的过程。编程人员只有根据零件的不同特征和难易程度合理选择编程方法（手动编程或自动编程）才会取得更好的效果。

（三）三坐标测量机

三坐标测量机（Coordinate Measuring Machining，CMM）是一种三维尺寸的精密测量仪器，主要用于零部件尺寸、形状和相互位置的测量。三坐标测量机是基于坐标测量原理，即将被测物体置于坐标测量机的测量空间，获得被测物体上各测点的坐标位置，根据这些测点的空间坐标值，经过数学运算，求出被测零部件的尺寸、形状和位置。

三坐标测量机是20世纪60年代发展起来的一种以精密机械为基础，综合运用电子、计算机、光栅或激光等先进技术的高效、综合测量仪器。它与自动机床、数控机床等加工设备相配套，便于对复杂曲面零件进行快速可靠地测量。

电子技术、计算机技术、数字控制技术及精密加工技术的发展为三坐标测量机的产生提供了技术基础。

三坐标测量机具有较广的应用性，各种复杂形状的几何表面，只要测头能够采样，就可得到各测点的坐标值，并由计算机完成数据处理。测量时，不要求被测工件的基准严格与测量机的坐标方向一致，可以通过测量实际基准的若干点后建立新的坐标系，因此可以节省工件找正的时间，提高测量效率。

1. 三坐标测量机（仪）的构成及分类

三坐标测量机主要由工作台、支架、测头、计算机控制系统等组成，如图5-23所示。

按照机械结构，三坐标测量机可分为以下几种类型。

1）龙门式三坐标测量机

龙门式三坐标测量机（如图5-24所示）一般为大中型测量机，要求具有较好的地基。其立柱影响了操作的开阔性，但减少了移动部分的重量，有利于测量精度及动态性能的提高。基于此，近年来发展了一些小型带工作台的龙门式三坐标测量机。龙门式三坐标测量机最长可到数十米，由于其刚性要比悬臂式好，因而对大尺寸而言可具有足够的精度。龙门式三坐标测量机主要用于测量大、中型机械零部件的形状和位置误差，适合于在计量室和生产现场

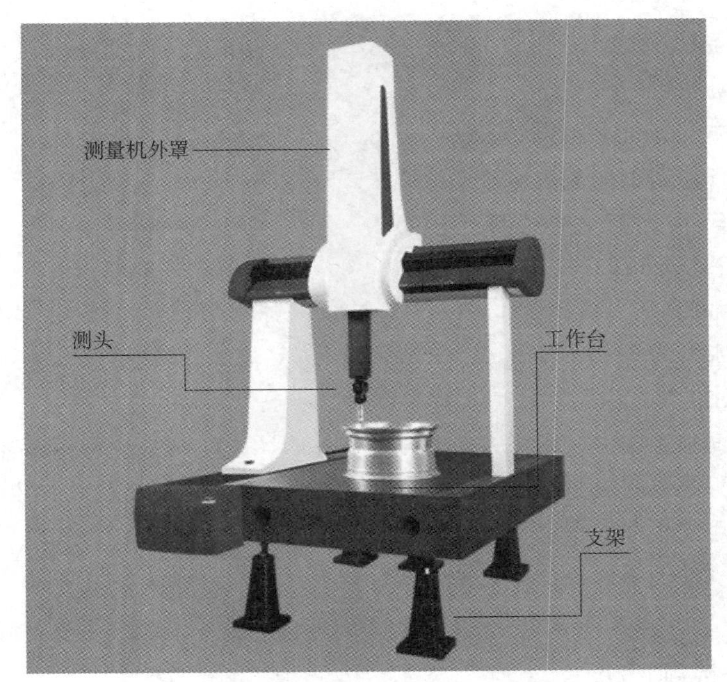

图 5-23　三坐标测量机结构图

使用。其可广泛应用于航空、航天、兵器制造、汽车、发动机、机床、工模具及其他需要复杂空间几何量测量的行业。使用龙门式三坐标测量机测量时，一般都采用双光栅、双驱动等技术来提高测量精度。

图 5-24　龙门式三坐标测量机

2）移动桥式三坐标测量机

移动桥式三坐标测量机是目前中小型测量机的主要结构型式，承载能力较大，本身具有台面，受地基影响相对较小，开敞性好，精度比固定桥式稍低。移动桥式三坐标测量机如图 5-25 所示。

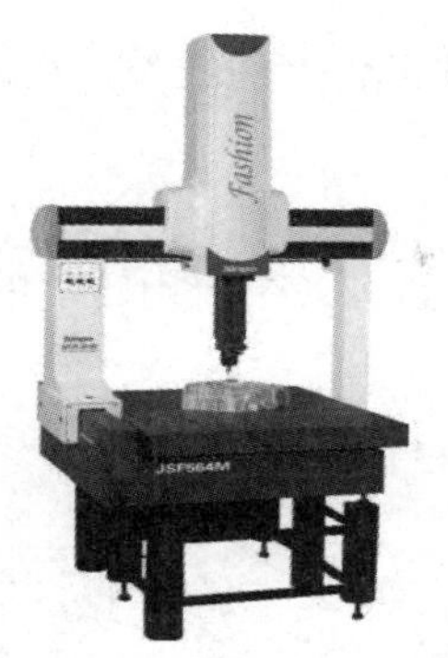

图 5-25　移动桥式三坐标测量机

3）固定桥式三坐标测量机

高精度三坐标测量机通常采用固定桥式结构。固定桥式三坐标测量机的优点是结构稳定，整机刚性强，中央驱动，偏摆小，光栅在工作台的中央，阿贝误差小，*X*、*Y* 轴方向运动相互独立，相互影响小；缺点是被测量对象由于放置在移动工作台上，因此降低了机器运动的加速度，承载能力较小。固定桥式三坐标测量机与移动桥式三坐标测量机的主要区别是：桥框是固定不动的，它直接与基座连接，而工作台可沿基座上的导轨移动。固定桥式三坐标测量机如图 5-26 所示。

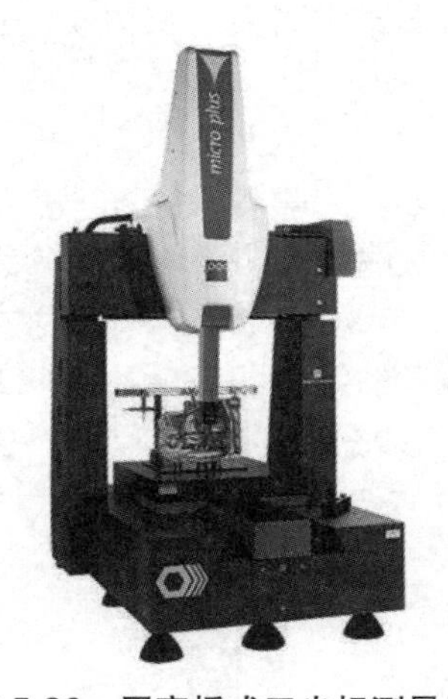

图 5-26　固定桥式三坐标测量机

4）悬臂式三坐标测量机

悬臂式三坐标测量机（见图 5-27）开敞性好，测量范围大，可以由两台机器共同组成双臂测量机。其主要用于车间划线、简单零件的测量，精度比较低。

图 5-27　悬臂式三坐标测量机

悬臂式三坐标测量机的水平臂在 X 轴方向很长，在 Z 轴方向较高，是测量汽车车身最常用的测量机。

5）关节臂（柔性）三坐标测量机

这类三坐标测量机（见图 5-28）具有多个自由转动的关节臂，可实现对复杂部位的测量，多为小型便携式测量机。

图 5-28 关节臂（柔性）三坐标测量

2. 三坐标测量机的测头及测头附件

三坐标测量机的测量系统由标准器和测头系统构成，它们是三坐标测量机的关键组成部分，决定着其测量精度的高低。

1）测头

三坐标测量机用测头来采集信号，因此测头的性能直接影响测量精度和测量效率，没有先进的测头就无法充分发挥测量机的性能。测头的具体分类如下。

（1）机械接触式测头。机械接触式测头（见图 5-29）为刚性测头，其形状简单、制造容易，但是测量力的大小取决于操作者的经验和技能，因此测量精度差、效率低。目前，除少数手动测量机还采用此种测头外，绝大多数测量机已不再使用这类测头。

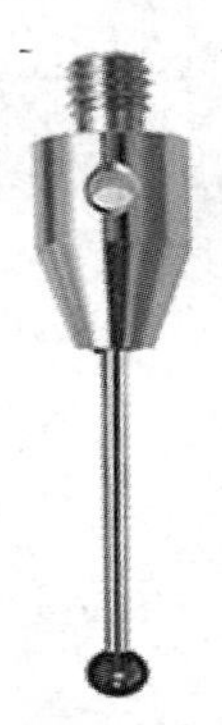

图 5-29 机械接触式测头

（2）光学非接触测头。光学非接触测头（见图 5-30）与被测物体没有机械接触，这种非接触式测量方式具有一些突出优点，主要体现在：

- 不存在测量力，适合测量各种软质的工件；
- 可以对工件表面进行快速扫描测量；
- 具有比较大的量程；

● 可以探测工件上一般测头难以探测到的部位。

近年来，光学测头发展较快，目前在坐标测量机上应用的光学测头的种类也较多，如三角法测头、激光聚集测头、光纤测头、接触式光栅测头等。

图 5-30 光学非接触测头

（3）电气接触式测头。目前，电气接触式测头已为绝大部分三坐标测量机所采用，按其工作原理可分为动态测头和静态测头；按运动方向可分为一维、二维和三维测头。动态测头是在接触测量工件表面的运动过程中，瞬间进行测量采样的，也称为触发式测头。

图 5-31 电气接触式测头

动态测头结构简单、成本低，可用于高速测量，但精度稍低，而且动态测头不能以接触状态停留在工件表面，因而只能对工件表面做离散的逐点测量，不能做连续的扫描测量。

静态测头除具备触发式测头的触发采样功能外，还相当于一台超小型三坐标测量机。测头中有三维几何量传感器，在测头与工件表面接触时，在 X、Y、Z 三个方向均有相应的位移量输出，从而驱动伺服系统进行自动调整，使测头停在规定的位移量上，在测头接近静止的状态下采集三维坐标数据，故称为静态测头。

静态测头沿工件表面移动时，可始终保持接触状态，可进行扫描测量，因而也称为扫描测头。其主要特点是精度高，可以做连续扫描，但制造技术难度大，价格昂贵，适合于高精度测量机使用。

2）测头附件

为了扩大测头功能、提高测量效率及探测各种零件的不同部位，常需为测头配置各种附件，如测端、探针、连接器、测头回转附件等。

（1）测端。对于接触式测头，测端是与被测工件表面直接接触的部分。对于不同形状的表面需要采用不同的测端。球形测端是最常用的测端，它具有制造简单、便于从各个方向接触测量工件表面、接触变形小等优点。

（2）探针。探针是指可更换的测杆。为了便于测量，需选用不同的探针。探针对测量能力和测量精度有较大影响，在选用时应注意以下几点：

- 在满足测量要求的前提下，探针应尽量短；
- 探针直径必须小于测端直径；
- 在需要长探针时，可选用硬质合金探针，以提高刚度。

（3）连接器。为了将探针连接到测头上、测头连接到回转体上或测量机主轴上，需采用各种连接器，常用的有星形探针连接器（见图 5-32）、连接轴、星形测头座等。其上可以安装若干不同的测头，并通过测头座连接到测量机主轴上。测量时，根据需要可由不同的测头交替工作。

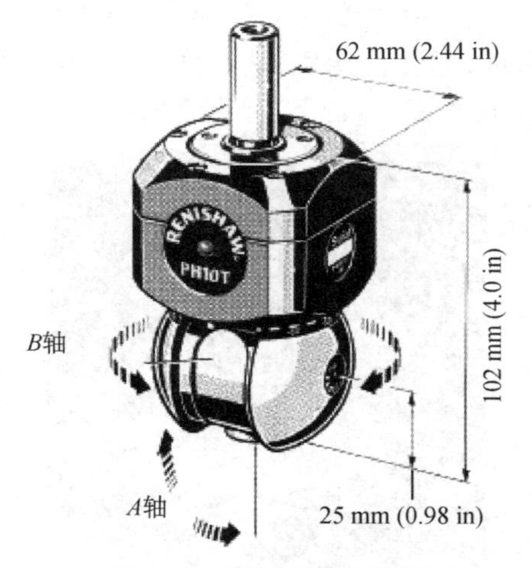

图 5-32　星形探针连接器

（4）回转附件。对于有些工件表面的检测，比如一些倾斜表面、整体叶轮叶片表面等，仅用与工作台垂直的探针探测将无法完成要求的测量，这时就需要借助一定的回转附件，使探针或整个测头回转一定角度再进行测量，从而扩大测头的功能。测头回转附件如图 5-33 所示。

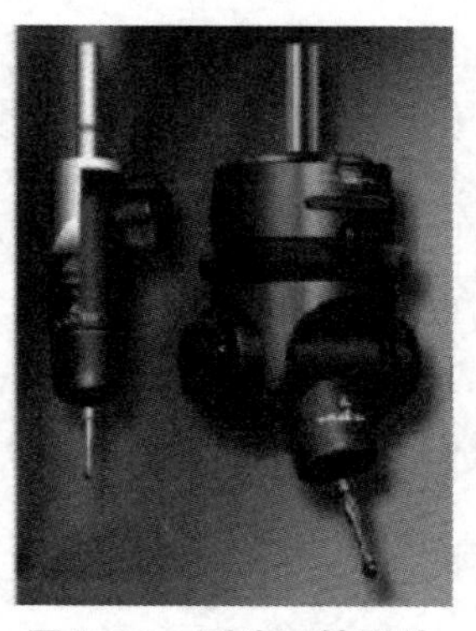

图 5-33　测头回转附件

3. 标准尺

标准尺是用来度量各轴的坐标数值的，目前三坐标测量机上使用的标尺系统种类很多，机床和仪器上使用的标尺系统大致相同，可以分为以下几种。

（1）机械式标尺系统：如精密丝杠加微分鼓轮、精密齿条及齿轮、滚动直尺等。

（2）光学式标尺系统：如光学读数刻线尺、光学编码器、光栅、激光干涉仪等。

（3）电气式标尺系统：如感应同步器、磁栅等。目前使用最多的是磁栅，其次是感应同步器和光学编码器。有些高精度 CMM 采用了激光干涉仪。

4. 三坐标测量机的测量方法

一般点位测量有三种测量方法：直接测量、程序测量和自学习测量。

1）直接测量方法（手动测量）

操作员利用键盘输入指令，系统按指令的顺序逐步执行，测量时根据被测零件的形状调用相应的测量指令，以手动或 NC 方式采样。其中，NC 方式是把测头拉到接近测量部位，系统根据给定的点数自动采点。测量机通过接口将测量点坐标值输入计算机进行处理，并将结果输出显示或打印。

2）程序测量方法

将测量一个零件所需要的全部操作按照其执行顺序编程，以文件形式存入磁盘，测量时按运行程序控制测量机自动测量。该方法适用于成批零件的重复测量。

3）自学习测量方法

操作者对第一个零件执行直接测量的方式，借助适当指令使系统自动产生相应的零件测量程序，对其余零件测量时重复调用。该方法与手工编程相比，省时且不易出错。

三、制订任务进度计划

本次生产任务工期为 7 天，试根据任务要求，制订合理的工作进度计划，根据各小组成员的特点分配工作任务。顶杆底座零件加工任务分配表见表 5-19。

表 5-19　顶杆底座零件加工任务分配表

序号	工作内容	时间分配	成员	责任人
1	工艺分析			
2	编制程序			
3	铣削加工			
4	产品质量检验与分析			

四、任务实施方案

（1）分析零件图样，确定加工顶杆底座零件的定位基准。

（2）对于顶杆底座，试用双曲线设计图纸并编写程序。

（3）以小组为单位，结合所学普通车床加工工艺知识，制定顶杆底座的加工工艺卡（见表 5-20）。

表 5-20　顶杆底座加工工艺卡

单位名称		产品名称或代号		零件名称			图号
工序号	程序编号	夹具		使用设备	数控系统		车间
		编号	夹具名称				
工步号	工步内容	刀具号	刀具规格/（mm×mm）	主轴转速 n/（r/min）	进给量 f/（mm/r）	背吃刀量 a_p/mm	备注（程序编号）
编制		审核		批准		共　页	第　页

（4）根据顶杆底座加工内容，完成顶杆底座加工的铣削刀具卡（见表 5-21）。

表 5-21　顶杆底座加工的铣削刀具卡

产品名称或代号		零件名称		零件图号	
刀具号	刀具名称	数量	加工内容	刀具半径/Mm	刀具规格/（mm×mm）
编制		审核	批准	第　页	共　页

五、实施编程与加工

（1）根据零件图样确定编程原点并在图中标出。

（2）结合“相关知识”，分析加工顶杆底座零件用到的指令，并写出指令的格式。

（3）根据零件加工步骤及编程分析，小组合作完成顶杆底座的数控铣床加工程序（程序单见表 5-22）。

表 5-22　顶杆底座加工程序单

程序段号	顶杆底座零件	O0001
	加工程序	说明

（4）通过仿真软件验证零件的铣削程序，校正程序中不合理之处。
（5）在自动模式下完成工件的加工。

六、检查与评价

1. 学生自检

学生完成零件自检，填写“考核评分表”（见表 5-23），并同刀具卡、工序卡和程序单一起上交。

2. 成绩评定

教师协同组长，对零件进行检测，对刀具卡、工序卡和程序单进行批改，对学生整个任务的实施过程进行分析，并填写“考核评分表”（见表 5-23）对每个学生进行成绩评定。

表 5-23　项考核评分表

零件名称		零件图号		操作人员		完成工时	
序号	鉴定项目及标准		配分	评分标准（扣完为止）	自检	检查结果	得分
1	任务实施 45 分	填写刀具卡	5	刀具选用不合理扣 5 分			
2		填写加工工序卡	5	工序编排不合理每处扣 1 分，工序卡填写不正确每处扣 1 分			
3		填写加工程序单	10	程序编制不正确每处扣 1 分			
4		工件安装	3	装夹方法不正确扣 3 分			
5		刀具安装	3	刀具安装不正确扣 3 分			
6		程序录入	3	程序输入不正确每处扣 1 分			

续表

零件名称			零件图号		操作人员		完成工时	
序号	鉴定项目及标准			配分	评分标准（扣完为止）	自检	检查结果	得分
7	任务实施 45 分	对刀操作		3	对刀不正确每次扣 1 分			
8		零件加工过程		3	加工不连续，每终止一次扣 1 分			
9		完成工时		4	每超时 5min 扣 1 分			
10		安全文明		6	撞刀、未清理机床和保养设备扣 6 分			
11	工件质量 45 分	上下平面	尺寸	15	尺寸每超 0.1mm 扣 2 分			
12			粗糙度	5	每降一级扣 2 分			
13		中部凹槽	尺寸	20	尺寸每超 0.1mm 扣 2 分			
14			粗糙度	5	每降一级扣 2 分			
15	误差分析 10 分	零件自检		4	自检有误差每处扣 1 分，未自检扣 4 分			
16								
17		填写工件误差分析		6	误差分析不到位扣 1～4 分，未进行误差分析扣 6 分			
合计				100				
误差分析（学生填）								
考核结果（教师填）								
检验员		记分员			时间		年　月　日	

七、探究与拓展

利用铣刀加工如图 5-34 所示的顶杆螺丝的凸球面，毛坯为ϕ12mm×65mm 的铜棒料，装夹后从右端走刀切削，粗铣每次切削深度为 1.5mm，进给量为 150mm/min，精加工余量为 0.5mm，各尺寸的加工精度如图样要求，额定工时为 1.5h。

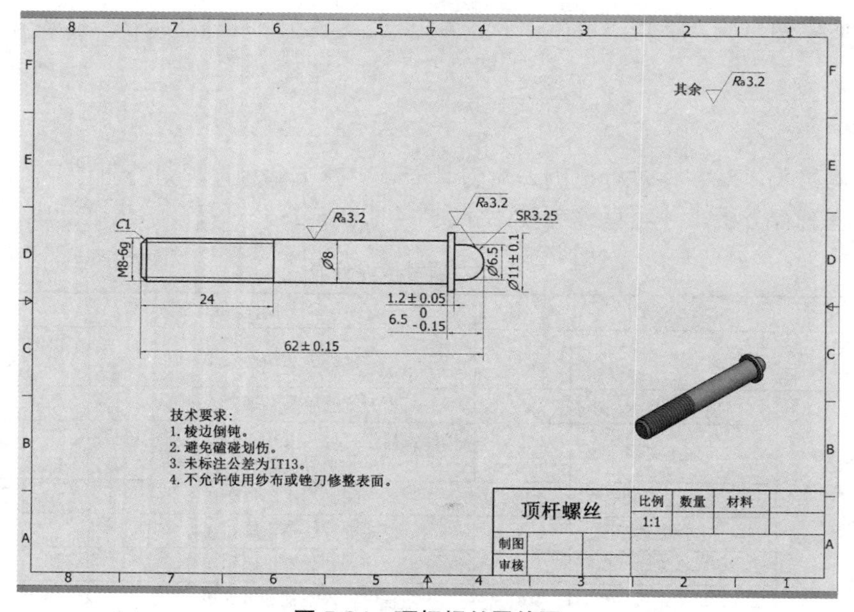

图 5-34　顶杆螺丝零件图

项目六　铣削综合加工

项目知识目标

（1）掌握铣削加工的工艺知识。

（2）掌握数控铣床程序编制的思路。

（3）了解在数控铣床上加工零件的方法与步骤。

项目技能目标

（1）会制定加工方案。

（2）能编制综合件的加工程序。

（3）能完成综合件的加工。

项目案例导入

使用数控铣床加工零件一般需要经过 4 个主要的工作环节，即确定工艺方案、编写加工程序、实际数控加工操作、零件测量与检验。本项目通过数控铣削项目的学习与实践，使学生掌握基本编程指令、编程方法、零件工艺分析、工艺制定和基本操作步骤等知识和技能。

任务一　腰形槽底板的加工

本任务课件

【任务知识目标】

（1）掌握分析复杂零件加工工艺的方法和步骤，懂得合理安排加工顺序。

（2）掌握数控铣床基本加工指令、编程格式。

（3）掌握各种加工类型的工艺制定方法与编程方法。

【任务技能目标】

（1）会进行数控铣床的操作。

（2）会选择合理的切削用量。

（3）能够完成综合件的加工。

一、工作任务

某大型企业需要加工一批腰形槽底板（零件图见图 6-1），现需要完成编制加工程序及加工零件任务，工期为 7 天，零件材料为 YL27，表面粗糙度 R_a 为 3.2mm，毛坯尺寸为 100mm×80mm×20mm，长度方向侧面对宽度方向侧面及底面的垂直度公差为 0.03mm，包工包料。企业生产管理部门委托学校数控技术专业学生完成此任务，任务完成后，提交成品件及检验报告。

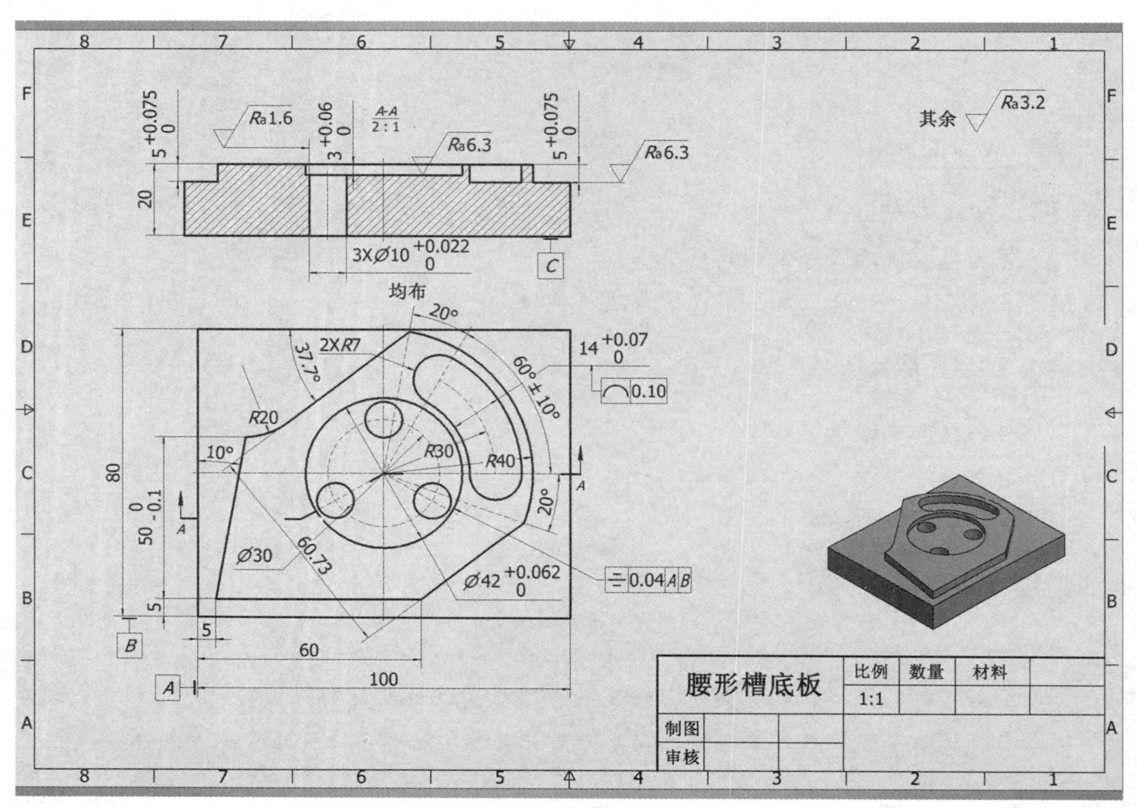

图 6-1　腰形槽底板零件图

二、相关知识

（一）选择机床、工艺装备

1. 机床的选择

加工中心（见图 6-2）的加工柔性比普通数控铣床优越，有一个自动换刀伺服系统，可在换刀时减少很多辅助时间，能够加工更加复杂的曲面。合理运用编程技巧编制高效率的加工程序，对提高机床效率往往具有意想不到的效果。根据本任务，加工零件选用 FAUNC-VDF850A 加工中心，参数见表 6-1。

图 6-2　加工中心

表 6-1　FAUNC-VDF850A 加工中心参数

工作台面尺寸（长×宽）/（mm×mm）	1000×500	刀柄形式	BT40
工作台最大纵向行程/mm	510	主配控制系统	FANUC OiMate-MC
工作台最大横向行程/mm	860	换刀时间/s	6.0
主轴箱垂向行程/mm	560	主轴转速/（r/min）	8000
工作台 T 形槽（槽数-宽度×间距）/mm	5−18×100	快速移动速度/（mm/min）	10000
主电动机功率/kW	5.5/7.5	进给速度/（mm/min）	5～800
脉冲当量/（mm/脉冲）	0.001	工作台最大承载/kg	700
机床外形尺寸（长×宽×高）/（mm×mm×mm）	2790×2460×2577	机床质量/kg	5500

2. 夹具的选择

数控机床用的夹具应满足安装调整方便、刚性好、精度高、耐用度好等要求，根据工件的形状考虑选择平口虎钳（见图 6-3），其参数见表 6-2。用平口虎钳装夹工件时，工件上表面应高出钳口 8mm 左右，以此来校正固定钳口的平行度及工件上表面的平行度，确保精度要求。

图 6-3　平口虎钳

表 6-2　平口虎钳参数

产品名称	型号	钳口宽度/mm	钳口高度/mm	钳口最大张开度/mm	定位键宽度/mm	最大夹紧力/kN
平口虎钳	Q12160	160	45	160	18	29

3. 刀具的选择

对零件图进行分析，该零件结构上有平面和型腔内的圆弧及槽，加工工序复杂。为减少换刀和对刀时间，减少换刀带来的误差，提高加工效率，粗、精加工应尽可能选用同一把刀具，因此本任务选择德国生产的 DGK 专用铣铝刀具，如图 6-4 所示。

铝用立铣刀

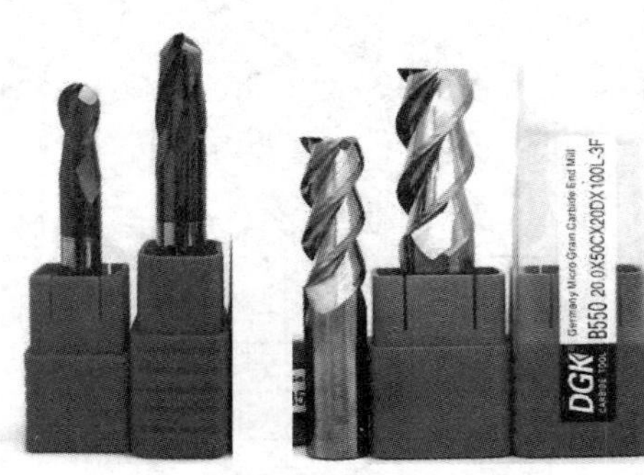

冷却介质

图 6-4　DGK 专用铣铝刀具

对刀具的基本要求如下：

① 铣刀刚性要好。铣刀刚性要好的原因有二：一是为提高生产效率而采用大切削用量的需要；二是为适应数控铣床加工过程中难以调整切削用量的特点。

② 铣刀的耐用度要高。尤其是当一把铣刀加工的内容很多时，如果刀具不耐用，则磨损较快，这样不仅会影响零件的表面质量与加工精度，而且会增加换刀引起的调刀与对刀次数，此外也会使工作表面留下因对刀误差而形成的接刀台阶，从而降低零件的表面质量。

除上述两点，铣刀切削刃几何角度参数的选择及排屑性能等也非常重要。切削黏刀形成积屑瘤在数控铣削中是十分忌讳的，总之，根据被加工工件材料的热处理状态、切削性能及加工余量，选择刚性好、耐用度高的铣刀是充分发挥数控铣床的生产效率和获得满意加工质量的前提。具体选择的刀具将在工艺文件中呈现。

4. 量具的选择

选用游标卡尺测量毛坯尺寸及内轮廓的深度；选用千分尺测量精度要求较高的外轮廓及厚度等尺寸。

5. 常用对刀工具的选择

1）塞尺或量块

试切对刀法会损伤已加工表面，为了避免损伤工件表面，可在刀具和工件之间加入塞尺、芯轴（如常用铣刀的夹持部分）、量块进行对刀。此时应使主轴停转，且必须将它们的厚度减去，如图 6-5 所示。

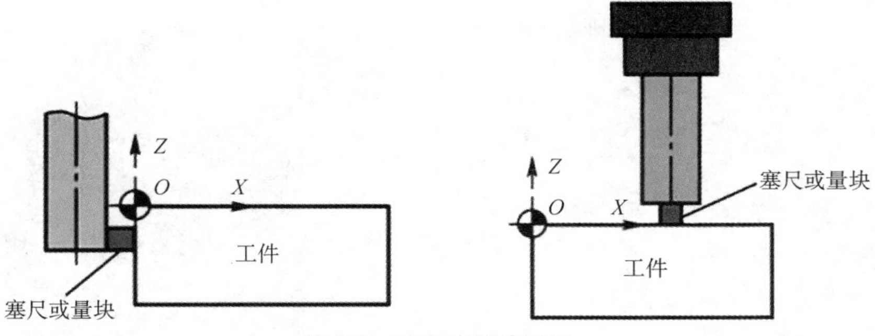

图 6-5 塞尺或量块对刀

2）寻边器

寻边器主要用于确定工件坐标系原点在机床坐标系中的 *X* 和 *Y* 值，也可以测量工件的简单尺寸。寻边器有光电式和偏心式两种类型，分别如图 6-6 和图 6-7 所示。

光电式寻边器的测头一般为 10mm 的钢球，用弹簧拉紧在光电式寻边器的测杆上，碰到工件时可以退让，并将电路导通，发出光信号，通过光电式寻边器的指示和机床坐标位置即可得到被测工作表面的坐标位置。

偏心式寻边器（也称分中棒）为机械结构，使主轴低速（400r/min～600r/min）转动，测定端由于离心力的作用发生偏摆，接触工件后由摆动逐步变为相对静止，因此就能确定工件的位置。

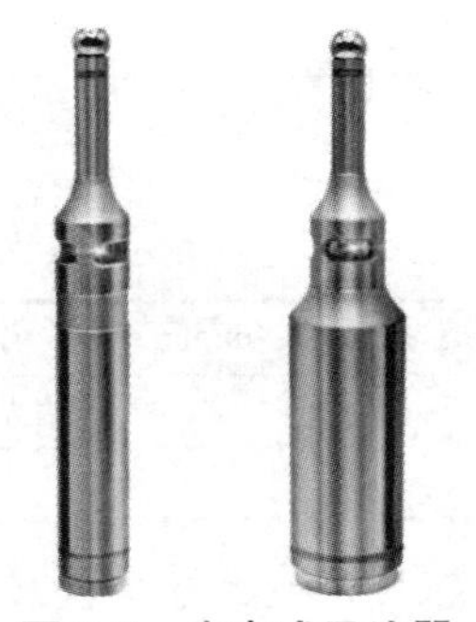
图 6-6 光电式寻边器

图 6-7 偏心式寻边器

3）*Z* 向设定器

Z 向设定器主要用于确定工件坐标系原点在机床坐标系 *Z* 轴的坐标，或者说是确定刀具在机床坐标系中的高度。*Z* 向设定器有指针式和光电式两种类型，分别如图 6-8 和图 6-9 所示。其通过光电指示或指针判断刀具与对刀器是否接触，对刀精度一般可达 0.005mm。*Z* 向设定器带有磁性表座，可以牢固地附着在工件或夹具上，高度一般为 50mm 或 100mm。

指针式 *Z* 向设定器对刀操作的过程如下：

（1）将 *Z* 向设定器平整地放在工件基准面上，将刻度表调为零。

（2）移动刀具的端刃与 *Z* 向设定器的测头接触。

（3）调整指针指为“0”。

（4）记录 *Z* 轴机床坐标系的显示值，且将 *Z* 向设定器的高度考虑进去从而确定对刀的 *Z* 值。

图 6-8　指针式 Z 向设定器

图 6-9　光电式 Z 向设定器

（二）切削用量的确定

1. 主轴转速 n 的确定

$$n=\frac{1000v_c}{\pi D}$$

其中，v_c——切削速度（m/min）；

D——工件或刀具的直径（mm）。

现以 16mm 的立铣刀为例说明主轴转速的计算过程。

根据切削原理可知，切削速度的高低主要取决于被加工零件的精度、材料及刀具的材料、耐用度等因素。表 6-3 列出了不同情况下铣削的切削速度。

表 6-3　铣削的切削速度

工件材料	硬度/HBS	切削速度 v_c /（m/min）	
		高速钢铣刀	硬质合金铣刀
铝	70～120	100～200	200～400

从理论上讲，v_c 的值越大越好，不仅可以提高生产率，而且可以避免生成积屑瘤，获得较低的表面粗糙度。实际上，由于机床、刀具等的限制，综合考虑，粗铣时，v_c=100m/min；精铣时，v_c=150m/min。

将粗、精铣时的切削速度代入公式得

$$n_{粗}=\frac{1000\times100}{3.14\times10}=3184.7(\text{r/min})，n_{精}=\frac{1000\times150}{3.14\times10}=4777(\text{r/min})$$

计算得到的主轴转速 n 应根据机床实际的或接近的转速选取，最终选择 $n_{粗}$=3200r/min，$n_{精}$=4800r/min。

2. 进给速度的确定

切削进给速度 F 是指切削时单位时间内工件与铣刀沿进给方向的相对位移，单位为 mm/min。它与铣刀的转速 n、铣刀齿数 z 及每齿进给量 f_Z（mm/z）的关系为：

$$F=f_z zn$$

每齿进给量 f_Z 的选取主要依据工件材料的力学性能、刀具材料、工件表面粗糙度值等因素。工件材料的强度和硬度越高，f_Z越小，反之则越大；工件表面的粗糙度越小，f_Z就越小；硬质合金铣刀的每齿进给量高于同类高速钢铣刀。表 6-4 给出了不同铣刀在不同情况下的每齿进给量。

表 6-4　铣刀的每齿进给量 f_Z

工件材料	每齿进给量 f_Z /（mm/z）			
	粗铣		精铣	
	高速钢铣刀	硬质合金铣刀	高速钢铣刀	硬质合金铣刀
铝	0.06～0.20	0.10～0.25	0.05～0.10	0.02～0.05

本任务综合选取：粗铣 f_Z=0.15mm/z，精铣 f_Z=0.05mm/z，铣刀齿数 z=3。

通过上面的计算可得粗、精铣的主轴转速：$n_{粗}$=3200r/min，$n_{精}$=4800r/min。

将它们代入公式：粗铣时，$F=f_Z zn$=0.15×3×3200=1440mm/min；精铣时，$F=f_Z zn$=0.08×3×4800=1152mm/min。

切削进给速度也可由机床操作者根据被加工工件表面的具体情况进行实时调整，以获得最佳切削状态。

3. 背吃刀量的确定

背吃刀量是根据机床、工件和刀具的刚度来决定的，在刚度允许的条件下，应尽可能使背吃刀量等于工件的加工余量，这样可以减少走刀次数，提高生产效率。为了保证加工表面质量，可留少量精加工余量，一般留 0.2mm～0.5mm。

总之，切削用量的具体数值应根据机床性能、相关手册并结合实际经验用类比的方法确定。同时，应使主轴转速、切削深度及进给速度三者能相互适应，从而确定最佳的切削用量。

4. 编程原点的确定

铣床上编程坐标原点的位置非常重要，一般要根据工件形状和标注尺寸的基准及计算最方便的原则来确定。具体选择时应注意以下几点。

（1）编程坐标原点应选在零件图的尺寸基准上，便于坐标值的计算，减少计算错误。

（2）编程坐标原点应尽量选在精度较高的表面上，以提高被加工零件的加工精度。

（3）对称的零件，编程坐标原点应设在对称中心上；不对称的零件，编程坐标原点应设在外轮廓的某一角上。

（4）Z 轴方向的零点一般设在工件表面。

对于本任务，选择工件毛坯的中心为工件编程 X、Y 轴的原点坐标，Z 轴原点坐标在工件的上表面。

（三）零件加工工艺分析

腰形槽底板可作为基座使用，也可作为机组的支撑底座使用，以便于装配、微调，主要用于需要调整位置或者有热胀冷缩的设备底座等。

该零件的加工部位包含外形轮廓、圆形槽、腰形槽和孔，有较高的尺寸精度和垂直度、对称度等形位精度要求。加工前应先详细分析图纸中各部分的加工方法及走刀路线，合理选择加工顺序、加工余量和加工刀具，保证零件的加工精度。

1. 加工顺序的安排原则

加工顺序又称工序，通常包括切削加工工序、热处理工序和辅助工序。工序安排的科学与否将直接影响加工质量、生产效率和加工技术。切削加工工序通常按以下原则安排。

1）基面先行原则

加工一开始，总是把精基面加工出来，因为定位基准的表面越精确，装夹误差就越小，所以任何零件的加工过程总是先对定位基准面进行粗加工和半精加工，必要时还要进行精加工。

2）先粗后精原则

各个表面的加工顺序按照粗加工、半精加工、精加工的顺序依次进行，逐步提高加工表面的精度，减小表面粗糙度。

3）先主后次原则

零件上的工作表面及装配面对精度的要求较高，属于主要表面，应先加工，以便能及早发现毛坯中主要表面可能出现的缺陷。对于自由表面、键槽、紧固的螺孔和光孔等表面，精度要求较低，属于次要表面，可穿插进行加工，一般安排在主要加工面达到一定精度后和最终精加工之前。

4）先面后孔原则

一方面，平面的轮廓尺寸较大，先加工平面可使定位比较稳定；另一方面，在加工过的平面上加工孔比较容易，能提高孔的加工精度，特别是钻孔，孔的轴线不易倾斜。

5）先内后外原则

先进行内型腔加工工序，后进行外形加工工序。

此外，在安排加工顺序时，要注意以相同安装方式或用同一刀具加工的工序，最好连续进行，以减少重复定位次数。

2. 加工余量的确定

确定加工余量的方法主要有经验估算法、查表修正法、分析计算法等。数控铣床加工时通常采用经验估算法或查表修正法确定加工余量。推荐使用的加工余量见表 6-5。

表 6-5　加工余量　　（单位：mm）

刀具材料	加工方法			
	轮廓加工	半精加工	扩孔	钻孔
高速钢	0.2～0.5	0.1～0.2	0.5～1	0.1～0.2
硬质合金	0.3～0.6	0.1～0.3	1～2	0.2～0.3

3. 影响表面质量的因素

影响加工零件表面质量的因素有很多，主要因素见表 6-6。

表 6-6　影响表面质量的主要因素

序号	影响因素	产生原因	改进措施
1	装夹	工件装夹不牢固，加工过程中产生振动	改进装夹方式，装夹牢固
2	刀具	刀具磨损	及时修磨、更换刀具
		刀具刚性差，加工过程中产生振动	选用大径刀具或减少刀具外露长度

续表

序号	影响因素	产生原因	改进措施
3	加工过程	进给量过大，残留面高度增高	轮廓加工时减少进给量
		切削速度选择不当，产生积削瘤	适当提高或降低切削速度，及时加注切削液
		加工过程中刀具停顿	刀具保持连续切削
4	工艺路线	精加工采用逆铣	精加工应采用顺铣

4. 拟确定工艺方案

根据零件图，由于工件外形轮廓中的50mm和60.73mm两尺寸的上偏差都为零，因此不必将其转变为对称公差，可直接通过调整刀补来达到公差要求；ϕ10mm的孔对尺寸精度和表面质量要求较高，并对C面有较高的垂直度要求，需要铰削加工，同时应注意以C面为定位基准；ϕ42mm的圆形槽有较高的对称度要求，对刀时X、Y方向应采用寻边器分中。

（1）为提升加工效率，采用以下加工步骤。

① 外轮廓的粗、半精和精铣削在批量生产时，粗、精加工刀具要分开，本任务采用同一把刀具进行，粗加工单边留0.5mm余量。

② 加工3×ϕ10mm孔和垂直进刀工艺孔。

③ 圆形槽粗、半精和精铣削，采用同一把刀具进行。

④ 腰形槽粗、半精和精铣削，采用同一把刀具进行。

（2）数控加工刀具参数与工艺参数分别见表6-7、表6-8。

表6-7 数控加工刀具参数

序号	刀具号	刀具名称	刀具直径/mm	半径补偿值	半径刀补号
1	T01	立铣刀	ϕ20	10.3（半精）/9.96（精）	D01
2	T02	中心钻	ϕ3		
3	T03	麻花钻	ϕ9.7		
4	T04	铰刀	ϕ10		
5	T05	立铣刀	ϕ16	8.3（半精）/7.98（精）	D05
6	T06	立铣刀	ϕ12	6.3（半精）/5.98（精）	D06

表6-8 数控加工工艺参数

工步号	工步内容	刀具号	刀具规格	切削用量（推荐）		
				主轴转速/（r/min）	进给速度/（mm/min）	背吃刀量/mm
1	去除轮廓边角料	T01	ϕ20mm立铣刀	400	80	≤8
2	粗铣外轮廓	T01	ϕ20mm立铣刀	500	100	≤8
3	精铣外轮廓	T01	ϕ20mm立铣刀	1000	80	≤8
4	钻中心孔	T02	ϕ3mm中心钻	1800	80	
5	钻3×ϕ10底孔和垂直进刀工艺孔	T03	ϕ9.7mm麻花钻	600	80	5
6	铰2×ϕ10H7孔	T04	ϕ10mm铰刀	100	50	5
7	粗铣圆形槽	T05	ϕ16mm立铣刀	500	80	≤3
8	精铣圆形槽	T05	ϕ16mm立铣刀	750	60	≤3
9	粗铣腰形槽	T06	ϕ12mm立铣刀	600	80	≤5
10	精铣腰形槽	T06	ϕ12mm立铣刀	1000	60	≤5

5. 拟确定工、量具清单

加工该零件的工、量具清单见表 6-9。

表 6-9　工、量具清单

序号	名称	规格	数量	备注
1	游标卡尺	0～125mm	1	
2	深度游标卡尺	0～125mm	1	
3	外径千分尺	25～50mm		
4	内径千分尺	0～25mm、25～50mm		
5	百分表及表座	0～10mm	1	
6	金属直尺	0～100mm	1	
7	刀柄、夹头		若干	
8	*Z* 向设定器		1	
9	偏心式寻边器		1	
10	精密平口钳及平行垫块		各 1	
11	塑胶锤子、扳手		若干	

三、制订任务进度计划

本次生产任务工期为 7 天，试根据任务要求，制订合理的工作进度计划，并根据各小组成员的特点分配任务。腰形槽底板加工任务分配表见表 6-10。

表 6-10　腰形槽底板加工任务分配表

序号	工作内容	时间分配	成员	责任人
1	工艺分析			
2	编制程序			
3	铣削加工			
4	产品质量检验与分析			

四、任务实施方案

（1）分析零件图样，确定加工腰形槽底板的定位基准。

（2）思考加工过程中下刀及钻孔等环节应注意的问题。

（3）以小组为单位，结合所学的普通铣床加工工艺知识，制定腰形槽底板的加工工艺卡（见表 6-11）。

表 6-11　腰形槽底板加工工艺卡

序号	加工方式	加工部位	刀具名称	刀具直径	刀角半径	刀具长度	刀刃长度	主轴转速/（r/min）	进给速度/（mm/min）	切削深度/mm	加工余量/mm	程序名称

（4）根据腰形槽底板加工内容，完成腰形槽底板加工的工艺过程卡（见表 6-12）。

表 6-12　腰形槽底板加工的工艺过程卡

工序号	名称	尺寸	工艺要求	检验	备注
1					
2					
3					
4					
5					
6					

五、实施编程与加工

（1）根据零件图样绘制曲线图并进行标注。

（2）结合“相关知识”，分析加工腰形槽底板用到的指令，并写出指令的格式。

（3）根据零件加工步骤及编程分析，小组合作完成腰形槽底板的数控铣床加工程序（程序单见表 6-13）。

表 6-13　腰形槽底板加工程序单

加工程序	说明

续表

加工程序	说明

（4）通过仿真软件验证工件的铣削程序，校正程序中不合理之处。

（5）在自动模式下完成工件的加工。

六、检查与评价

1. 学生自检

学生完成零件自检，填写“考核评分表”（见表 6-14），并同刀具卡、工序卡和程序单一起上交。

2. 成绩评定

教师协同组长，对零件进行检测，对刀具卡、工序卡和程序单进行批改，对学生整个任务的实施过程进行分析，并填写“考核评分表”（见表 6-14）对每个学生进行成绩评定。

表 6-14 考核评分表

零件名称		零件图号			操作人员		完成工时	
序号	鉴定项目及标准			配分	评分标准（扣完为止）	自检	检查结果	得分
1	任务实施 45 分	填写刀具卡		5	刀具选用不合理扣 5 分			
2		填写加工工序卡		5	工序编排不合理每处扣 1 分，工序卡填写不正确每处扣 1 分			
3		填写加工程序单		10	程序编制不正确每处扣 1 分			
4		工件安装		3	装夹方法不正确扣 3 分			
5		刀具安装		3	刀具安装不正确扣 3 分			
6		程序录入		3	程序输入不正确每处扣 1 分			
7		对刀操作		3	对刀不正确每次扣 1 分			
8		零件加工过程		3	加工不连续，每终止一次扣 1 分			
9		完成工时		4	每超时 5min 扣 1 分			
10		安全文明		6	撞刀、未清理机床和保养设备扣 6 分			
11	工件质量 45 分	外径尺寸	尺寸	10	尺寸每超 0.1mm 扣 2 分			
12			粗糙度	5	每降一级扣 2 分			
13		内孔尺寸	尺寸	10	尺寸每超 0.1mm 扣 2 分			
14			粗糙度	5	每降一级扣 2 分			
15		位置精度	尺寸	10	尺寸每超 0.1mm 扣 2 分			
			粗糙度	5	每降一级扣 2 分			
16	误差分析 10 分	零件自检		4	自检有误差每处扣 1 分，未自检扣 4 分			
17								

续表

零件名称		零件图号		操作人员		完成工时	
序号	鉴定项目及标准		配分	评分标准（扣完为止）	自检	检查结果	得分
18	误差分析 10 分	填写工件误差分析	6	误差分析不到位扣 1～4 分，未进行误差分析扣 6 分			
合计			100				
误差分析（学生填）							
考核结果（教师填）							
检验员		记分员		时间	年　月　日		

七、探究与拓展

利用数控铣床加工如图 6-10 所示的型腔模，工件毛坯为 100mm×100mm×25mm 的 45#钢。粗加工每次切削深度为 0.5mm，进给量为 120mm/min，精加工余量为 0.5mm，各尺寸的加工精度见图纸，额定工时为 1.5h。

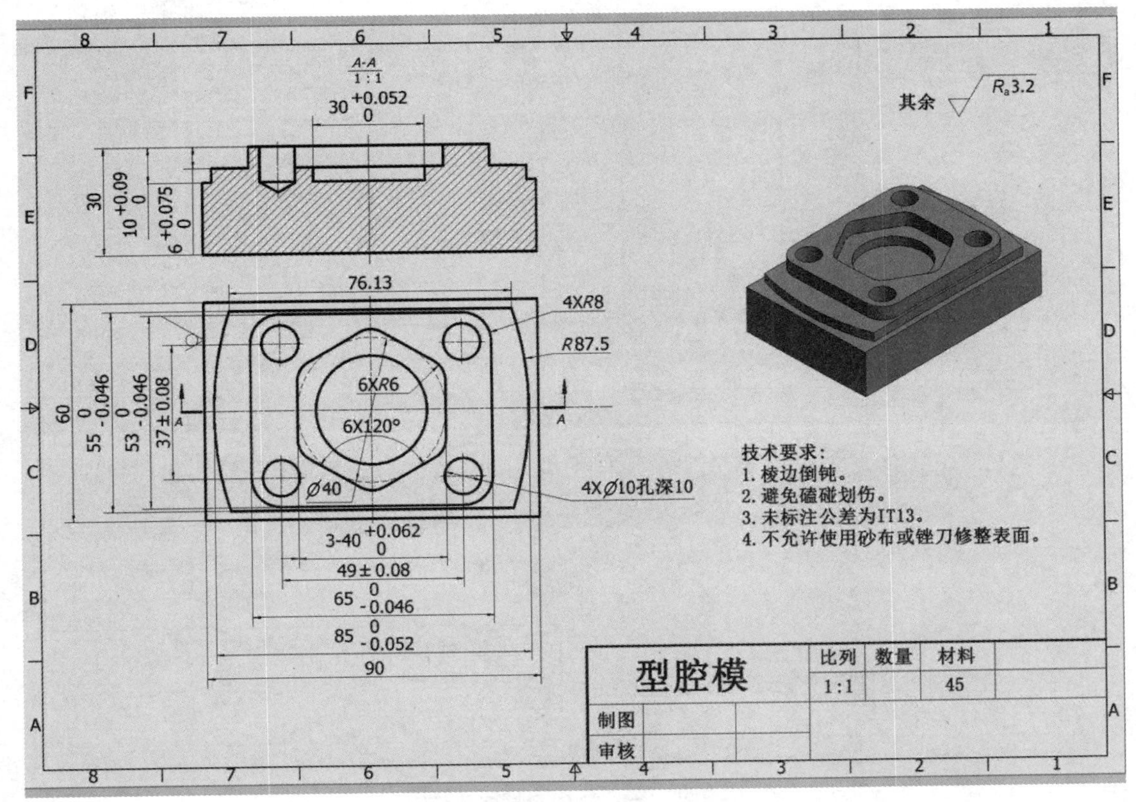

图 6-10　型腔模零件图

任务二　三坐标测量样件的加工

本任务课件

【任务知识目标】

掌握数控铣床的基本加工指令、编程格式和加工方法。

【任务技能目标】

（1）会进行数控铣床的操作。

（2）会选择合理的切削用量。

（3）会加工综合零件。

德玛吉车削中心

旋风铣与层铣

一、工作任务

某精密机械制造厂需要生成一批铝件，作为三坐标测量样件，并需根据图纸（见图 6-11）要求提供三维模型用于精度比对。工期为 7 天，毛坯为 YL27，包工包料。该厂生产管理部门委托学校数控技术专业的学生来完成此任务，任务完成后，提交成品件及检验报告。

1. 零件图样

三坐标测量样件零件图见图 6-11。

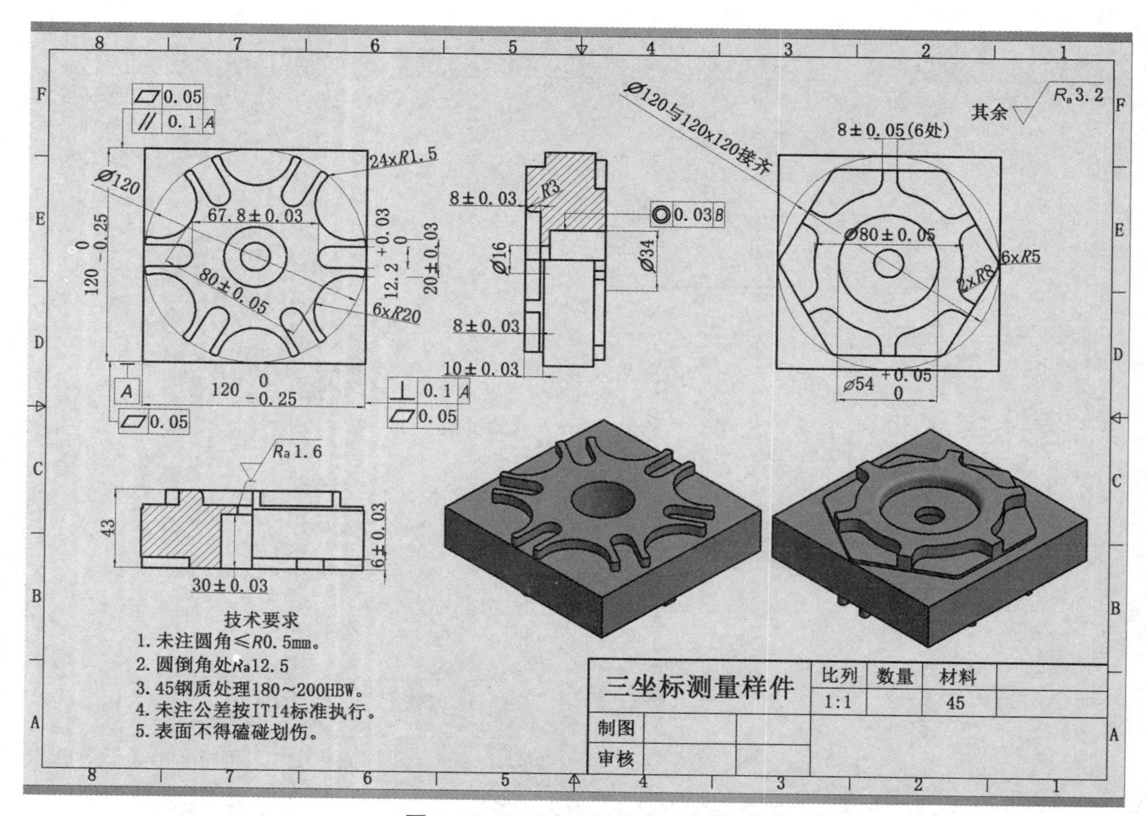

图 6-11　三坐标测量样件零件图

2. 节点图样

在节点图样（见图 6-12）中给出了典型结构的点坐标，加工时相关尺寸无须再进行计算。

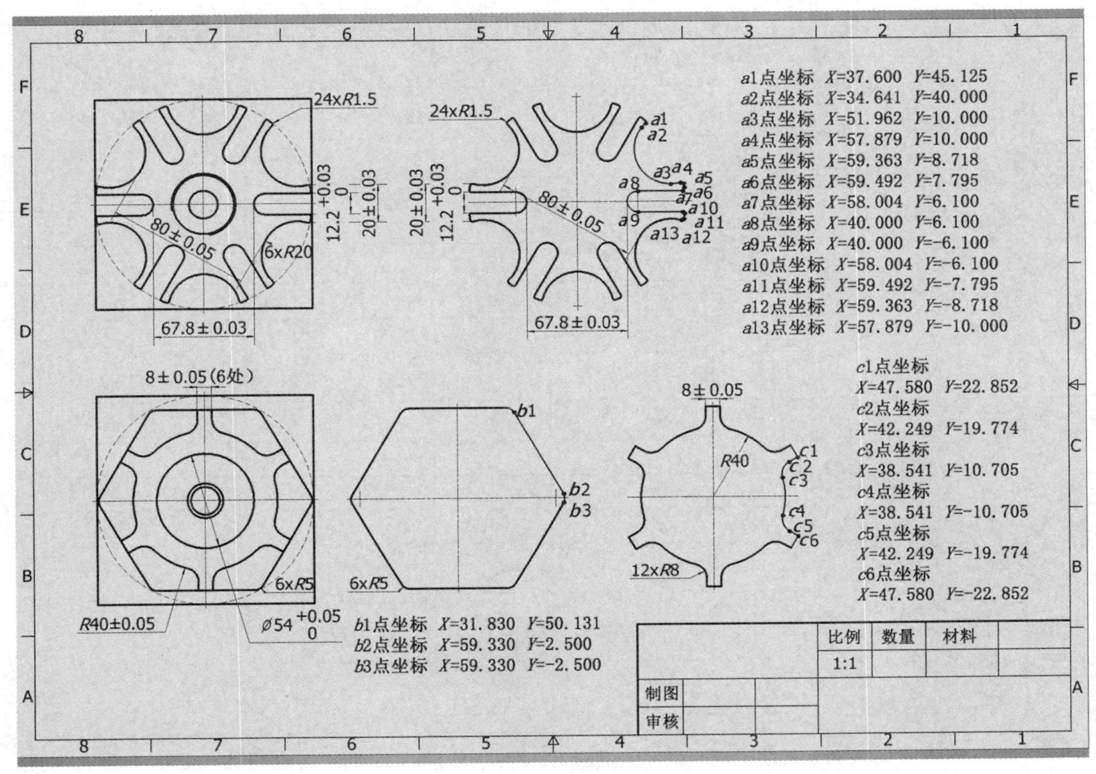

图 6-12　节点图样

3. 成品检验及评分

成品检验及评分表见表 6-15。

表 6-15　成品检验及评分表

姓名：		考号：		单位：		
图样名称			图号		总分	
序号	名称	检测内容	配分	检测结果	得分	评分人
1	槽系	$\phi 54_{0}^{+0.05}$ mm	2			
		$\phi 20 \pm 0.03$mm	2			
		8 ± 0.03mm	2			
		$R_a 3.2\mu m$	2			
2	螺纹	M36×1.5-7H	6			
		20_{0}^{+1}mm	2			
		$R_a 3.2\mu m$	2			
3	倒角	R_1mm	2			
		R_3mm	3			
		$2 \times R_a 12.5\mu m$	3			

续表

姓名：		考号：		单位：		
图样名称			图号		总分	
序号	名称	检测内容	配分	检测结果	得分	评分人
4	孔系	$\phi16_{0}^{+0.018}$mm	4			
		$\phi34.6_{0}^{+0.1}$mm	2			
		◎ 00.3 B	2			
		$R_a1.6$	3			
		30±0.03mm	2			
5	轮廓尺寸	▱ 0.05 （4处）	2			
		// 0.1 A	2			
		⊥ 0.1 A （2处）	4			
		$120_{-0.25}^{0}$mm(2处)	2			
		10±0.03mm	2			
		6±0.03mm	2			
		6×R20mm	3			
		20±0.03mm	3			
		$12.2_{0}^{+0.03}$mm	3			
		24×R1.5	3			
		8±0.03mm	3			
		ϕ80±0.05mm	3			
		12×R8mm	3			
		6×8±0.05mm	3			
		6×R5mm	3			
5	完整	无毛刺	4			
		有无损伤	6			
		不缺项	10			

二、相关知识

（一）零件加工工艺分析及操作要点

1. 工艺分析

通过对图样及技术要求进行工艺分析，可以确定工艺基准，分析加工难点，制定加工方案，完成工具、夹具及程序准备，并找出保证工件加工质量和加工精度的方法。

（1）确定工艺基准。通过图样分析，该零件的主要结构为E、F两面结构（见图6-11），四周为四方形，适合采用平口钳装夹。为保证二次装夹精度，在实际加工前，需对平口钳进行找正操作。此外，为满足E、F两面的平行度要求，必须保证平口钳两个导轨高度一致及垫铁厚度一致。E、F两面的主要加工特征相对独立，相关联处是$\phi16_{0}^{+0.018}$mm孔与$\phi34_{0}^{+0.1}$mm孔有同轴度的要求。因此，在加工F面时可以加工贯通$\phi16_{0}^{+0.018}$mm孔，并将该孔作为加工E面的找正中心。

（2）加工难点分析。从图样上分析，虽然该零件结构较简单，但仍应避免两次装夹产生接刀误差。此外，螺纹孔 M36×1.5−7H、拨叉槽$12.2_{0}^{+0.03}$及两处圆角相对不易加工。

（3）加工去除量分析。从图样上分析，该零件的加工特征相对集中，在ϕ120mm 以外的部位余量大，可以采用大直径刀具集中去除。ϕ50mm 机夹刀具不仅可以用于端面铣削，也可以进行侧刃铣削，适合ϕ120mm 外侧部位的大余量切削。且ϕ50mm 机夹刀具的材料为硬质合金，能承受较高的切削速度，采用ϕ50mm 机夹刀具可以有效地提高加工效率。

（4）刀具选择分析。图样中只给出了零件的几何特征、尺寸及基点坐标，为提高加工效率，应优先选用较大直径的刀具，其次使用小于拨轮槽宽度及内 *R* 圆角的刀具去除剩余材料。

（5）避免过切。加工 F 面（见图 6-11）封闭环槽时，内外壁直径对尺寸的要求均很高，需要另外使用刀具半径补偿的方法进行调整，才能达到图样要求。由于空间小，且内外均为圆弧，因此在进行刀具半径补偿时，非常容易过切，且易被忽视，是会产生质量问题的一个环节。

（6）排屑问题分析。螺纹底孔的深度为 30mm，为封闭结构，不利于加工过程排屑。解决螺纹底孔加工过程排屑是保证孔加工质量的前提。本任务螺纹加工采用手动攻丝的方式完成。

（7）节点坐标计算。节点图样仅提供了局部特征的节点坐标，没有给出进退刀点的坐标。要编制出完善的数控加工程序，不仅需要通过坐标旋转功能实现其他部位的加工，还需计算一定数量的辅助点坐标。

（8）特殊功能的掌握。圆角 *R*3mm 与 *R*1mm 的加工在没有成型刀具的情况下，需采用ϕ8mm 球头刀具进行多次加工才能完成，采用宏程序能较好地完成编程工作。

2. 操作要点

1）装夹状态

采用底面及固定钳口定位。在装夹前需对装夹位置进行检查，保证平面度及两装夹边平行度的要求，如果平行度和平面度不能满足工件装夹的要求，就必须增加一道工序修正装夹边。

2）加工顺序

（1）第一次装夹：加工 F 面上表面及四侧面，然后加工出六边形及相应的凹陷封闭环槽、$\phi 16_{0}^{+0.018}$mm 孔及环槽圆角 *R*3mm。

（2）第二次装夹：以加工过的工件底面和侧面作为定位基准及找正基准，加工 E 面上表面及四侧面，然后加工拨叉槽及中间部位内螺纹。找正基准为四边及$\phi 16_{0}^{+0.018}$mm。

（3）卸下工件，去毛刺。

3）加工方案

（1）上表面及侧边加工方案：采用上表面与周围四边在一次装夹中进行加工，保证各边的垂直度与平行度。由于侧面无法一次加工完成，因此在加工反面时，侧面需接刀加工。

（2）六边形面加工方案：六边形采用ϕ50mm 可转位面铣刀进行加工，提高加工效率。

（3）六边形凹陷可采用 16mm 机夹立铣刀加工，拐角 *R*8mm 由刀具形成。

（4）环形槽采用ϕ16mm 机夹立铣刀加工，由于ϕ16mm 机夹立铣刀不能垂直下刀，因此加工此处应采用螺旋下刀加工方式，在达到加工深度后，精铣侧边保证尺寸精度。环形槽处 *R*3mm 圆角采用ϕ8mm 球头铣刀进行加工，采用宏程序不断调整 *Z* 向坐标值及刀具偏置值来完成加工。

（5）$\phi16_{0}^{+0.018}$mm 孔采用ϕ8mm 球头铣刀进行中心定位，然后采用ϕ15.8mm 钻头钻孔，用ϕ12mm 铣刀纠偏，最后用ϕ16mm 铰刀铰孔，达到图样精度要求。

（6）拨叉面加工，以$\phi16_{0}^{+0.018}$mm 孔作为找正基准，确定工件坐标系。

（7）粗加工采用 50mm 可转位面铣刀粗加工ϕ120mm 圆，可去除大量的加工余量。

（8）$\phi12.2_{0}^{+0.03}$mm 槽采用ϕ12mm 涂层高速钢刀具进行加工，该槽对精度要求较高，应先在槽中间粗加工，然后精铣成形。

（9）外形倒圆 R1mm 采用 8mm 球头铣刀加工，加工方式同环形槽处 R3mm 圆角的加工。

（10）螺纹底孔采用ϕ16mm 机夹立铣刀加工，由于ϕ16mm 机夹立铣刀的侧刃精度不如整体刀具高，因此该孔粗加工后，采用ϕ12mm 涂层高速钢刀具精铣侧边。

（11）螺纹需采用螺纹铣刀进行加工，最好采用顺铣加工，即从底面向上走螺旋线加工。

3. 宏程序流程图举例（以侧面加工为例）

（1）铣削侧面程序 O6402 的流程图如图 6-13 所示。

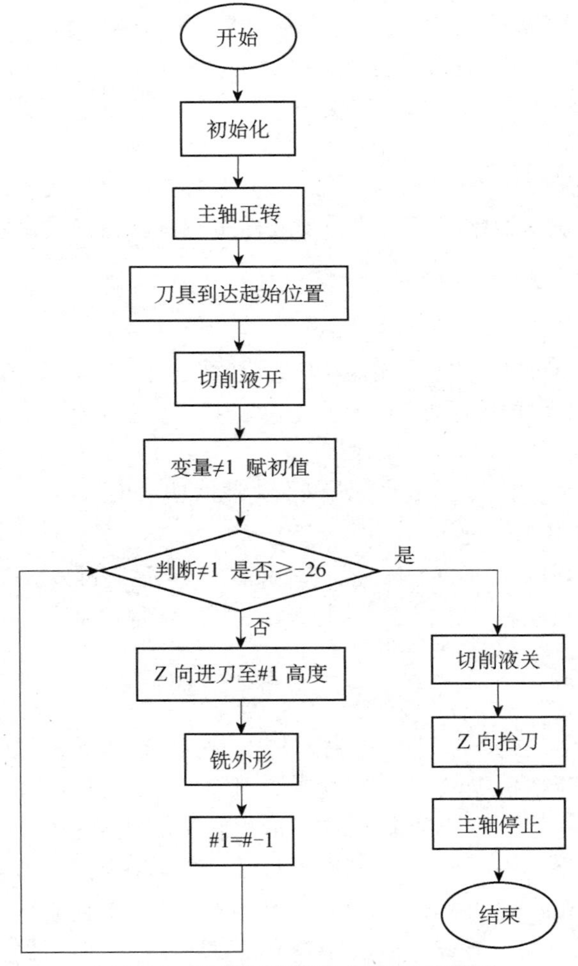

图 6-13　铣削侧面程序 O6402 流程图

（2）铣削上平面程序见表 6-16；铣削侧面程序见表 6-17。

表 6-16 铣削上平面程序

%O0001；		程序名
N5	G00 G90 G40 G49 G80；	初始化机床状态
N10	M03 S1100；	主轴转速为 1100r/min
N15	G00 G90 G54 G43 H01 Z150.；	给定刀具长度补偿 H01
N20	X-90.Y-40.；	指定下刀位置
N25	Z20.；	快速下刀
N30	M8；	切削液开
N35	G011 Z0 F1000；	进给至指定深度
N40	X60.F800；	
N45	Y0.；	
N50	X-60.；	
N55	Y40.；	
N60	X90.；	
N65	M9；	切削液关
N70	G00 Z150.；	Z 向退刀
N75	M30；	程序结束
	%	

表 6-17 铣削侧面程序

%06402；		程序名
N5	G00 G90 G40 G49 G80；	初始化机床状态
N10	M03 S1100；	主轴转速 1100r/min
N15	G00 G90 G54 G43 HO1 Z150.；	给定刀具长度补偿 H01
N20	X84.938 Y100.；	指定下刀位置
N25	Z20.；	快速下刀
N30	M8；	切削液开
N35	#1=-1；	变量#1 附值
N40	WHILE［#1 GE-25］D01；	循环，判断变量#1
N45	G01 Z#1 F800；	Z 向下刀
N50	Y-84.938；	
N55	X-84.938；	
N60	Y84.938；	
N65	X84.938；	
N70	#1=#-1；	每层向下进给 1mm
N75	ENDI；	循环体结束
N80	M09；	切削液关
N85	G00 Z150.；	Z 向退刀
N90	M30；	程序结束
	%	

（二）综合零件加工点评

1. 顺逆铣削方案分析

顺铣切削时，切屑厚度由厚到薄，开始时最大，刀具切入工件中没有挤压。顺铣刀齿切削距离短，切屑变形小。顺铣可以采用较高的主轴转速和较大的进给量，加工效率高。采用顺铣时，机床应具有间隙消除机构，以防止铣削中产生振动；工件表面无硬化层，工艺系统应有足够刚性。难加工材料采用顺铣，可以减小切削变形，降低切削力和功率消耗，还可以提高刀具寿命。逆铣切削时，切屑由薄变厚，刀具从已加工表面切入。刀具在切削过程中与工件有摩擦和挤压，进给平稳。逆铣可以获得较低的表面粗糙度，尺寸精度容易保证。采用逆铣时，工件表面有硬化层，工艺系统刚性不足。综合考虑，本任务工件加工选择顺铣会获得更好的效果。

2. 刀具材料的选择

刀具材料是决定刀具切削性能的根本因素，对加工效率、加工质量、加工成本及刀具寿命影响很大。性能优良的刀具材料，是保证刀具高效工作的基本条件。刀具切削部分在强烈摩擦、高压、高温下工作，应具备如下性能。

1）高硬度和高耐磨性

刀具材料的硬度必须高于被加工材料的硬度才能切下金属，这是刀具材料必备的基本性能要求，现有刀具材料硬度都在 60HRC 以上。刀具材料越硬，耐磨性越好，但由于切削条件较复杂，材料的耐磨性还取决于它的化学成分和金相组织的稳定性。

2）足够的强度与冲击韧性

强度是指抵抗切削力的作用而不致于切削刃崩碎与刀杆折断所应具备的性能，一般用抗弯强度来表示。冲击韧性是指刀具材料在间断切削或有冲击的工作条件下保证不崩刃的能力。一般地，硬度越高，冲击韧性越低，材料越脆。硬度和韧性是一对矛盾，也是刀具材料所应克服的一个关键问题。

3）高耐热性

耐热性又称红硬性，是衡量刀具材料性能的主要指标。它综合反映了刀具材料在高温下保持硬度、耐磨性、强度、抗氧化、抗黏结和抗扩散的能力。

4）良好的工艺性和经济性

为了便于制造，刀具材料应有良好的工艺性，如锻造、热处理及磨削加工性能。当然在制造和选用时应综合考虑经济性。当前超硬材料及涂层刀具材料的价格都较昂贵，但其使用寿命很长，在成批大量生产中，分摊到每个工件中的费用反而有所降低，因此在选用时一定要综合考虑。

常用的刀具材料有高速钢、硬质合金、金刚石、立方氮化硼等。

3. 加工方案分析

1）六面加工方案

在传统的加工方式中，六面一般采用面铣刀进行加工，其优点是加工效率高，但多次装夹会降低实际的加工效率，同时，对装夹找正技能要求较高。在数控加工中，采用顶面与四边在一次装夹中完成加工，因此装夹次数大大减少，虽然侧刃加工没有面加工效率高，但装夹时间减少可以很好地弥补效率问题。一次装夹完成多面加工，可使加工过程中的影响因素减少，有利于提高加工质量。

2）六角形面封闭环形槽加工方案

从图样分析，该环形槽的宽度为 17mm，能进行该槽加工的刀具只有两种：一种为 16mm 机夹刀具；另一种为 12mm 的整体高速钢刀具，但这两种刀具均不适合垂直下刀。要进行封闭槽形的加工，只有两种方案：一是进行预钻孔；二是采用螺旋下刀。采用预钻孔方案的优点是编程简单，缺点是多换一次刀具，同时由于钻头不能为平底，因此对垂直下刀有影响。采用螺旋下刀方案可以很好地实现下刀和铣槽任务，因此，选用螺旋下刀作为封闭环形槽的加工方案。

3）螺纹 M36×1.5-7H 加工方案

螺纹加工在铣加工中有两种方法：一是攻螺纹；二是铣螺纹。铣螺纹通常用于较大尺寸螺纹的加工。在铣螺纹中，一般常用梳刀进行加工。铣刀的加工效率较单刃刀具高很多，整个加工过程仅需进行一个螺距的运动，而采用单刃刀具进行加工，需要多个螺距的运动才能实现。在铣螺纹过程中，优选的铣削方式为顺铣。因此，采用单刃刀具加工右旋螺纹时，应从螺纹底部向上走多个螺距来完成加工。

（三）数控技能大赛技巧

为实施“国家高技能人才培训培养工程”和技能型紧缺人才的培训方案，近几年来，全国各地举办的各类数控技能赛事不断，通过比赛发现和造就了一大批优秀技能型人才，许多选手在赛场上得到了锻炼，更多的数控机床操作人员也希望通过比赛展示自己的才华，提高数控机床操作技能。为了能让选手在比赛中获得理想成绩，下面就数控技能大赛应试技巧进行探讨。

1. 心理准备

赛场如同战场，数控技能比赛是以“能力为主线，以应用为目的”的赛事。数控技能比赛是在特定的环境下，检验选手理论知识、软件应用与实际操作能力和水平的一项综合赛事。参赛选手要以紧张有序、忙而不乱的工作作风应对比赛的各个环节。比赛中心态要平和，从容应试，把平时通过各种途径学到的新知识、新工艺和掌握的数控机床操作技能及传统加工经验，最终形成具有个人特点的、较完善的数控机床加工规程，通过比赛充分展示出来。参赛也是一次学习机会，要从理论试题的应答和实操试件的加工两方面培养和锻炼自己。要学习别人的长处，弥补自己的不足，真正做到为我所用，通过比赛，提高个人数控机床操作技能和应用水平。实践证明，凡是心理准备充分的，考试成绩都比较理想，很多选手在比赛中展示了自己的才能，获得了荣誉，得到了社会的认可。

2. 技术准备

（1）当代数控机床集中了机、电、气、液、仪等综合技术，参赛选手要对数控技术有深入的了解。

（2）要了解当今数控机床发展趋势、应用技术和操作技能等的最新动态。

（3）要了解数控加工中高速、高效、高精度、复合及特殊加工的一般做法。

（4）对数控机床基础知识、赛件图样、基点计算、加工材料及热处理、刀具选用、切削参数合理选择及刀具刃磨技术有较深刻的理解。

（5）在手动夹具中，能熟练对工件进行定位、找正、夹紧操作，了解气动、液动等自动夹具的夹紧原理和使用方法。

（6）了解数控机床的结构、动作原理，能熟练操作数控机床，能编制具有个性化的加工程序，能正确使用数控系统功能，具备一定的故障诊断能力，并能排除一般机械故障。

技术准备中最关键的是，综合运用数控技术的基础知识应对理论知识测试；在实操比赛中，熟练操作数控机床，掌握工件快速定位、找正和装夹的方法，合理地选择刀具，优选切削参数，灵活运用数控系统功能，实现快速高效加工。

3. 工艺准备

在数控技能大赛中，实操比赛占有举足轻重的地位。实操比赛能全面、集中地展示选手的工艺知识、编程能力、操作技能水平，最终决定选手的排名顺序。对实操比赛的总体要求是：以最合理的工艺方案、最佳的刀具路径、在最短的时间完成试件加工。

（1）最合理的工艺方案：指采用最短的走刀路线，实现最快捷的去除方式、最有效的精度保证和最方便的工件自检方法，在规定时间内，完成试件加工的工艺方案。

（2）最佳的刀具路径：是指在保证加工精度和表面粗糙度的前提下，快速确立数值计算最简单、走刀路线最短、空行程少、编程量小、程序短、简单易行的刀具路径。

（3）最短的时间：是指通过熟练的操作和快捷的编程，选好试件切入点，合理使用刀具，优选切削用量，确保关键得分点，把握加工节奏，粗精加工分开，力争在规定时间内完成加工项目，同时确保试件的完整性，注意执行经济加工精度。

工艺准备的核心是在实操比赛中，准备多种工艺方案，优选合理的加工路线，把握得分点，这样才能获得高分。

4. 编程准备

数控加工是指按照编制的程序实现工件加工，编程水平决定着工件的加工效率和精度。程序的形式多种多样，为了适应不同工件的加工需要，加工程序有以下几种类型。

（1）孔类加工程序，以模块化结构为主，如把孔的坐标位置编制成子程序，由主程序确定加工方式，调用子程序执行加工。这种程序简洁、逻辑性强、编程效率高，还可以用框图表示程序结构和内容，较为直观。

（2）平面和腔槽类加工程序，以单一程序为主，粗精加工可用宏指令来划分。循环加工中的背吃刀量、重复次数、精加工余量，都利用宏程序功能实现。宏程序功能是数控系统一个非常实用的功能，用好宏程序功能能够极大地方便加工程序的编写，提高编程效率。这样程序虽然长，但清晰流畅，具有连续、开放等特点。

（3）型腔加工程序。对于型腔加工，由于加工件形状复杂，而且是三维型面，因此其程序的编制大部分采用自动编程，程序内容长，刀具运行轨迹复杂，加工时间长，刀具一般为球头刀或异型刀具，程序应以源程序为主，利用机床的 DNC 功能，直接运行比较可靠。

5. 实操考试的技巧

准确、熟练、快速的操作手法，是对参赛选手的基本要求。然而实操比赛的环境和平日训练与生产环境有很大区别，再加上选手对设备和场地不熟悉、心理有压力、多位参赛选手同时操作，因此常出现选手容易紧张、操作手法可能变形、容易产生平时不出现的错误等情况，能否准确、熟练、快速地完成加工操作是对选手的考验。实操比赛分为三个阶段，即加工准备阶段、加工阶段、加工精度验证阶段。

1. 加工准备阶段

（1）在读懂图样的基础上，应先看清试件的配合精度要求和检测方法，确定基本加工工艺方案，对完成加工需要时间有一个大致估算，然后确定加工顺序，看清评分表中的分数分配，明确得分目标。

（2）快速定位、找正及夹紧工件，根据图样中相关精度的要求，注意执行经济加工精度，即找正精度能满足图样精度的2/3即可。例如，若图样中规定两个加工面平行度公差为0.05mm，则找正精度在0.03mm以内即可。比赛中不建议过于侧重加工精度满足要求即可，目的是为了节省时间，集中时间和精力确保主要得分部位的加工能按时完成。

（3）快捷编程。实操比赛中准确无误地编程至关重要，首先应确定加工顺序，然后确定每把刀具的起、终点，在平面和轮廓加工中根据刀具的直径确定走刀次数。如含有曲面，可在基点上对圆弧半径等进行适当标注，这样可以加快轮廓的编程速度。孔类加工时根据刀具配备情况，决定是采用逐级扩孔方式，还是采用铣刀插补方式，这些都需要现场决定。编程时要特别注意利用数控机床功能，如旋转、极坐标、镜像、缩放等，以减少编程工作量。程序验证一般采用图形显示和浅铣外形方式进行。加工中应能熟练进行背景编程操作，实现加工和编程同步进行，为比赛赢得时间。

2. 加工阶段

实操考试的核心是在规定时间内完成工件加工，这和生产中的工件加工有很大区别，生产中追求质量和效率，比赛的目的是得高分。比赛中操作要快捷和准确，要减少失误。加工过程分为去除加工、精加工两个阶段。实施高效加工的关键是，选手要有敏锐的思维、熟练快捷的操作手法和比赛初期较快的适应能力。新一代数控机床通过高速化已大幅度地缩短了切削时间，进一步提高了生产效率，因此选手在赛场上应根据机床的特点把握以下原则。

（1）去除加工即粗加工，应根据现场提供的机床、刀具、工件、夹具等条件，依据浅铣外形轮廓原则编制粗加工近似程序。选择较大切削用量进行粗加工，根据刀具在加工中的状态，适时调整进给倍率，由低到高最终确定最佳切削参数。去除加工走刀路线一般选择高效走刀路线，即最短走刀路线。往复走刀方式加工效率高、程序编制简单，适合在比赛中采用。

（2）精加工主要是指尺寸和位置精加工，首先要保证刀具在精加工时处于最佳状态。然后选择较高的转速和较小的进给量，采用精度最高的走刀路线。加工中要注意排除刀具干涉和过切等错误，要防止工件和刀具弹性变形产生的误差。尺寸精度的保证一般采用逼近法。位置精度的保证通过在精加工前适时测量并进行有效补偿实现。

平面加工：主要是保证平面精度和接刀精度，根据现场实际情况选择顺逆铣。顺铣可以采用较高主轴转速和进给量，加工效率高。逆铣可以获得较低的表面粗糙度，尺寸精度容易保证。平面精加工留量：底面0.1mm，侧面0.05～0.08mm。如果加工材料是铸铁或有色金属，精加工应采用逆铣方式进行。

孔类加工：孔精度主要体现在尺寸精度、位置精度和表面粗糙度，其中尺寸精度和表面粗糙度与刀具和切削参数有关。如镗孔时，G86和G85两个指令指定的进给速度快慢、孔径壁厚薄、有无冷却，都会影响加工后的孔径尺寸。

腔槽加工：实操比赛题目中都含有腔槽部位，特别是在台阶面上铣不规则腔槽时，对其精度的保证会有一定困难。台阶面上铣不完整腔槽，铣刀单面切削时，容易产生误差和加工缺陷，这时要用刚性相对好的刀具，采用分级铣削方式精铣至尺寸，或先铣腔槽后铣台阶面。铣腔槽时，一般编制两条曲线程序：一条曲线程序保证尺寸精度；另一条曲线程序保证槽宽。为了避免在拐角处出现台阶，则在拐角处采用钻铣加工来确保拐角处不出现欠切现象。铣削过程中要避免进给停顿，否则在轮廓表面会留下刀痕，若在被加工表面范围内垂直进刀和退刀也会划伤工件表面，加工中应避免上述缺陷出现。

轮廓加工：实操比赛题目中都有轮廓加工，轮廓加工包括两种类型，即外轮廓加工（含薄壁加工）和内轮廓型腔加工。轮廓加工用逼近法精铣外轮廓，为了保证外轮廓精度，在薄壁未完全成形的状态下，应适当增加加工表面刚性，即增加未加工表面的加工余量，并配合必要的工件自检和补偿，完成外轮廓即配合面加工。内型腔加工要坚持先粗后精原则，为了克服加工过程中的让刀现象，应减少背吃刀量，应尽可能采用较高转速和单向铣削方式，确保精加工顺利完成。

特种型面加工：实操比赛题目中都含有宏程序考点，数控车的试件为内外椭圆圆弧，数控铣和加工中心的试件为过渡圆角和球形面，这些部位的加工都需要借助宏指令才能完成。加工圆角和球形面，实际上是一种两轴半控制，只要对宏指令功能有较深入的了解，并在加工轮廓程序中增加宏指令程序段，就可以完成三维型面的加工。此外，为了确保加工精度，在精加工阶段应采用较高的转速和较小的步长来实现特种型面的加工。

配合件精度保证：实操比赛中，试件一般有配合精度要求，选择配合试件加工顺序的做法是，加工量少、重量轻的先加工。其一个优点是容易保证试件加工的完整性，另一个优点是自检中，试件重量轻的测量方便。在有销孔和腔槽结构的试件中，一般做法是先进行销孔预加工，接着进行腔槽粗精加工，最后进行销孔精加工。由于比赛中粗加工切削参数一般选得较大，因此在加工过程中试件可能有微量位移。为了避免在孔和腔槽的加工中出现位置误差，应采用上述加工顺序。配合尺寸确定的原则是，配合面外形尽量靠近下偏差，配合面内腔尽可能靠近上偏差，以保证配合精度和相关试件尺寸精度。

3. 加工精度验证阶段

比赛中在机床上进行试件自检，判断其是否符合图样要求是必不可少的工作，也是必须掌握的技能。加工精度包括尺寸精度和位置精度。要求选手进行精度自检的项目有基点位置、孔位置精度、腔槽尺寸精度及刀具直径调整等。加工精度验证的目的是让选手能够熟练运用数控系统中的各种显示功能和设定功能对加工件实施有效的自检，力争试件达到图样要求，争取实操考试中获得高分。

三、制订任务计划

本次生产任务工期为 7 天，试根据任务要求，制订合理的工作进度计划，根据各小组成员的特点分配工作任务。三坐标测量样件加工任务分配表见表 6-18。

表 6-18　三坐标测量样件加工任务分配表

序号	工作内容	时间分配	成员	责任人
1	工艺分析			
2	编制程序			
3	铣削加工			
4	产品质量检验与分析			

四、任务实施方案

（1）分析零件图样，确定加工综合零件的定位基准。

（2）从生产角度考虑如何提升零件的加工效率？

（3）以小组为单位，结合所学数控铣床加工工艺知识，制定三坐标测量样件加工工艺卡（见表6-19）。

表 6-19　三坐标测量样件加工工艺卡

序号	加工方式	加工部位	刀具名称	刀具直径	刀角半径	刀具长度	刀刃长度	主轴转速/（r/min）	进给速度/（mm/min）	切削深度/mm	加工余量/mm	程序名称

（4）根据三坐标测量样件加工内容，完成三坐标测量样件加工的工艺过程卡（见表6-20）。

表 6-20　三坐标测量样件加工的工艺过程卡

工序号	名称	尺寸	工艺要求	检验	备注
1					
2					
3					
4					
5					
6					

五、实施编程与加工

（1）根据零件图样绘制曲线图并进行标注。

（2）结合“相关知识”，分析三坐标测量样件用到的指令，并写出指令的格式。

（3）根据零件加工步骤及编程分析，小组合作完成三坐标测量样件的数控铣床加工程序（见表6-21）。

表 6-21　三坐标测量样件加工程序单

加工程序	说明
O2001；	程序名，以字母“O”开头
N10 G90 G54 G0 X0 Y0 Z100；	程序段号N10，以G54为工件坐标原点，绝对编程方式（G90），刀具快速定位（G00）到工件坐标原点（X0，Y0，Z100）

续表

加工程序	说明
N20 M03 S1000；	主轴（Z 轴）转数 1000r/min（S1000），且正转（M03）
N150 G0 Z10；	刀具快速定位至 Z100
N160 M05 M30；	主轴停止转动（M05），程序结束（M30）

（4）通过仿真软件验证零件的铣削程序，校正程序中不合理之处。

（5）在自动模式下完成工件的加工。

六、检查与评价

1. 学生自检

学生完成零件自检，填写“考核评分表”（见表 6-22），并同刀具卡、工序卡和程序单一起上交。

2. 成绩评定

教师协同组长，对零件进行检测，对刀具卡、工序卡和程序单进行批改，对学生整个任务的实施过程进行分析，并填写“考核评分表”（见表 6-22）对每个学生进行成绩评定。

表 6-22 考核评分表

<table>
<tr><td colspan="2">零件名称</td><td colspan="2"></td><td>零件图号</td><td></td><td>操作人员</td><td></td><td colspan="2">完成工时</td></tr>
<tr><td>序号</td><td colspan="3">鉴定项目及标准</td><td>配分</td><td>评分标准（扣完为止）</td><td>自检</td><td>检查结果</td><td colspan="2">得分</td></tr>
<tr><td>1</td><td rowspan="10">任务实施
45 分</td><td colspan="2">填写刀具卡</td><td>5</td><td>刀具选用不合理扣 5 分</td><td></td><td></td><td colspan="2"></td></tr>
<tr><td>2</td><td colspan="2">填写加工工序卡</td><td>5</td><td>工序编排不合理每处扣 1 分，工序卡填写不正确每处扣 1 分</td><td></td><td></td><td colspan="2"></td></tr>
<tr><td>3</td><td colspan="2">填写加工程序单</td><td>10</td><td>程序编制不正确每处扣 1 分</td><td></td><td></td><td colspan="2"></td></tr>
<tr><td>4</td><td colspan="2">工件安装</td><td>3</td><td>装夹方法不正确扣 3 分</td><td></td><td></td><td colspan="2"></td></tr>
<tr><td>5</td><td colspan="2">刀具安装</td><td>3</td><td>刀具安装不正确扣 3 分</td><td></td><td></td><td colspan="2"></td></tr>
<tr><td>6</td><td colspan="2">程序录入</td><td>3</td><td>程序输入不正确每处扣 1 分</td><td></td><td></td><td colspan="2"></td></tr>
<tr><td>7</td><td colspan="2">对刀操作</td><td>3</td><td>对刀不正确每次扣 1 分</td><td></td><td></td><td colspan="2"></td></tr>
<tr><td>8</td><td colspan="2">零件加工过程</td><td>3</td><td>加工不连续，每终止一次扣 1 分</td><td></td><td></td><td colspan="2"></td></tr>
<tr><td>9</td><td colspan="2">完成工时</td><td>4</td><td>每超时 5min 扣 1 分</td><td></td><td></td><td colspan="2"></td></tr>
<tr><td>10</td><td colspan="2">安全文明</td><td>6</td><td>撞刀、未清理机床和保养设备扣 6 分</td><td></td><td></td><td colspan="2"></td></tr>
<tr><td>11</td><td rowspan="3">工件质量
45 分</td><td rowspan="2">外径尺寸</td><td>尺寸</td><td>10</td><td>尺寸每超 0.1mm 扣 2 分</td><td></td><td></td><td colspan="2"></td></tr>
<tr><td>12</td><td>粗糙度</td><td>5</td><td>每降一级扣 2 分</td><td></td><td></td><td colspan="2"></td></tr>
<tr><td>13</td><td>内孔尺寸</td><td>尺寸</td><td>10</td><td>尺寸每超 0.1mm 扣 2 分</td><td></td><td></td><td colspan="2"></td></tr>
</table>

续表

零件名称			零件图号		操作人员		完成工时	
序号	鉴定项目及标准			配分	评分标准（扣完为止）	自检	检查结果	得分
14	工件质量 45 分		粗糙度	5	每降一级扣 2 分			
15		位置精度	尺寸	10	尺寸每超 0.1mm 扣 2 分			
			粗糙度	5	每降一级扣 2 分			
16	误差分析 10 分	零件自检		4	自检有误差每处扣 1 分，未自检扣 4 分			
17								
18		填写工件误差分析		6	误差分析不到位扣 1～4 分，未进行误差分析扣 6 分			
合计				100				
误差分析（学生填）								
考核结果（教师填）								
检验员			记分员		时间		年　月　日	

七、探究与拓展

利用数控铣床加工如图 6-14 所示的密封盖零件，毛坯为铝合金方料，粗加工每次切削深度为 1.5mm，进给量为 120mm/min，精加工余量为 0.5mm，各尺寸的加工精度为±20μm，额定工时为 1.5h。

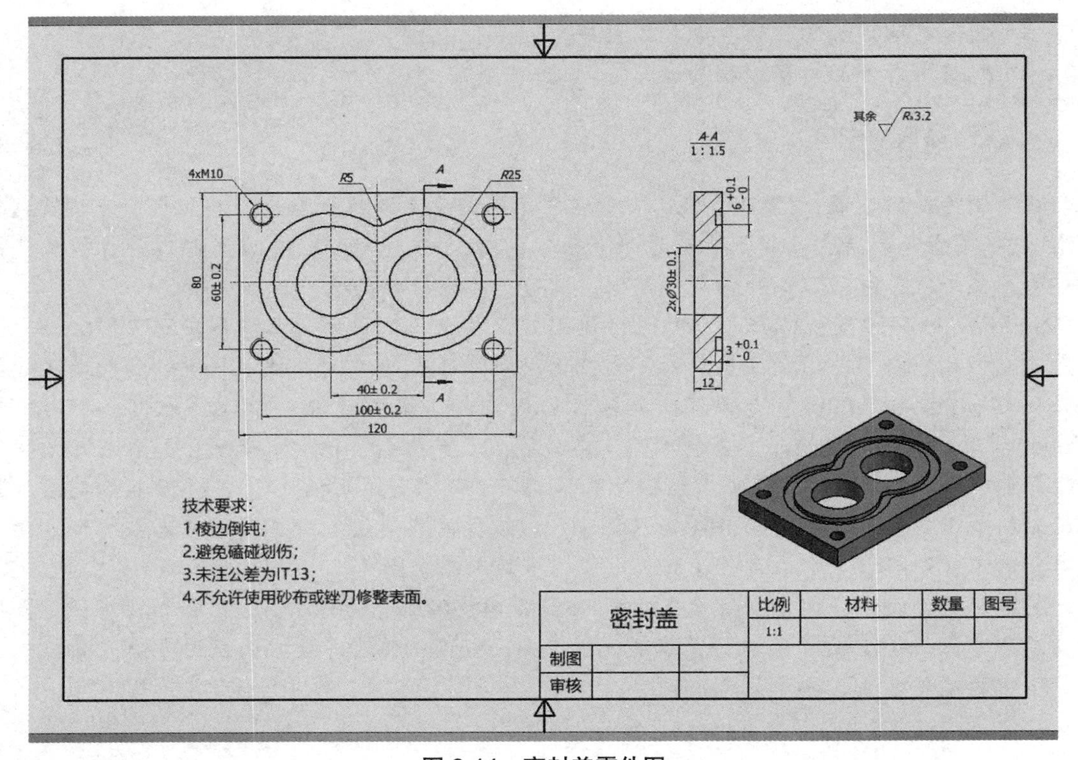

图 6-14　密封盖零件图

项目七　零件的自动编程加工

项目知识目标

（1）了解 SolidWorks2019 的界面和特点。
（2）了解特征的概念和特征在三维建模中的应用。
（3）掌握 PowrMill2019 自动编程的基本知识。
（4）掌握机床的设置与后置处理。

项目技能目标

（1）能用建模软件绘制基本三维图形。
（2）会制定加工方案。
（3）能熟悉运用加工软件生成加工程序。
（4）能进行零件的自动编程加工。

项目案例导入

随着制造业的发展，CAD/CAM 技术在装备制造业得到越来越广泛的应用，掌握 CAD/CAM 技术已成为制造企业聘用员工时的重点考查内容之一。CAD/CAM 是指以计算机软件技术作为主要手段，帮助人们处理各种信息，进行产品设计与制造。

SolidWorks2019 是一款三维机械设计制图软件，在三维设计行业得到广泛应用。该软件有着功能强大、易学易用和技术创新三大特点，同时可通过 CAM 技术将设计和制造无缝集成到一起。PowerMill2019 是一款功能强大的数控加工编程软件。该软件采用全新的中文 Windows 用户界面，提供了完善的加工策略，能快速产生粗、精加工路径，并且任何方案的修改和重新计算几乎在瞬间完成，缩短了 85%的刀具路径计算时间，可对 2～5 轴的数控加工包括刀柄、刀夹进行完整的干涉检查与排除。该软件具有集成的加工实体仿真系统，方便了用户在加工前了解整个加工过程及加工结果，节省加工时间。

通过本项目的学习，可以使学生掌握 SolidWorks2019 建模的方法、步骤和技巧；对数控自动编程建立一个全面的认识，并掌握使用 PowerMill2019 进行数控编程的方法；掌握三轴刀具路径的编制方法。

任务一　烟灰缸的绘制

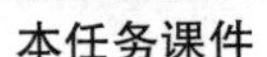
本任务课件

烟灰缸绘制

【任务知识目标】

（1）了解 SolidWorks 2019 的界面和特点。

（2）掌握绘图的基础知识。

（3）了解特征在三维建模中的应用。

【任务技能目标】

能运用 SolidWorks 2019 软件绘制模型。

一、工作任务

某工业设计公司需要设计一款新型烟灰缸，工期为 1 天，生产管理部门为此下达了零件设计任务，安排数控加工专业组来完成此任务，任务完成后，提交模型文件及零件图。

二、相关知识

（一）SolidWorks 软件介绍

SolidWorks 是一个在 Windows 环境下进行机械设计的软件，是一个以功能设计为主的 CAD/CAE/CAM 软件，操作界面完全采用具有人性化的 Windows 风格，从而具备使用简单、操作方便的特点。

SolidWorks 2019（启动界面如图 7-1 所示）是一个基于特征、参数化的实体造型软件，具有强大的实体建模功能，同时也提供了二次开发的环境和开放的数据结构。这里将介绍 SolidWorks 的环境和简单的造型过程，让读者快速了解这个软件的功能和特点。

图 7-1　SolidWorks 2019 启动界面

1. 启动 SolidWorks 和界面简介

安装 SolidWorks 后，在 Windows 操作环境下，选择“开始”→“程序”→“SolidWorks

2019”命令，或者在桌面双击 SolidWorks 2019 的快捷方式图标，就可以启动 SolidWorks 2019；也可以直接双击已保存的 SolidWorks 文件，启动 SolidWorks 2019。

图 7-2 是 SolidWorks 2019 启动后的界面。

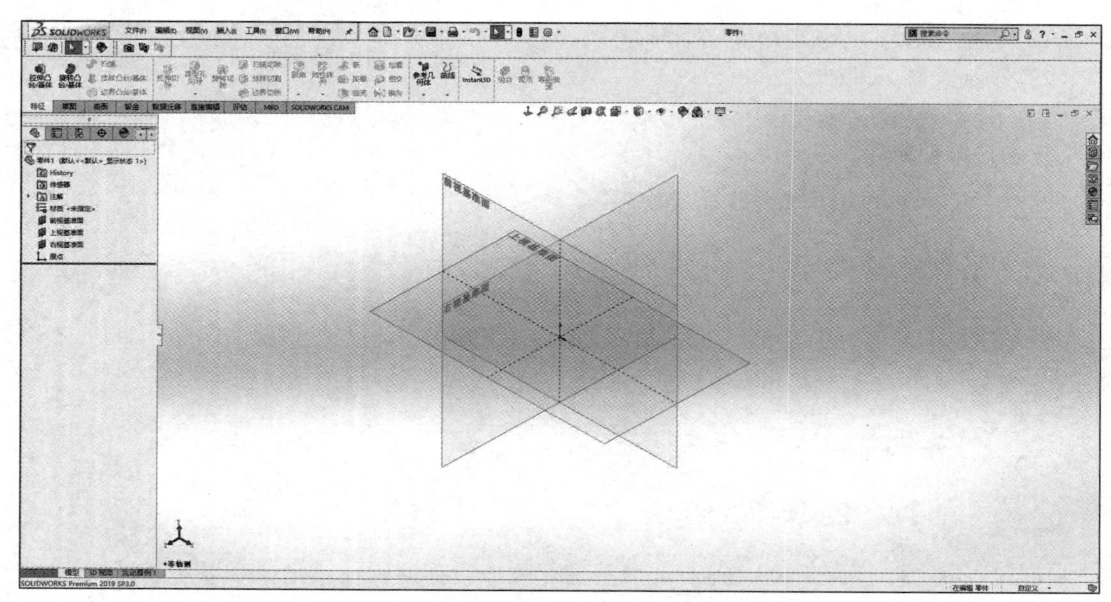

图 7-2　SolidWorks 2019 启动后的界面

图 7-2 所示窗口包括多个菜单和标准工具栏，选择菜单“文件”→“新建”命令，或单击工具栏中的图标，打开新建文件对话框，如图 7-3 所示。

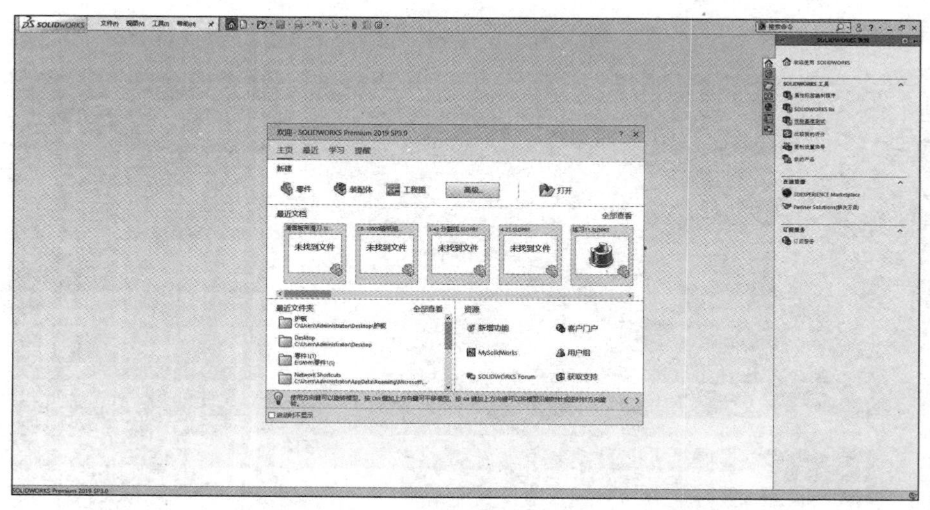

图 7-3　新建文件对话框

该对话框提供零件、装配体和工程图三种文件类型，读者可以根据自己的需要选择一种文件类型进行操作。

选择“零件”后系统进入 SolidWorks 2019 用户主界面，如图 7-4 所示。该界面由菜单栏、快速访问工具栏、功能区、视图前导工具栏、绘图区、任务窗格、设计树、状态栏等组成。

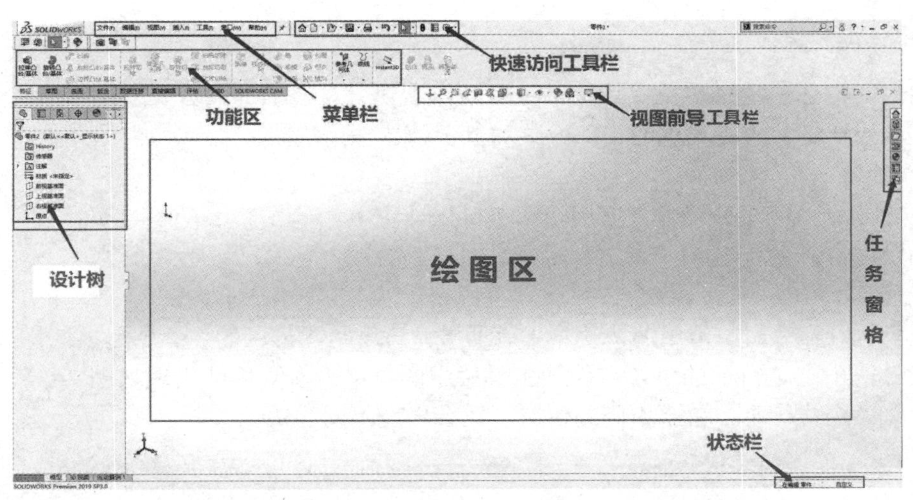

图 7-4　SolidWorks 2019 用户主界面

菜单栏：包括文件、编辑、视图、插入、工具、窗口和帮助菜单，SolidWorks 的所有操作在这里都可以找到，每个菜单项的下拉子菜单都可以自定义。

快速访问工具栏（简称“工具栏”）：包括所有常用工具，如新建、打开、保存和打印等。

功能区：SolidWorks 命令的操作基本都在这里，相比菜单栏更加直观，由功能区选项卡划分。

视图前导工具栏：视图的缩放、定向、样式、外观等都可在这里操作，也可以关闭视图前导窗口。

绘图区：绘制模型的区域。

任务窗格：包括 ToolBox、类似 Windows 的文件管理器、工程图等。

设计树：主要展示了零件的建模步骤等。

状态栏：当前的操作状态，比如光标的位置等。

模型建立后，选择“文件”→“保存”命令，或单击工具栏中的图标，打开“另存为”对话框，如图 7-5 所示。这时，读者就可以选择相应的文件类型对文件进行保存。如果想把文件换成其他类型，只需选择“文件”→“另存为”命令，即可在出现的“另存为”对话框中选择新的文件类型进行保存。

图 7-5　“另存为”对话框

2. 快捷键和快捷菜单

使用快捷键和快捷菜单及鼠标按键是提高作图速度及准确率的重要方式，这里主要介绍 SolidWorks 快捷键、快捷菜单的使用方法和鼠标的特殊用法。

1）快捷键

SolidWorks 2019 的快捷键及其用法和 Windows 基本上一样，用 Ctrl+字母，就可以进行快捷操作。如数字 1～7 分别对应前视、后视、左视、右视、上视、下视、轴测等。

2）快捷菜单

在没有执行命令时，常用的快捷菜单有四种：一个是图形区的，一个是零件特征表面的，一个是设计树中某个特征的，还有就是工具栏中的，单击右键后就出现如图 7-6 所示的快捷菜单。在有命令执行时，单击不同的位置，也会出现不同的快捷菜单。

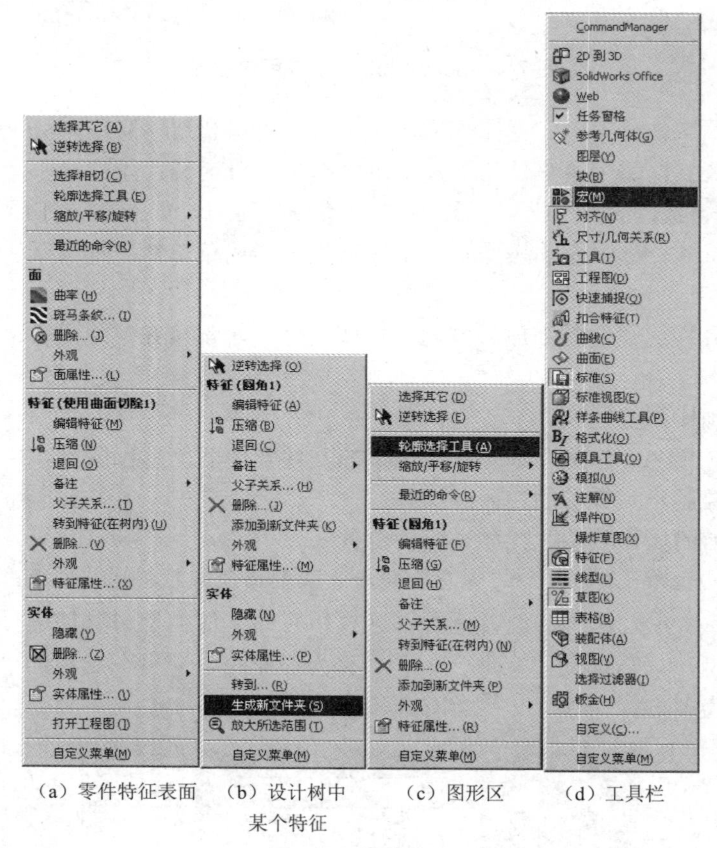

（a）零件特征表面　（b）设计树中某个特征　（c）图形区　（d）工具栏

图 7-6　快捷菜单

3）鼠标按键功能

左键：可以选择功能选项或者操作对象。

右键：显示快捷菜单。

中键：只能在图形区使用，一般用于旋转、平移和缩放。在零件图和装配体环境下，按住鼠标中键不放，移动鼠标就可以实现旋转；在零件图和装配体环境下，先按住 Ctrl 键，然后按住鼠标中键不放，移动鼠标就可以实现平移；在工程图环境下，按住鼠标中键，移动鼠标就可以实现平移；先按住 Shift 键，然后按住鼠标中键，移动鼠标就可以实现缩放，如果是带滚轮的鼠标，直接转动滚轮就可以实现缩放。

3. 模块简介

SolidWorks 软件包含零件建模、装配体、工程图等基本模块，因为 SolidWorks 软件是一套基于特征的、参数化的三维设计软件，符合工程设计思维，并可以与 CAMWorks 及 DesignWork 等模块构成一套设计与制造结合的 CAD/CAM/CAE 系统，可以提高设计精度和设计效率。在 SolidWorks 中可以用插件形式的其他专业模块，如工业设计、模具设计、管路设计等。

其中，特征是指可以用参数驱动的实体模型，是一个实体或者零件的具体构成之一，对应一形状，具有工程上的意义。因此这里的基于特征就是零件模型是由各种特征生成的，零件的设计其实就是各种特征的叠加。参数化是指对零件上的各种特征分别进行各种约束，对其各个特征的形状和尺寸大小用变量参数来表示，变量可以是常数，也可以是代数式。若一个特征的变量参数发生变化，则这个零件的这一个特征的几何形状或者尺寸大小也将发生变化，与这个参数有关的内容都自动改变，用户不需要自己修改。

下面介绍零件建模、装配体、工程图等基本模块的特点。

（1）零件建模。SolidWorks 提供了基于特征的、参数化的实体建模功能，可以通过特征工具进行拉伸、旋转、抽壳、阵列、拉伸切除、扫描、扫描切除、放样等操作完成零件的建模。建模后的零件，可以生成零件的工程图，还可以插入装配体中形成装配关系，并且生成数控代码，直接进行零件加工。

（2）装配体。在 SolidWorks 中自上而下生成新零件时，要参考其他零件并保持这种参数关系，在装配环境下可以方便地设计和修改零部件。在自下而上的设计中，可利用已有的三维零件模型，将两个或者多个零件按照一定的约束关系进行组装形成产品的虚拟装配，还可以进行运动分析、干涉检查等形成产品的真实效果图。

（3）工程图。利用零件及其装配实体模型，可以自动生成零件及装配的工程图，只需指定模型的投影方向或者剖切位置等，就可以得到需要的图形，且工程图是全相关的，当修改图纸的尺寸时，零件模型的各个视图、装配体都会自动更新。

（二）烟灰缸的绘制

下面通过烟灰缸的绘制实例讲解一些特征命令的基本应用，包括拉伸、圆角、拉伸切除、镜像等。

步骤 1：新建零件项目。

启动 SolidWorks 2019，在打开的如图 7-7 所示的新建文件对话框中选择“零件”。

步骤 2：草图绘制。

进入用户界面后，首先进行草图绘制模式选择。绘制草图时，首先要设置基准面，SolidWorks 有三个默认基准面。

在界面左侧的设计树中，鼠标右键单击“上视基准面”（见图 7-8），系统弹出快捷菜单，选择“草图绘制”命令，系统会以上视基准面为草绘平面自动进入草图绘制界面（见图 7-9）。

图 7-7　新建零件界面

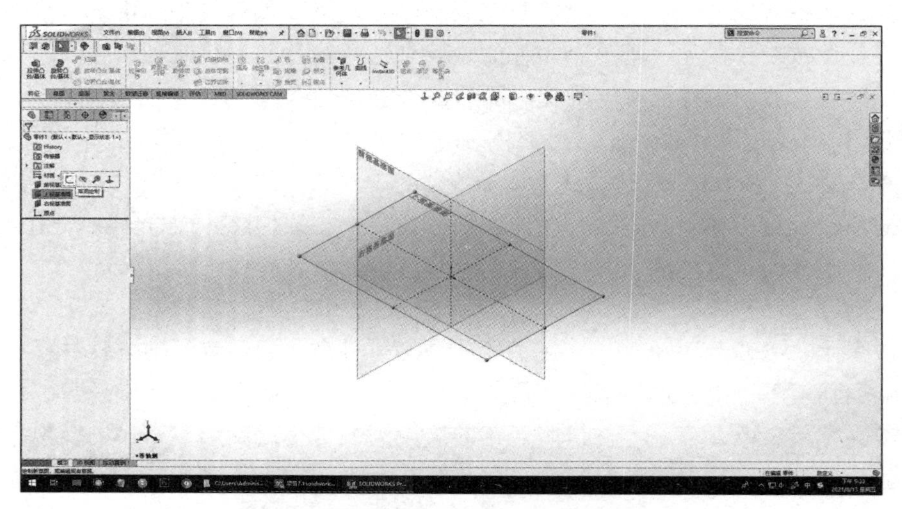

图 7-8　鼠标右键单击“上视基准面”

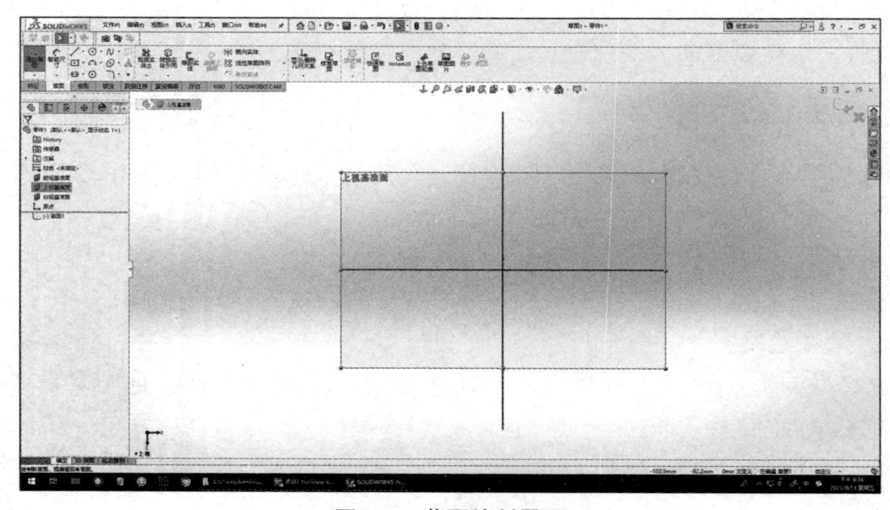

图 7-9　草图绘制界面

在草图绘制界面上方功能区中，单击“多边形”图标，单击坐标系原点确认多边形中心，在合适位置处单击鼠标左键确认多边形，创建边数为 8 的多边形，如图 7-10 所示。

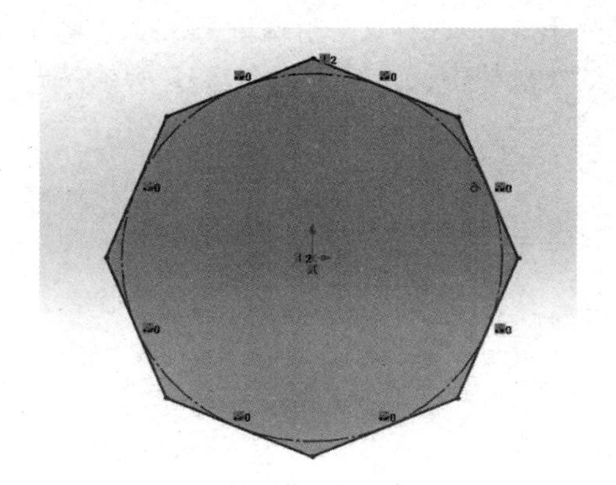

图 7-10　绘制 8 边形

单击“智能尺寸”图标，选择草图中内接圆，向右移动鼠标到合适位置并单击鼠标左键确认尺寸放置位置，在系统弹出的“修改”对话框中（见图 7-11）输入数值“80”，单击“✔”按钮或按回车键。

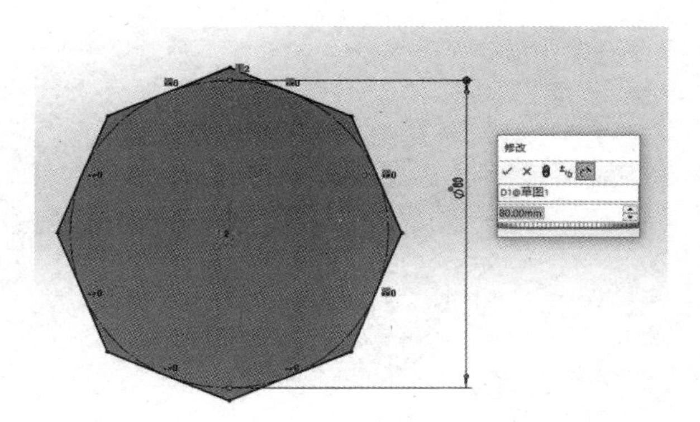

图 7-11　修改尺寸

最后，选择上顶点并按住 Shift 键，在选择中心点约束竖直（见图 7-12），完成草图绘制。

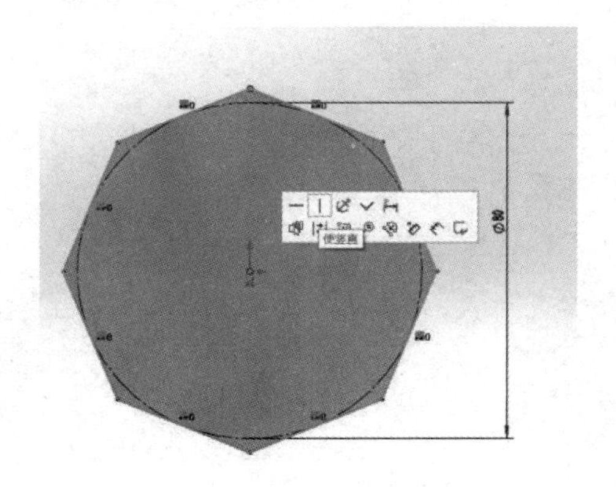

图 7-12　约束竖直

步骤 3：创建特征。

在草图绘制界面上方的功能区中，单击“特征”选项卡下的“拉伸凸台/基体”图标（选择绘制的截面轮廓），系统弹出“凸台–拉伸”对话框，修改深度值为“30”，其他采用默认值，单击“✔”按钮退出，即创建拉伸特征，结果如图 7-13 所示。

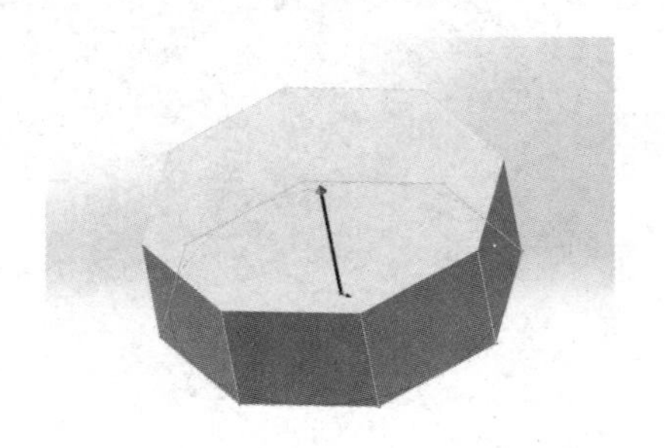

图 7-13　拉伸特征

选取六棱柱的上表面，在其快捷菜单中选择“草图”命令，选取圆，拾取中心点画圆，同上将尺寸修改为“60”。单击“拉伸切除”图标，距离设置为“26mm”，如图 7-14 所示。

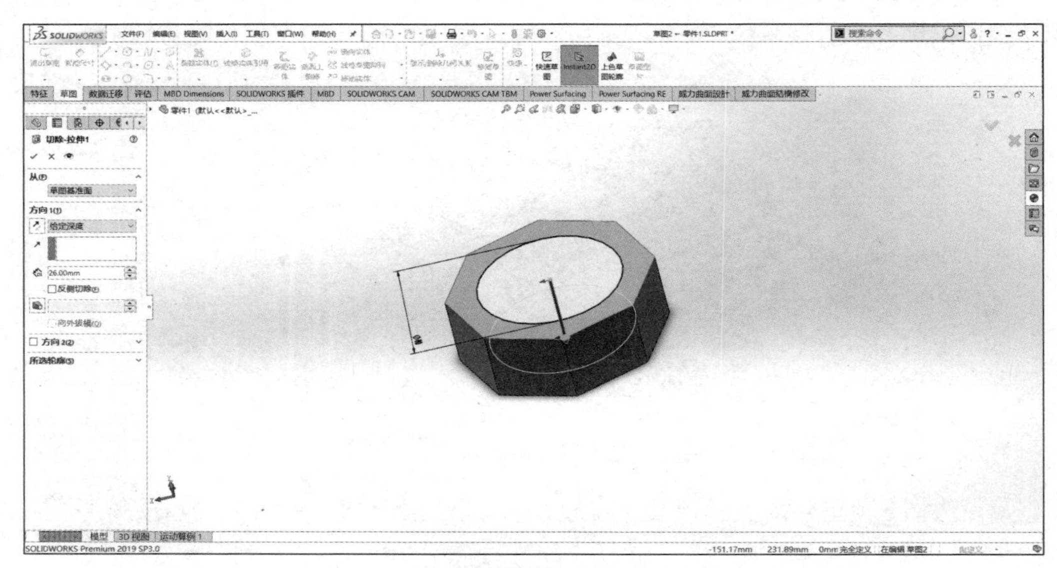

图 7-14　拉伸切除

选取上表面进行草图绘制，选取两临边的中线进行直线绘制（见图 7-15），最后完成草图。同样操作，绘制侧面中线（见图 7-16），最后退出草图绘制界面。

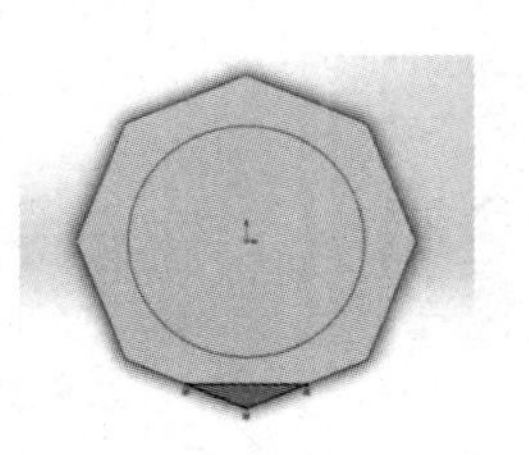

图 7-15　上表面中线

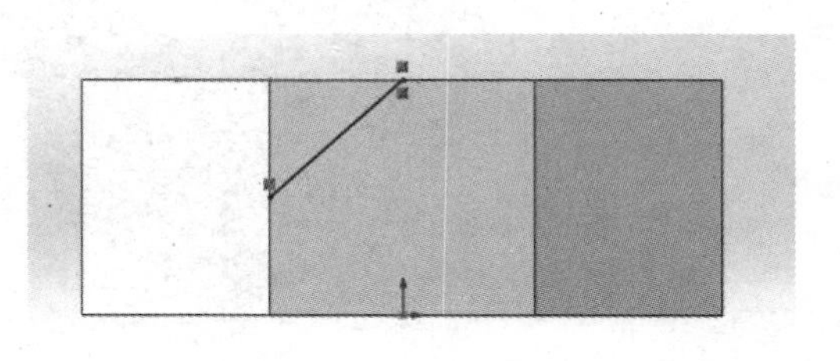

图 7-16　侧面中线

单击扫描切除图标，选择刚才绘制的中心线（见图 7-17），单击确定。

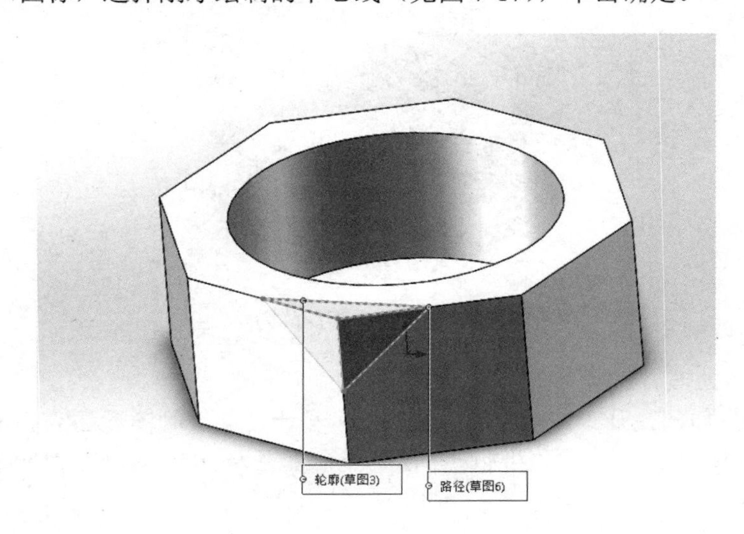

图 7-17 扫描切除

单击功能区“线性阵列”选项卡下的圆周阵列图标，在系统弹出的圆周阵列对话框中依次设置“方向 1”“等间距”参数，如图 7-18 所示。其中，内圆柱面角度设置为“45”，实例为“8”。

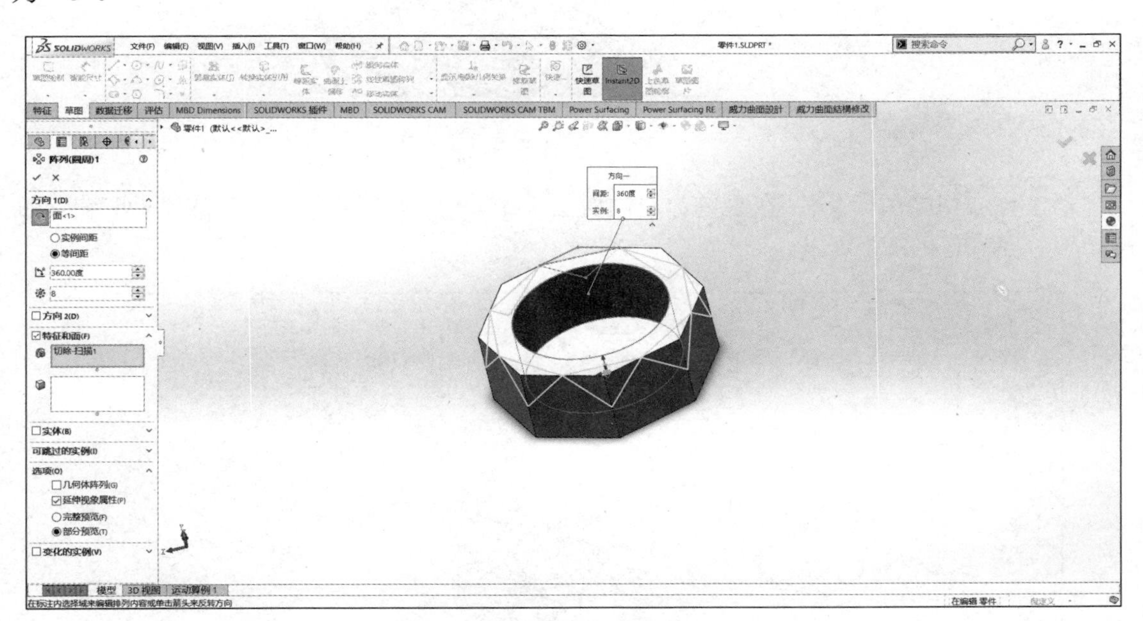

图 7-18 圆周阵列

接下来，在上表面与下表面中间创建出用于镜像的基准面 1。单击镜向图标，特征为圆周阵列，镜像面为创建的基准面 1，如图 7-19 所示。单击“确定”按钮，完成烟灰缸整体模型的绘制。

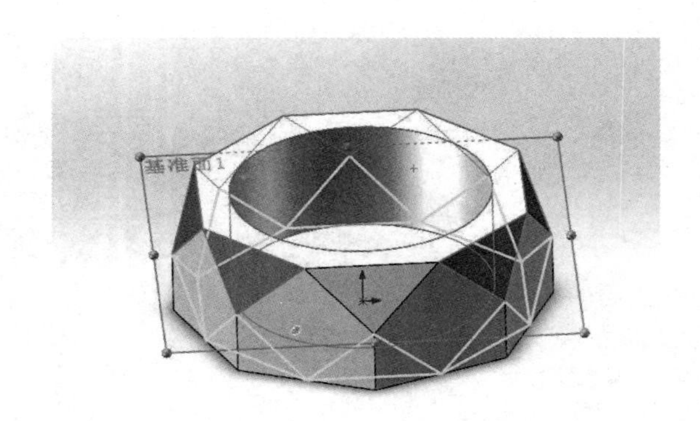

图 7-19　镜像圆周阵列

步骤 4：细节处理

在草图绘制界面，打开“前基准面”选项卡，单击草图绘制图标，接着单击绘制圆图标，绘制一个圆；单击智能尺寸图标，绘制一个直径为 10mm、距离烟灰缸上表面为 2mm 的圆（见图 7-20）。

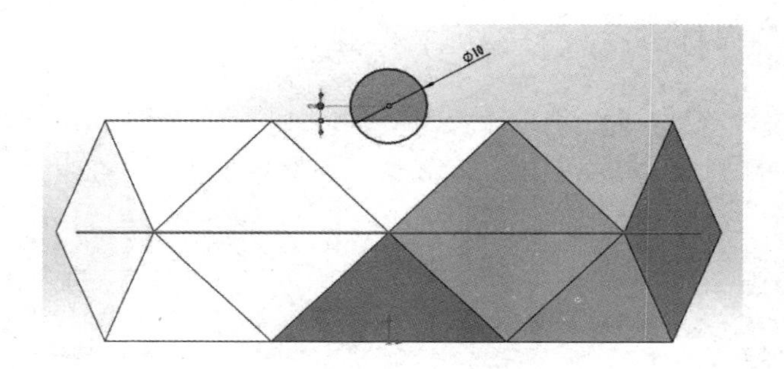

图 7-20　绘制圆

单击拉伸切除图标，在系统弹出的对话框中，“方向”选择“完全贯穿–两者”（见图 7-21），单击 ✓ 按钮退出。

图 7-21　绘制切割圆

打开圆周阵列对话框，圆周阵列方向设置为“内圆周面”，角度为“90”，数量为“2”，单击确定按钮完成阵列，效果如图 7-22 所示。

对烟灰缸上侧进行倒圆角，单击圆角图标圆角，选择边线，设置半径为“1”，单击“确定”按钮退出；同样对内侧底面倒圆角，圆角大小设置为“5”，效果如图 7-23 所示。

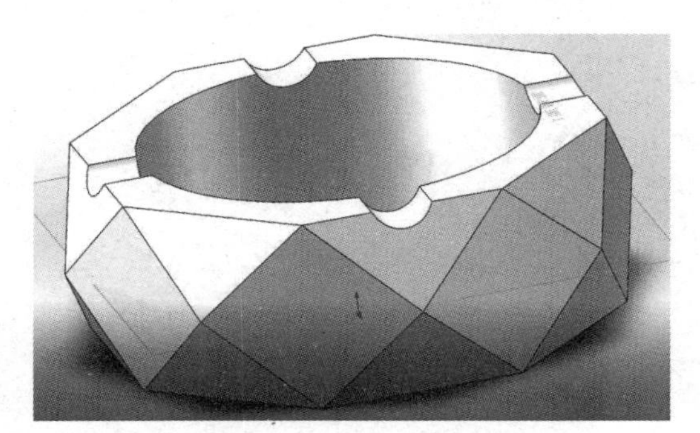

图 7-22　卡烟槽绘制效果

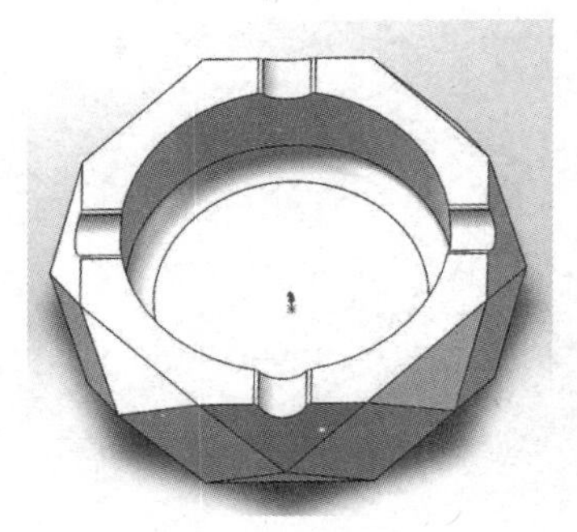

图 7-23　倒圆角

这样就完成了烟灰缸的绘制。为了增加实体模型的显示效果，依次通过界面右侧“外观、布景和贴图”“金属”“青铜”“煅料抛光青铜” 图标进行相应操作，最后效果图如 7-24 所示。

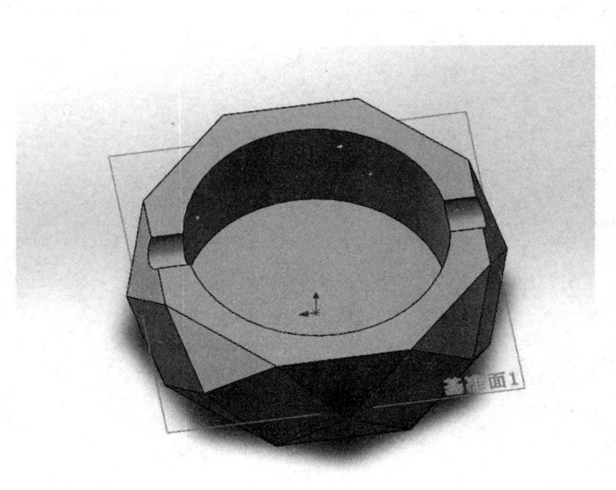

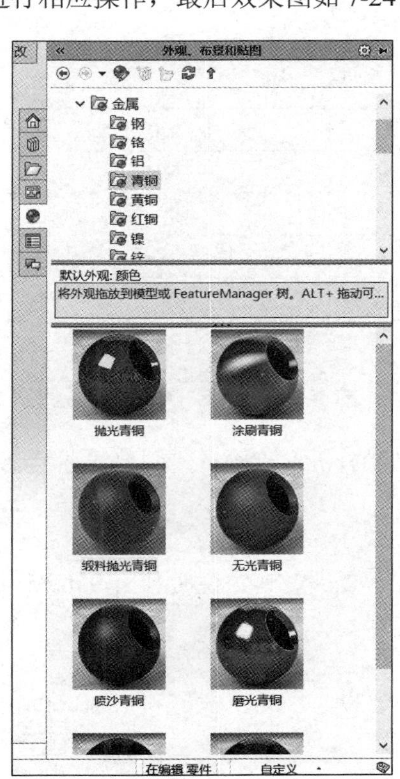

图 7-24　效果图

选择菜单“文件”→“另存为”命令，打开另存为对话框，从下拉列表框中选取要保存的位置，在“文件名”文本框中输入项目名称“yanhuigang”，单击“保存”按钮即可，如图 7-25 所示，最后关闭软件。

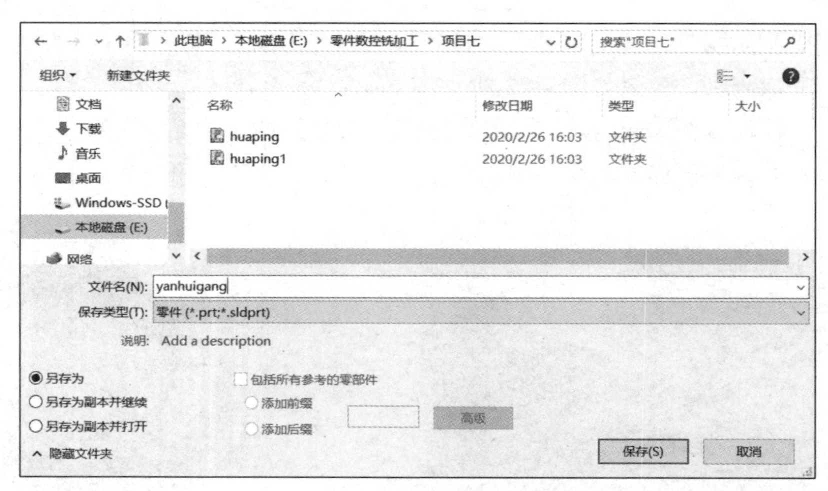

图 7-25　文件保存

三、制订任务进度计划

本次设计任务工期为 1 天，试根据任务要求，制订合理的工作进度计划，并根据各小组成员的特点分配工作任务。烟灰缸绘制任务分配表见表 7-1。

表 7-1　烟灰缸绘制任务分配表

序号	工作内容	时间分配	成员	责任人
1	设计分析			
2	模型绘制			
3	工程图纸			
4	产品检验与分析			

四、任务实施方案

（1）分析设计要求，简单描述绘制烟灰缸的步骤。

（2）查阅资料，说明利用 SolidWorks 2019 软件进行实体建模的一般流程。

（3）以小组为单位，利用 SolidWorks 2019 软件自行设计烟灰缸。

五、实施设计与建模

（1）根据要求对零件进行创新设计。

（2）结合所学内容，分析创新设计中所用到的机械结构。

（3）根据创新设计，小组合作完成烟灰缸的建模。

六、检查与评价

1. 学生自检

学生完成零件设计并自检，填写“考核评分表”，见表 7-2。

2. 成绩评定

教师协同组长，对零件尺寸及外观进行检测，对学生整个任务的实施过程进行分析，并填写“考核评分表”（见表 7-2）对每个学生进行成绩评定。

表 7-2　考核评分表

零件名称		零件图号		操作人员		完成工时	
序号	鉴定项目及标准		配分	评分标准（扣完为止）	自检	检查结果	得分
1	零件图 45 分	设计合理	10	不合理每处扣 1 分			
2		创新性	15	创新设计不合理每处扣 3 分			
3		外观	10	不美观扣 3 分			
4		完成工时	4	每超时 5min 扣 1 分			
5		安全文明	6	未清理机房卫生扣 6 分			
6	工程图 45 分	轮廓	15	尺寸每超 0.1mm 扣 2 分			
7		完整	15	尺寸每超 0.1mm 扣 2 分			
8		圆角	15	尺寸每超 0.1mm 扣 2 分			
9	误差分析 10 分	零件自检	4	自检有误差每处扣 1 分，未自检扣 4 分			
10							
11		填写工件误差分析	6	误差分析不到位扣 1～4 分，未进行误差分析扣 6 分			
合计			100				
误差分析（学生填）							
考核结果（教师填）							
检验员		记分员		时间	年　月　日		

七、探究与拓展

查阅机械原理和机械设计方面的相关资料，自行设计一迷你车，要求如下：

（1）确定设计方案、总体构造及选型。

（2）对各部分进行合理设计并进行分析校核。

（3）利用 SolidWorks 2019 软件完成各部件的三维建模及整体装配。

任务二　花瓶的加工

【任务知识目标】

（1）掌握利用 PowerMill 进行数控编程的一般步骤。

（2）掌握利用 PowerMill 进行数控编程的基本操作。

【任务技能目标】

（1）会根据给定零件图创建毛坯。

（2）会选择合理的切削用量。

（3）能根据材料正确选择加工工艺

（4）会进行零件的自动编程加工。

一、工作任务

某瓷器厂需要生产一批花瓶用于展览，根据要求已设计出零件图（见图 7-26），现需要完成编制加工程序及加工零件任务。工期为 2 天，毛坯为 YL27，包工包料。瓷器厂生产管理部门委托学校数控技术专业学生来完成此任务，要求任务完成后提交成品件及检验报告。

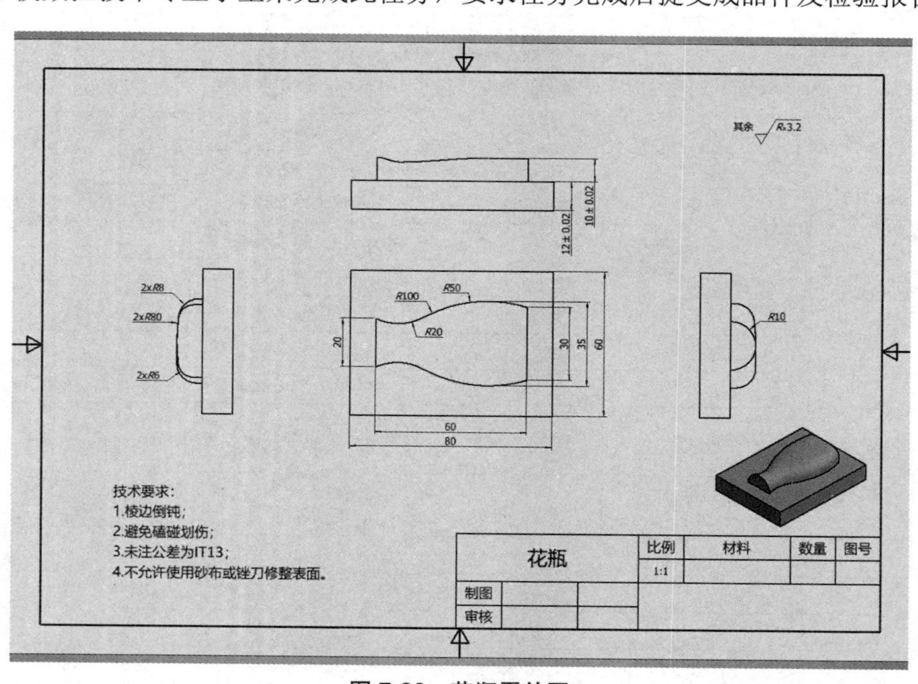

图 7-26　花瓶零件图

二、相关知识

（一）初识 PowerMill

1. 熟悉 PowerMill 软件功能

PowerMill 是一款功能强大、加工策略丰富的数控加工编程软件，也是目前能用于三轴、四轴及多轴加工的专业数控编程 CAM 软件之一，拥有专业控制和优化、机床仿真和验证等功能，可以为多轴数控加工和五轴加工提供综合全面的铣削策略，是用于制造模具、冲模和高度复杂零件的实用软件。全新版本的 PowerMill 2019 为增材制造提供了新功能，包括改进的高效粗加工、更简单的 5 轴碰撞避免、增强的协作和数控加工设置。其主要性能有以下几个方面。

（1）PowerMill 具备完整的加工方案，对预备加工模型无须人为干预，对操作者无经验要求，编程人员能轻轻松松地完成工作，以便专注其他重要事情。PowerMill 同时也是 CAM 技术中具有代表性的、应用普及率较快的加工软件。

（2）PowerMill 可以接收不同软件系统所生成的三维模型，让使用众多不同 CAD 系统的企业不用重复投资。

（3）PowerMill 是独立运行的、智能化程度较高的三维复杂形体加工 CAM 系统之一。CAM 系统与 CAD 分离，在网络环境下实现一体化集成，更能适应工程化的要求，代表着 CAM 技术最新的发展方向。

（4）实际生产过程中设计（CAD）与制造（CAM）的地点不同，侧重点亦不相同。当今大多数曲面 CAM 系统在功能上及结构上属于混合型 CAD/CAM 系统，无法满足设计与制造相分离的结构要求。PowerMill 实现了 CAD 系统分离，并在网络环境下实现系统集成，更符合生产过程的自然要求。

（5）PowerMill 的操作过程完全符合数控加工的工程概念，实现了模型的全自动处理，实现了粗、精、清根加工编程的自动化。CAM 操作人员在掌握加工工艺知识的基础上，只需 2～3 天的专业技术培训，即可对非高复杂的模具进行数控编程。

（6）PowerMill 的 BatchMill 功能实现了根据工艺文件的全自动编程，为今后 CAD/CAPP/CAM 的一体化集成打下了基础。

综上可知，PowerMill 的特点总结如下：

（1）软件易学易用，可以提高 CAM 系统的使用效率。

（2）计算速度更快，可以提高数控编程的工作效率。

（3）优化刀具路径，可以提高加工中心的切削效率。

（4）支持高速加工，可以提高贵重设备的使用效率。

（5）支持多轴加工，可以提升企业技术的应用水平。

（6）先进加工模拟，可以降低加工中心的试切成本。

（7）无过切与碰撞，可以排除加工事故的费用损失。

2. 启动软件并熟悉操作界面

双击 Windows 桌面上的 PowerMill 图标，即可启动 PowerMill 软件，其工作界面如图 7-27 所示。

PowerMill 的工作界面主要由以下几个部分组成。

1）菜单栏

PowerMill 的菜单栏如图 7-28 所示。它是用户管理项目文件、优化设计环境和控制窗口布局的入口，共由 15 个菜单组成。单击某个菜单，如“开始”，可以在下方显示主要工具栏，若主要工具栏中某个菜单下方带有小箭头，则表明其包含子菜单。

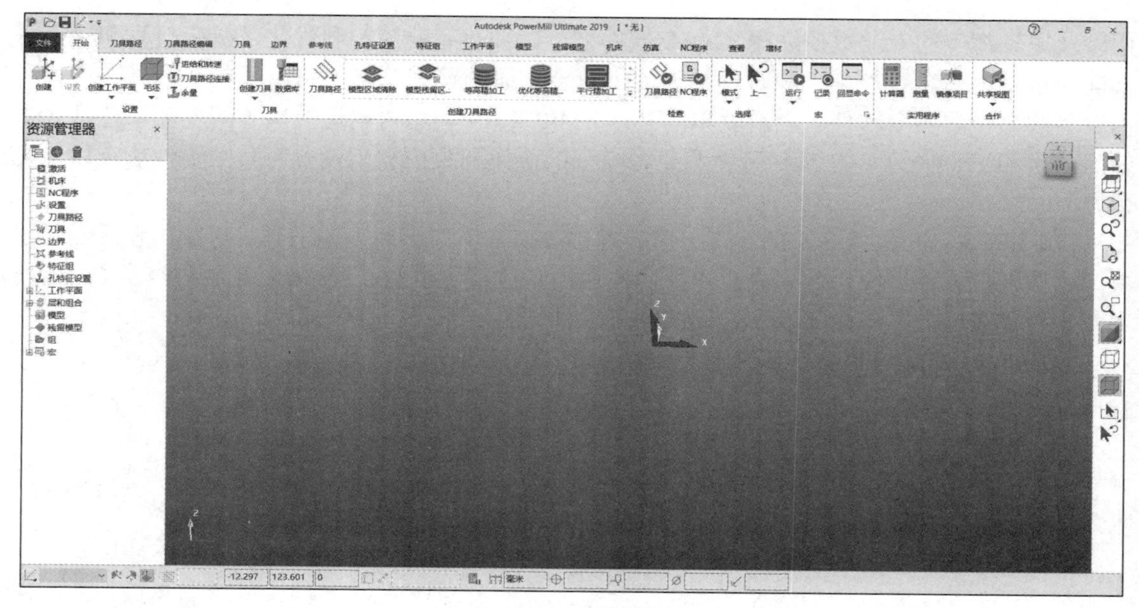

图 7-27　工作界面

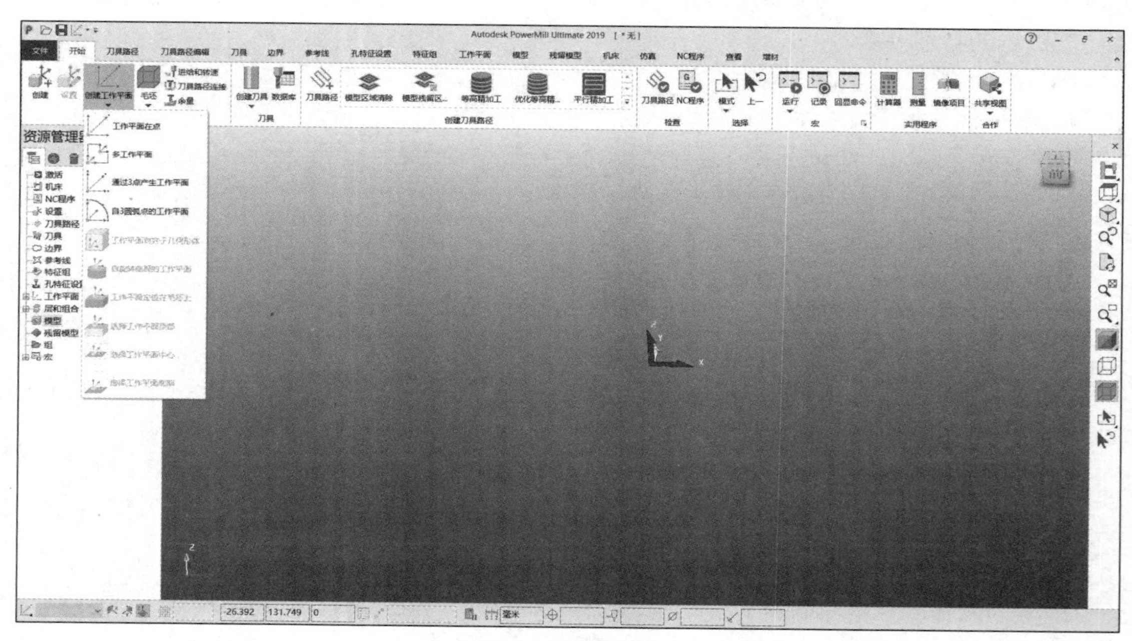

图 7-28　菜单栏

2）主要工具栏

PowerMill 的主要工具栏如图 7-29 所示，通过它可以快速访问 PowerMill 中最常用的命令。

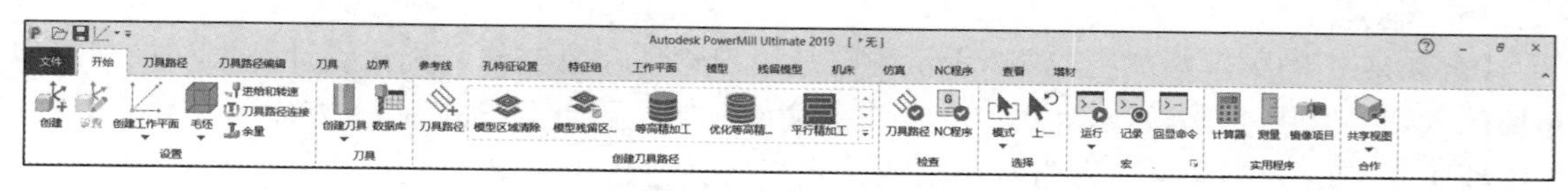

图 7-29　主要工具栏

3）资源管理器

PowerMill 的资源管理器如图 7-30 所示。它提供了各种控制选项，并可用来保存 PowerMill 运行过程中产生的元素。

4）图形显示区

PowerMill 的图形显示区也可称为工作区、绘图区或图形视窗，位于资源管理器右侧，是一个大的直观显示和工作区域。

5）查看工具栏

PowerMill 的查看工具栏如图 7-31 所示。它位于图形显示区右侧，用于快速访问标准查看及 PowerMill 的阴影选项。

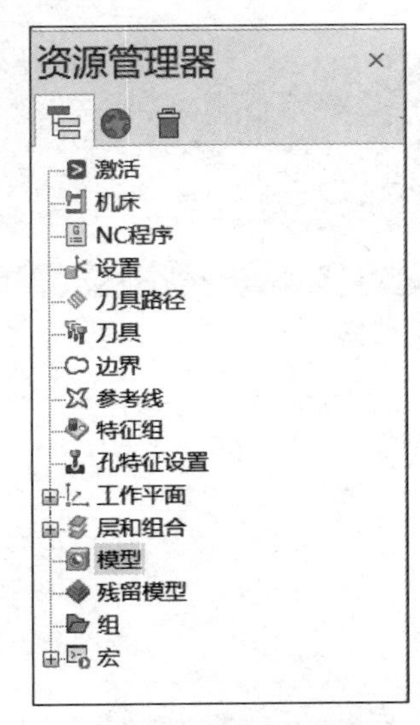

图 7-30　资源管理器

图 7-31　查看工具栏

6）状态工具栏

PowerMill 的状态工具栏如图 7-32 所示。它位于窗口的底部，提供了一些已激活选项的信息，如用户坐标系、网格开关及尺寸、光标当前的位置、单位、刀具直径等。

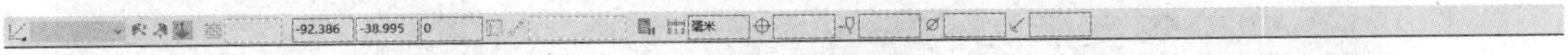

图 7-32　状态工具栏

PowerMill 可以记住软件运行过程中用户选取和使用的工具栏和颜色，并在下一次运行时使用它们。例如，如果在退出软件时“刀具路径”工具栏是打开的，那么在下一次运行 PowerMill 时，该工具栏也将被打开。

3. 导入模型

选择菜单“文件”→“输入模型”命令，打开“输入模型”对话框，输入本书配套素材中的“huaping.stp”，然后单击“打开”按钮，如图 7-33 所示。

由此便完成了模型的输入，效果如图 7-34 所示。

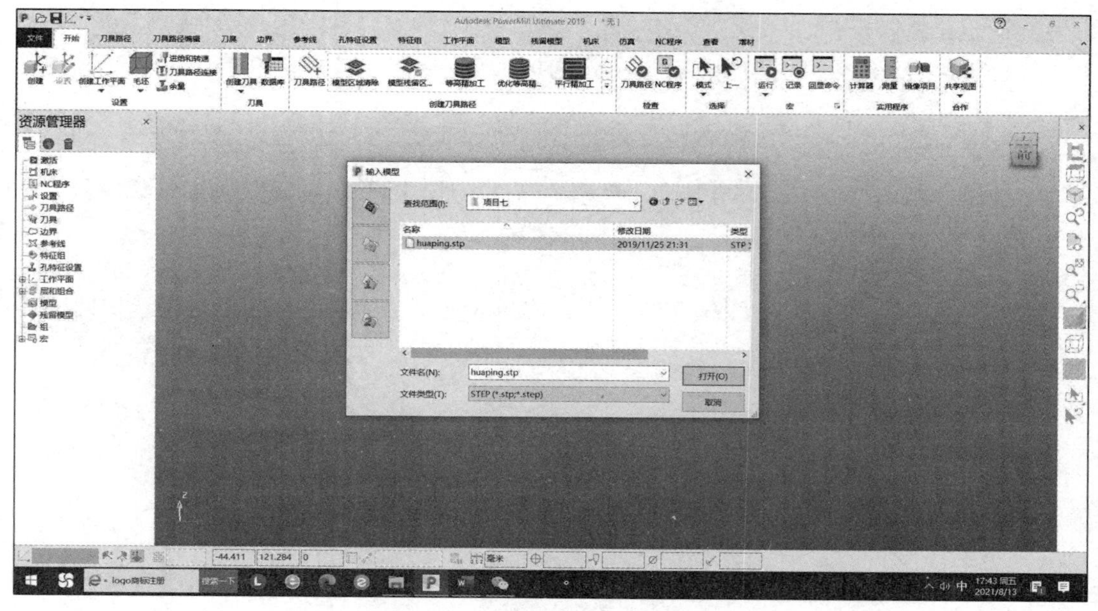

图 7-33 “输入模型”对话框

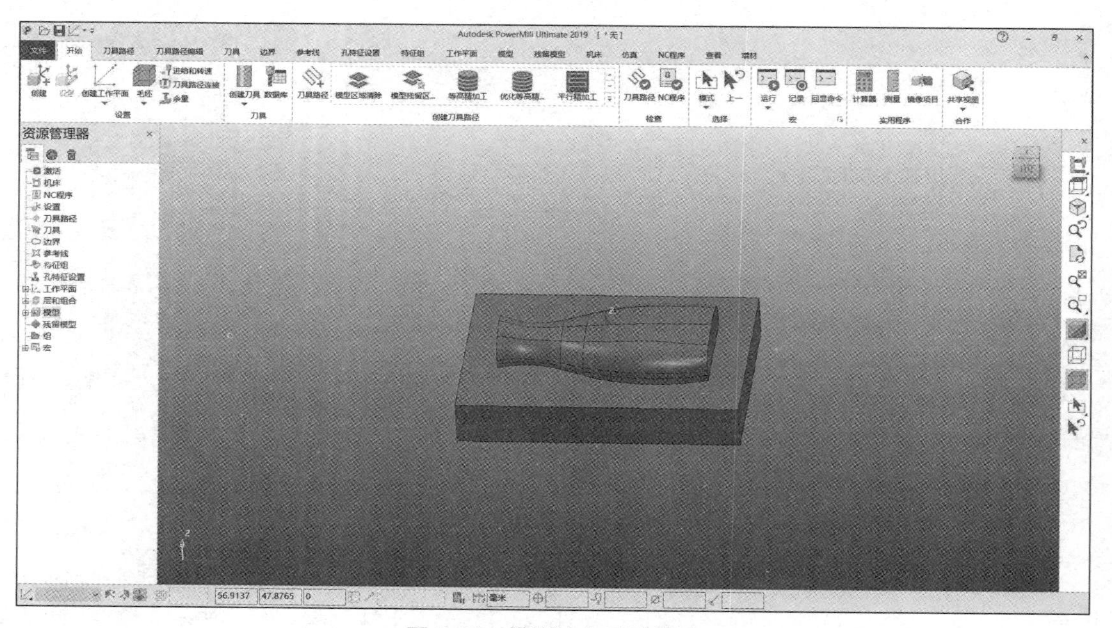

图 7-34 模型输入后的效果

提示

单击“查看”工具栏中的线框图标，可以显示模型的线框图像（此为默认）；单击“查看”工具栏中的普通阴影图标，可以显示模型的阴影图像（着色实体）。另外，单击“查看”工具栏中的 ISO1 图标，可以从等轴测视角观察模型。

各种 CAM 数控编程软件虽然操作方法有所不同，且各有各的特点，但它们之间的编程思想是相通的。为了能在以后的工作中游刃有余，建议学习者应熟悉其他编程软件，如 CAXA 制造工程师、MasterCAM、UG、Cimatron 等。

（二）花瓶的加工

步骤 1：输入模型。

PowerMill 软件是独立的 CAM 系统，输入模型功能可以将其他多种 CAD 软件创建的模型输入到 PowerMill 中。

启动 PowerMill 软件，选择菜单“文件”→“输入模型”命令，打开“输入模型”对话框，输入本书配套素材中的“Desktop\零件数控铣加工\项目七”文件，如图 7-35 所示。

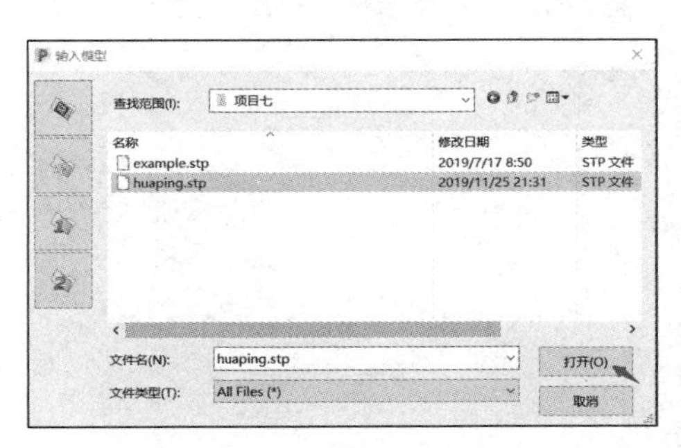

图 7-35　输入模型

提示

通过单击“输入模型”对话框左侧的范例按钮，可以定位到 PowerMill 的范例模型文件夹（这里有 PowerMill 提供的大量范例模型，其路径为软件根目录下的“filelexamples”文件夹）。此外，还可以通过单击“输入模型”对话框左侧的用户定义按钮 1 和用户定义按钮 2 快速访问常用的模型。尽管 PowerMill 自身的模型文件类型为*.stp，但事实上它可以接收多种类型的模型，在“输入模型”对话框中单击“文件类型”下拉列表框右侧的展开按钮，即可切换至不同的文件类型，此外，还可以将所需的文件类型显示在对话框的文件列表中，如图 7-36 所示。

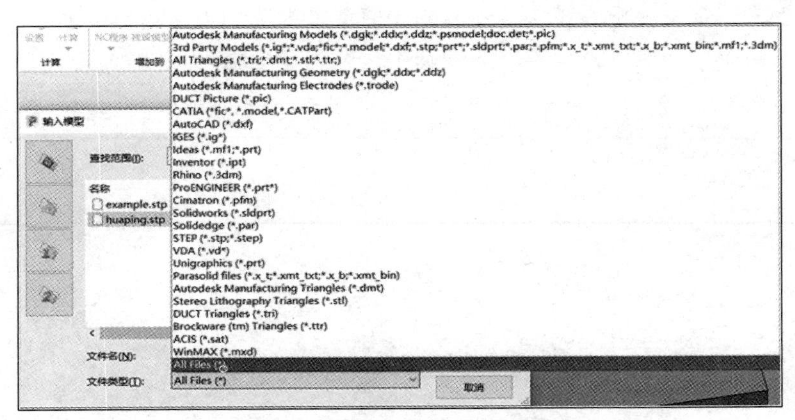

图 7-36　PowerMill 可接收的其他模型类型

步骤 2：创建毛坯。

毛坯的创建是非常重要的，它直接影响加工的范围和生成刀具路径的正确性。一般情况下，粗加工刀具路径的计算是基于零件与毛坯之间存在的体积差进行的。在将模型输入到系统以后，几乎所有的 CAD 软件都要求定义毛坯的位置、形状和大小。

单击主要工具栏中的毛坯图标，系统弹出“毛坯”对话框，保持当前默认设置并单击“计算”按钮，如图 7-37 所示，然后单击“接受”按钮，即可创建模型的毛坯。

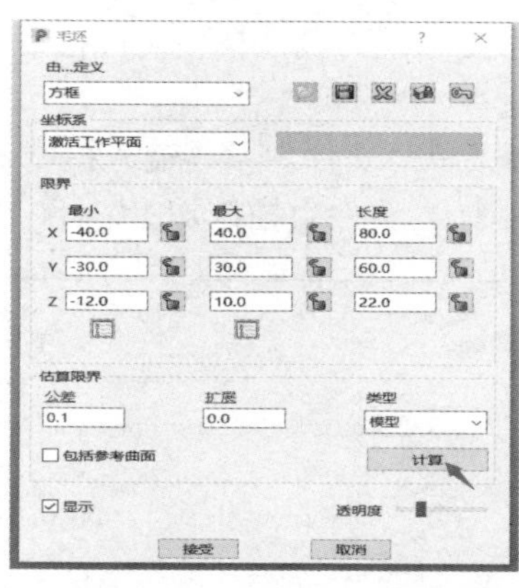

图 7-37 “毛坯”对话框

步骤 3：产生用户坐标系。

PowerMill 中有两种坐标系：一是世界坐标系；二是用户坐标系。世界坐标系是将模型输入到 PowerMill 以后其默认的坐标系，通常不能为刀具设置或应用的加工策略提供适当的位置或方向。

用户坐标系提供了理想的无须移动部件模型而产生适合的加工原点和对齐定位的方法，是可在全局范围进行移动和重新定向的附加原点。任何时候都只能有一个用户坐标系被激活，如果不存在被激活的用户坐标系，则原始的世界坐标系就是原点。取消某个用户坐标系的激活状态后，可轻松重新激活原始坐标系，这样便于检查原始尺寸或输入一个新模型。

首先按住鼠标左键拖动，以框选方式将整个模型选中，然后将光标移至资源管理器“用户坐标系”选项上方，单击鼠标右键，从弹出的快捷菜单中选择“创建工作平面”→“工作平面定位在毛坯上”命令，在已选模型零件的顶部中央产生一个用户坐标系，如图 7-38 所示。

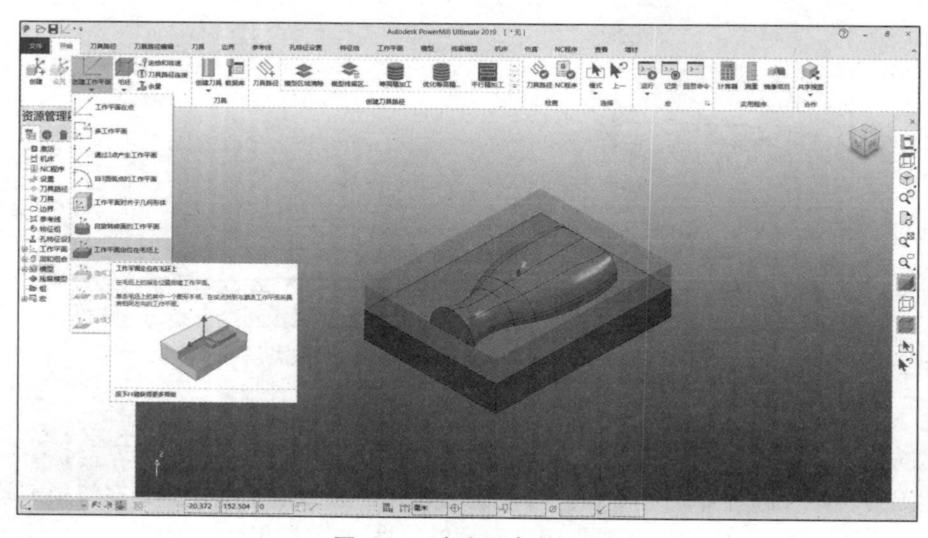

图 7-38 产生用户坐标系

新的用户坐标系也将同时出现在资源管理器的“用户坐标系”选项中，然后在用户坐标系单击鼠标右键，从弹出的快捷菜单中选择“激活”命令，将用户坐标系“1”激活，如图 7-39 所示。

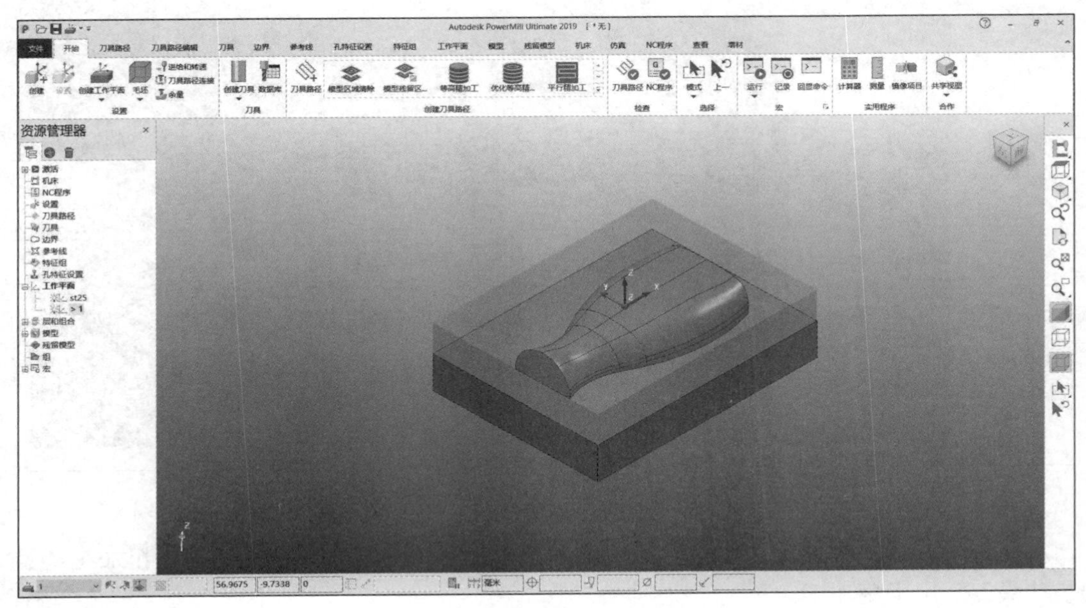

图 7-39　激活用户坐标系“1”

步骤 4：创建刀具。

创建刀具的方法非常简单，可以在资源管理器“刀具”选项的上方单击鼠标右键，在弹出的快捷菜单中选择“创建刀具”子菜单中的相应刀具类型命令来创建，如图 7-40 所示；也可以在“开始”工具栏选择创建刀具的快捷方式（见图 7-41），或通过“刀具”工具栏中的相应刀具类型图标进行创建。

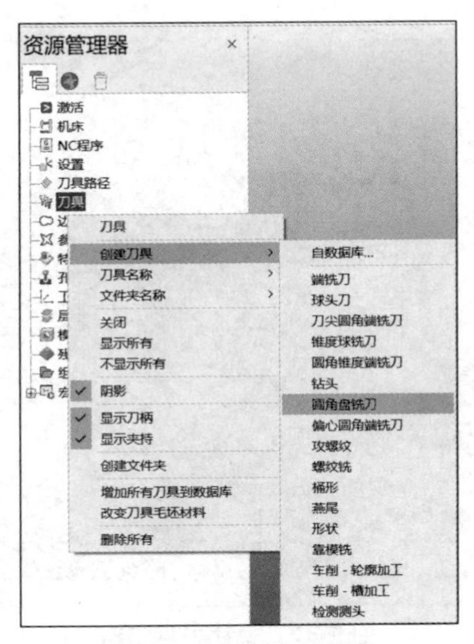

图 7-40　刀具快捷菜单

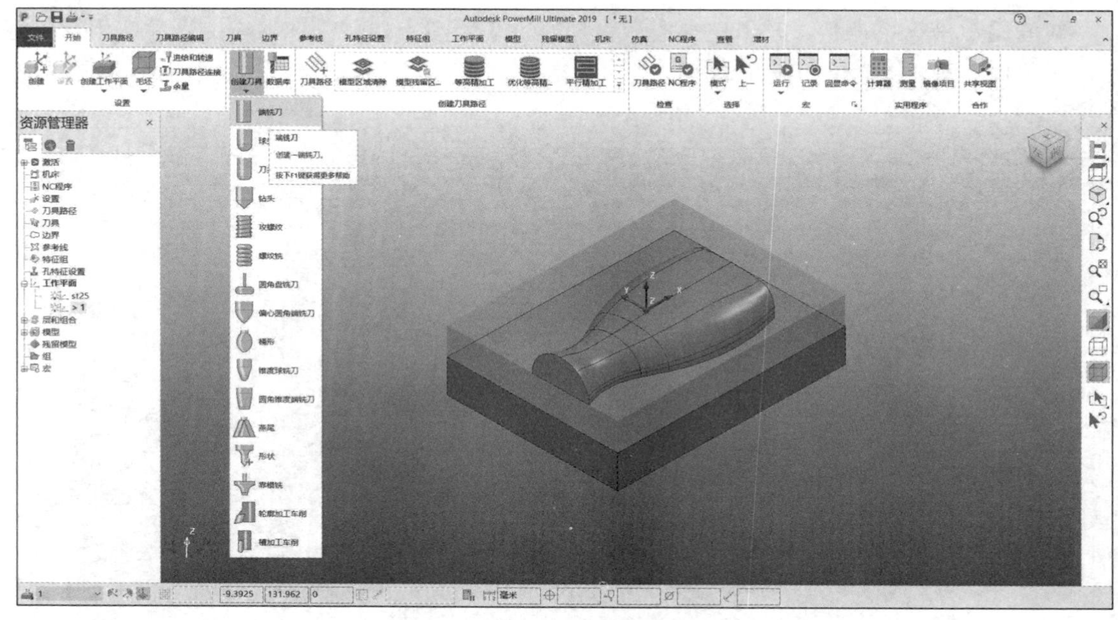

图 7-41 选择创建刀具的快捷方式

本任务中，零件的加工需要创建两把刀具，一把是刀尖圆角端铣刀，用于粗加工；另一把是球头刀，用于精加工。

（1）单击“开始”工具栏中“创建刀具”选项卡下方的图标▾，在弹出的刀具类型列表中单击“端铣刀”，如图 7-42 所示。在弹出的“端铣刀”对话框中，设置刀具名称为“D10”，直径为“10.0”，长度为“50.0”，刀具编号为“1”，槽数为“4”，如图 7-43 所示，然后单击“关闭”按钮，完成第一把刀具——刀尖圆角端铣刀的创建。

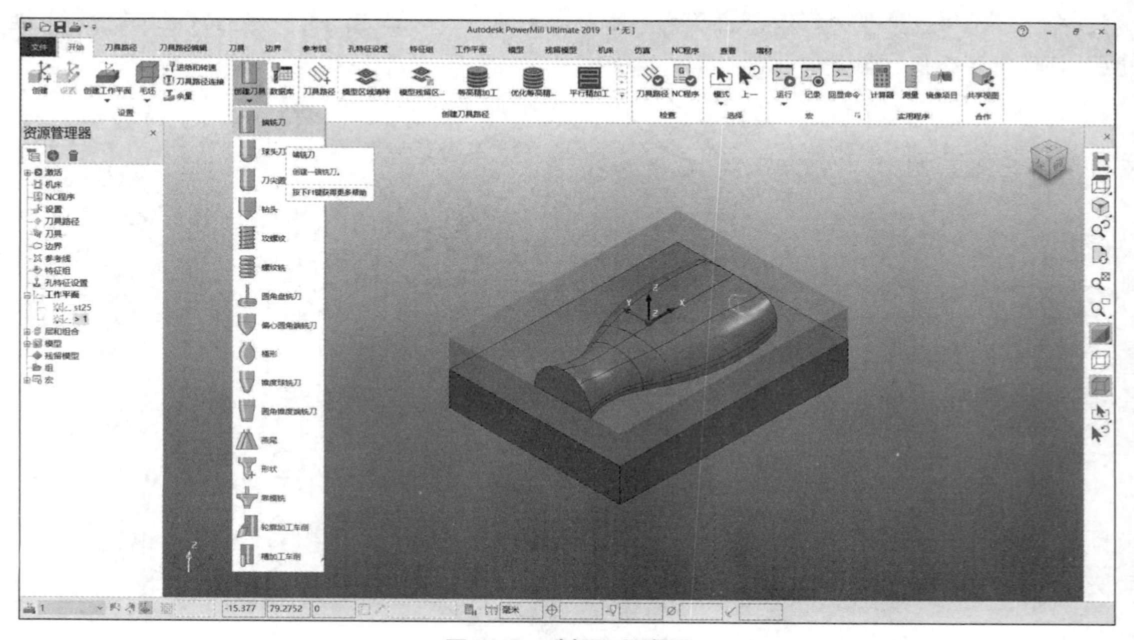

图 7-42 选择刀具类型

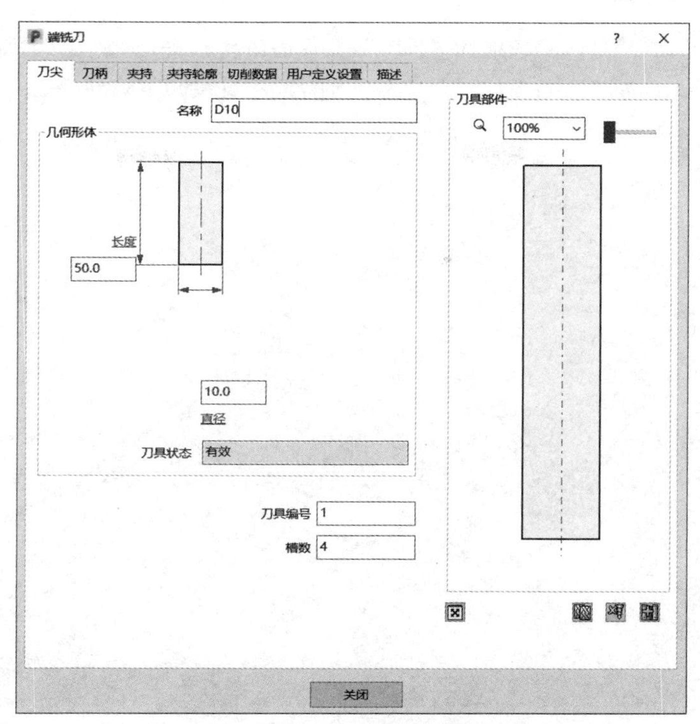

图 7-43　端铣刀参数设置

（2）按照同样的方法创建一把球头刀，刀具名称为“R3”，其参数设置为直径“6.0”、长度“50.0”、刀具编号“2”、槽数“2”，如图 7-44 所示。

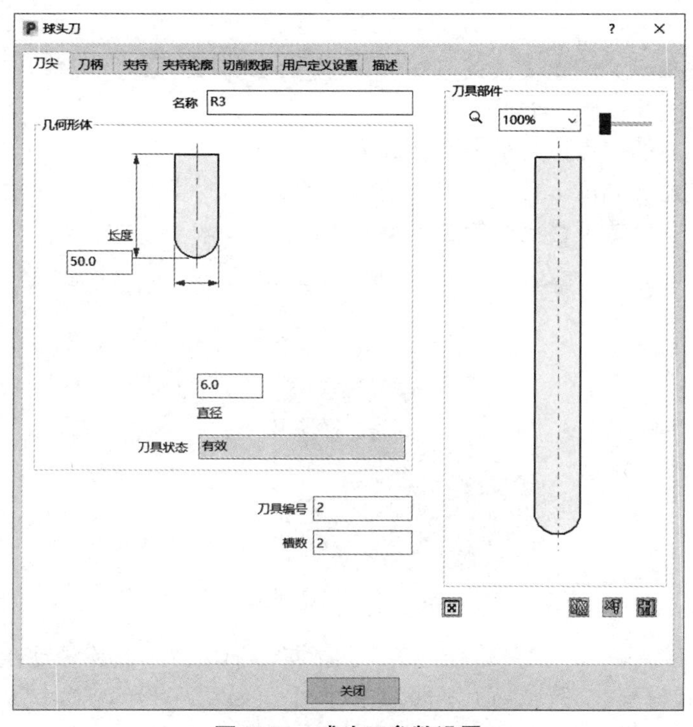

图 7-44　球头刀参数设置

（3）在资源管理器“刀具”选项的“D10”上单击鼠标右键，从弹出的快捷菜单中选择“激活”命令，将端铣刀激活。激活后的刀具名称前的指示灯会点亮，如图 7-45 所示。

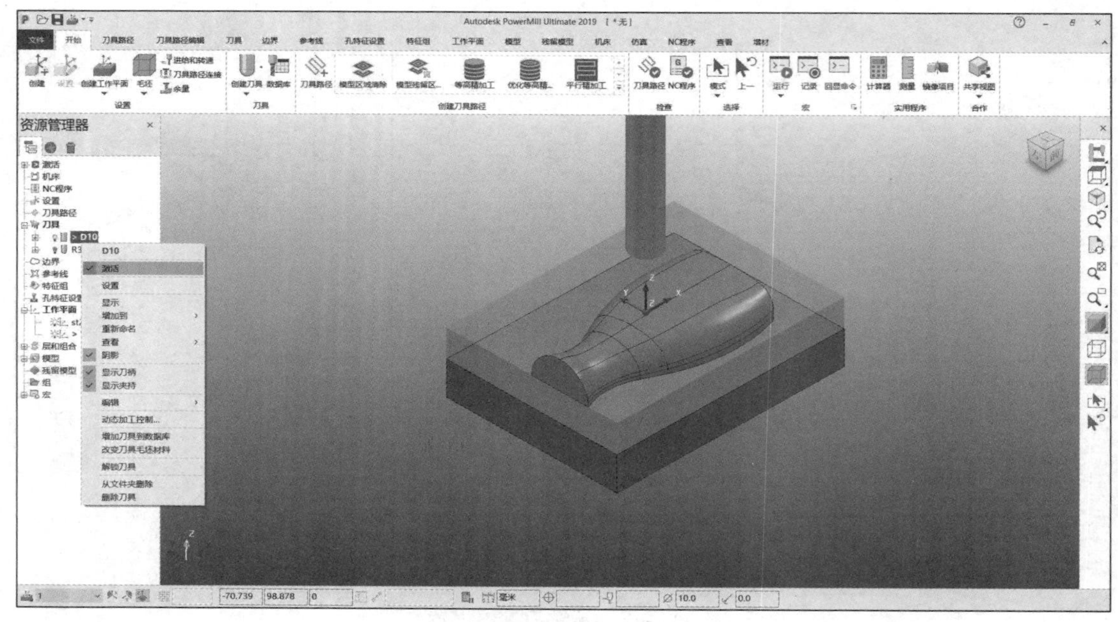

图 7-45　激活刀具

步骤 5：设置安全区域。

在 PowerMill 软件中将安全高度称为安全区域。设置安全区域是利用 PowerMill 进行数控编程的一项重要内容。所谓安全区域，就是指刀具完成某个切削刀具路径之后，快速移动至另一切削点的有关高度。它定义了刀具在两刀位点之间以最短时间完成移动的高度。快进过程包含如下三个步骤（见图 7-46）。

（1）刀具从最后切削点抬刀至安全 *Z* 高度。

（2）刀具在安全 *Z* 高度上移刀至另一切削位置。

（3）刀具从切削位置下移至开始 *Z* 高度。

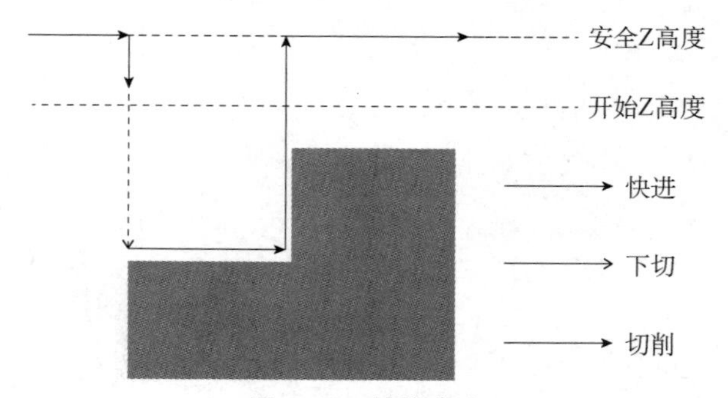

图 7-46　快进高度

单击“开始”菜单中的“刀具路径连接”图标，打开“刀具路径连接”对话框，在“安全区域”选项卡中选择安全区域为“平面”，工作平面为“1”，单击“计算”按钮，如图 7-47 所示。最后单击“接受”按钮，这样就完成了安全区域的设置。

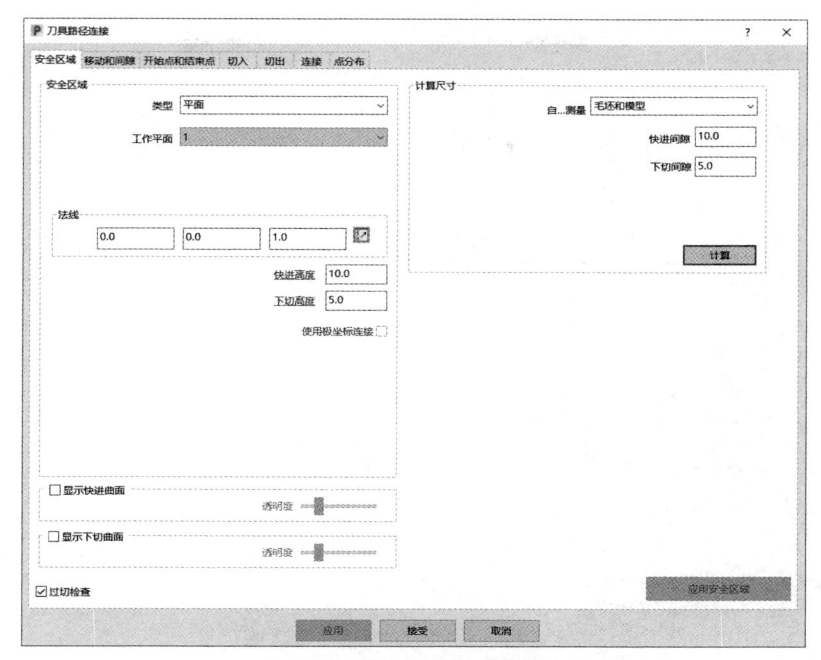

图 7-47　快进安全区域设置

安全区域设置完成后将会自动把安全 Z 高度值和开始 Z 高度值设置到毛坯上，如图 7-48 所示。“计算尺寸”栏显示的快进间隙值和下切间隙值是刀具相对于工件的高度。

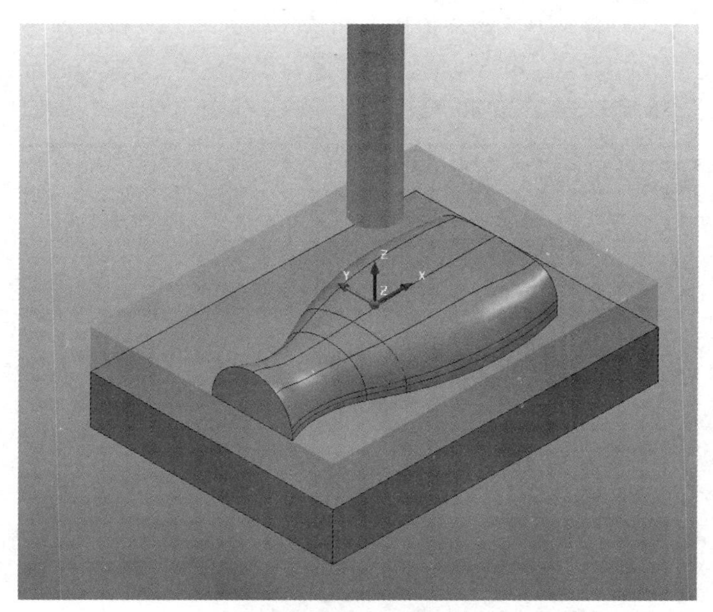

图 7-48　设置安全区域后的模型

步骤 6：设置进给和转速。

在编制每条刀具路径之前，应先设置刀具路径所使用的进给和转速参数。

单击主要工具栏中的“进给和转速”图标，打开“进给和转速”对话框，保持默认参数设置，单“应用”按钮，如图 7-49 所示。

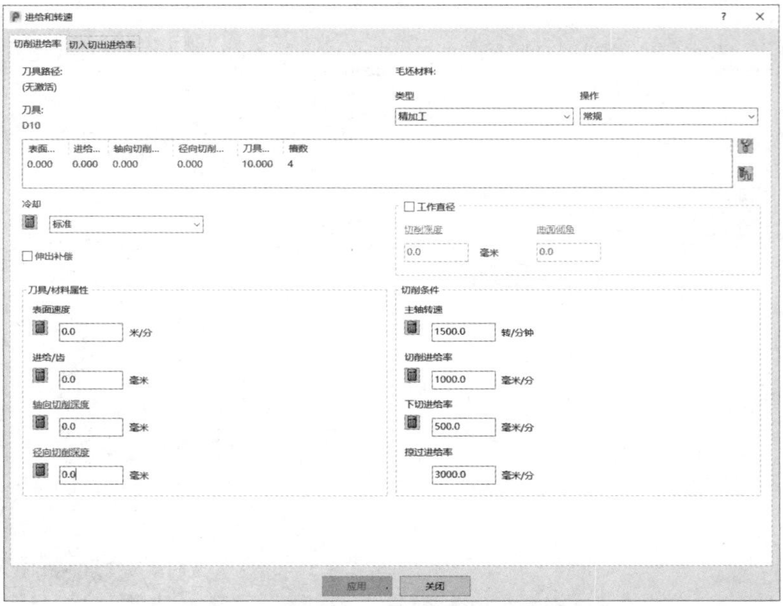

图 7-49　“进给和转速”对话框

步骤 7：定义开始点和结束点。

定义刀具路径的开始点和结束点是非常重要的，如果设置不当，可能会导致刀具进刀或退刀时与工件或夹具相撞。

单击“开始”菜单中的“刀具路径连接”图标，打开“刀具路径连接”对话框，接着打开“开始点和结束点”选项卡，开始点的默认设置为“毛坯中心安全高度”，结束点的默认设置为“最后一点安全高度”，如图 7-50 所示，保持默认设置，单击“接受”按钮。

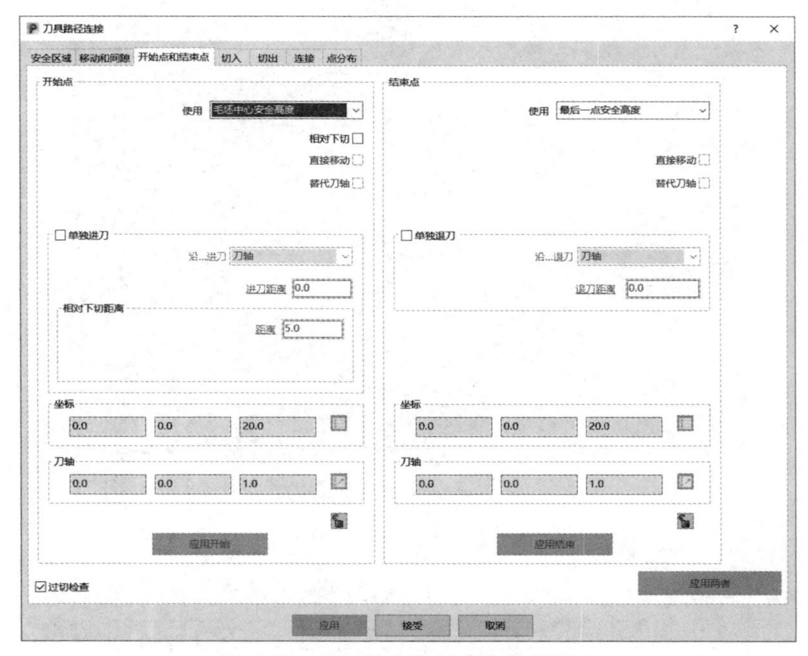

图 7-50　“开始点和结束点”选项卡

所谓刀具开始点，就是在加工开始之前刀具相对于毛坯的具体位置。“毛坯中心安全高度”是最常用的刀具开始点定义方法。选择此选项后，程序会首先自动计算已定义的毛坯的中心位置，然后将刀具抬刀至毛坯中心之上的安全 Z 高度。

步骤 8：计算粗加工刀具路径。

设置完公共参数，接下来就要选择加工策略和编制刀具路径。在 PowerMill 中，常用来计算粗加工刀具路径的策略包括模型区域清除、等高切面区域清除、拐角区域清除和模型残留区域清除等。其中，模型区城清除策略是一种最常用的粗加工刀具路径计算策略，它能够计算出平行、偏置模型和偏置全部三种形式的刀具路径。本任务中使用模型区域清除策略来计算粗加工刀具路径。

（1）单击“开始”菜单中的“刀具路径”图标，打开“策略选取器”对话框，选择“3D 区域清除”（见图 7-51），单击选中“模型区域清除”，然后单击“确定”按钮。

图 7-51　选择“模型区域清除”策略

花瓶粗加工

（2）系统弹出“模型区域清除”对话框，按照图 7-52 所示设置粗加工刀具路径参数，然后单击“计算”按钮，系统会自动计算出粗加工刀具路径，如图 7-53 所示。单击“模型区域清除”对话框右上角的×按钮，将其关闭。

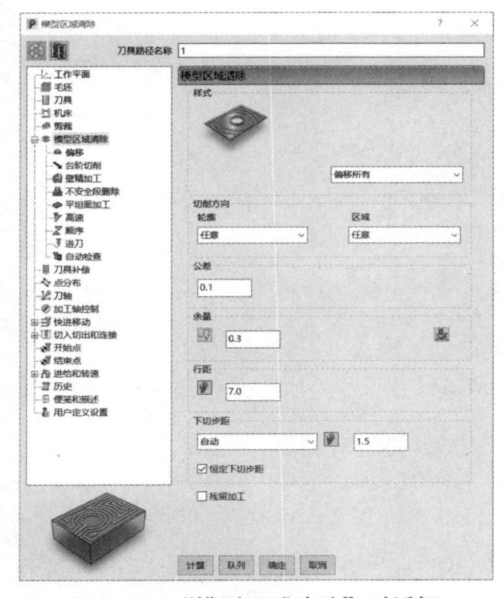

图 7-52　“模型区域清除”对话框

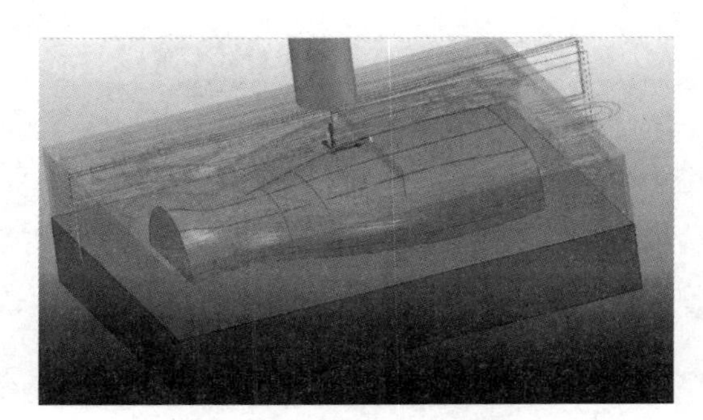

图 7-53　粗加工刀具路径

步骤 9：计算底面精加工刀具路径。

（1）单击“开始”菜单中的“刀具路径”图标，打开“策略选取器”对话框，选择“精加工”，单击选中“平行平坦面精加工”，然后单击“确定”按钮，如图 7-54 所示。

花瓶精加工

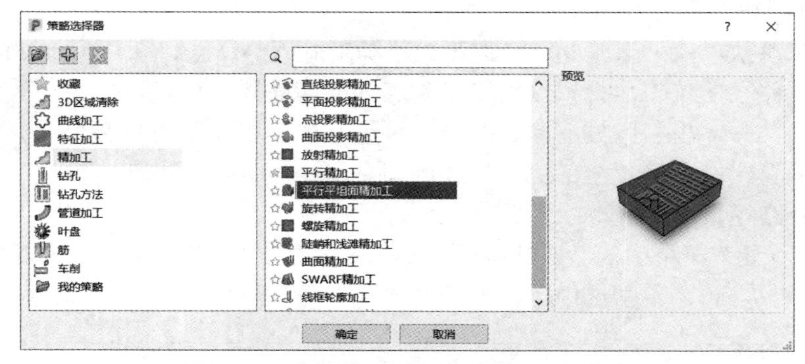

图 7-54　选择“平行平坦面精加工”策略

（2）系统弹出“平行平坦面精加工”对话框，设置公差为“0.01”，单击余量下方按钮，系统弹出侧面余量按钮及底面余量按钮，侧面余量保持“0.3”，底面余量设置为“0.0”，单击“计算”，如图 7-55 所示。

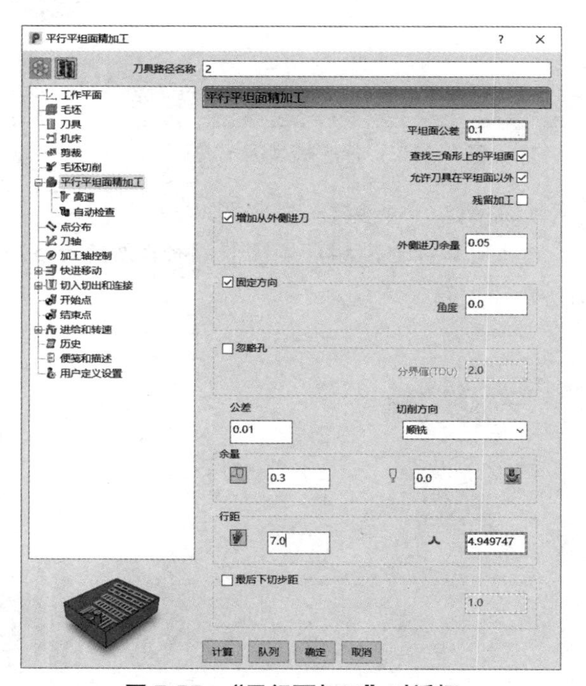

图 7-55　“平行面加工”对话框

（3）精加工刀具路径如图 7-56 所示。单击“取消”按钮关闭对话框，隐藏刀具路径进行下一步加工。

步骤 10：计算侧面精加工刀具路径。

（1）单击“开始”菜单中的“刀具路径策略”图标，打开“策略选取器”对话框，选择“精加工”，单击选中“等高精加工”，然后单击“确定”按钮，如图 7-57 所示。

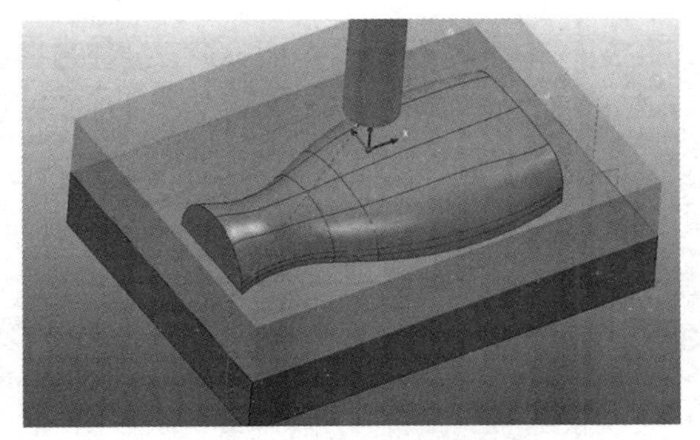

图 7-56　精加工刀具路径

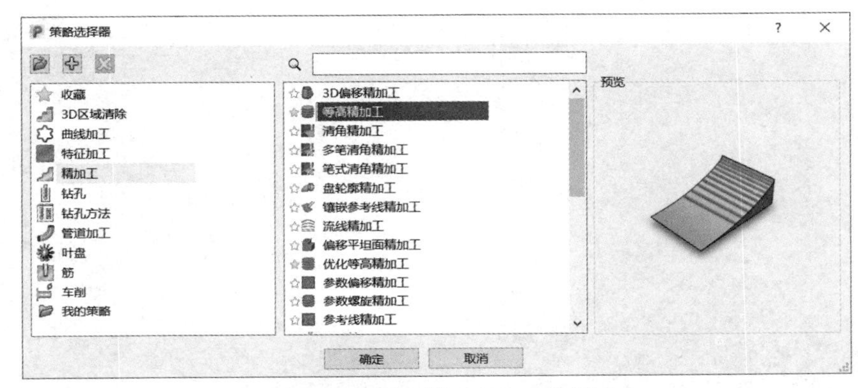

图 7-57　选择“等高精加工”策略

（2）系统弹出“等高精加工”对话框，单击“裁剪”选项，单击最大 Z 界限拾取平坦面，将拾取尺寸设置为“+3.0”（球头刀半径），如图 7-58 所示。

切削参数设置：加工到平坦区域，切削方向为顺铣，公差为“0.01”，余量为“0.0”，最小下切步距为“0.2”，如图 7-59 所示。

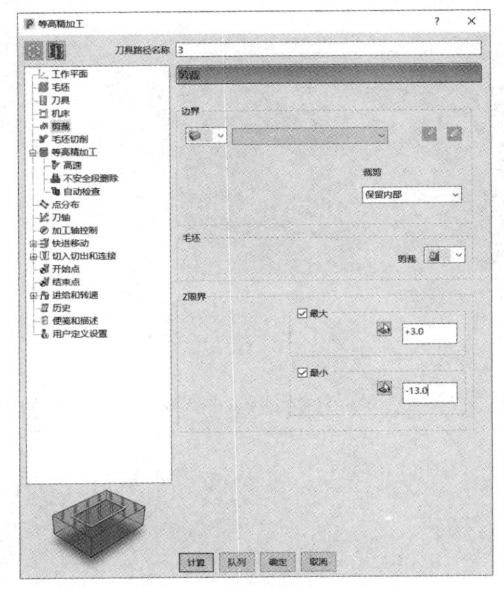

图 7-58　Z 界限设置

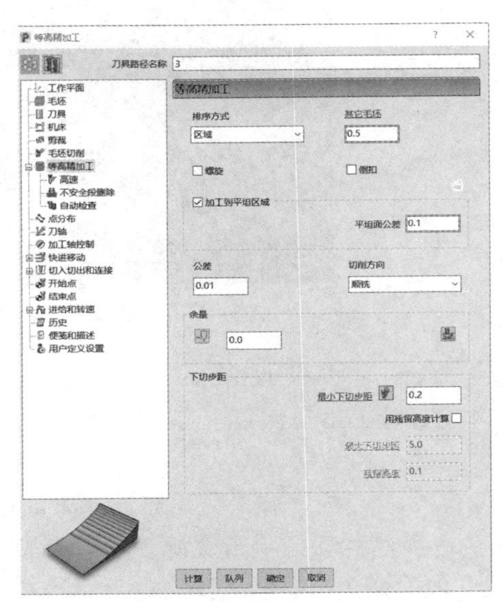

图 7-59　切削参数设置

（4）单击“切入切出和连接”下的“切入”选项，第一选择设置为“水平圆弧”，角度设置为“90”，半径设置为“4”，单击切入和切出按钮，如图 7-60 所示。

（5）单击“切入切出和连接”下的“连接”选项，“第一选择”设置为“圆形圆弧”，单击“计算”按钮，如图 7-61 所示。

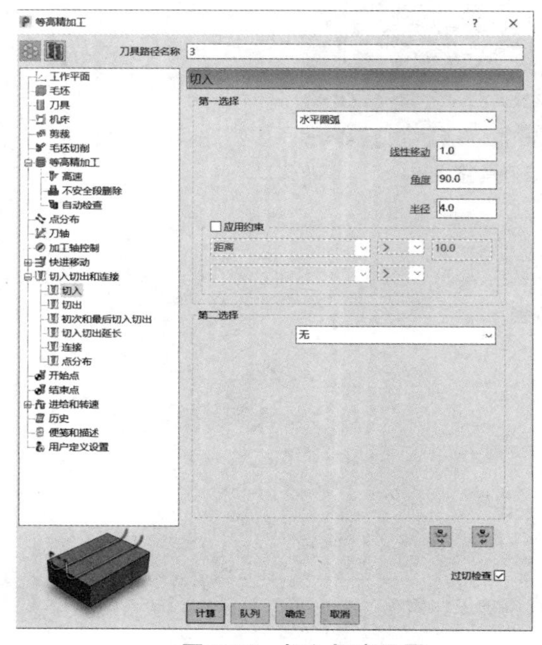

图 7-60　切入切出设置

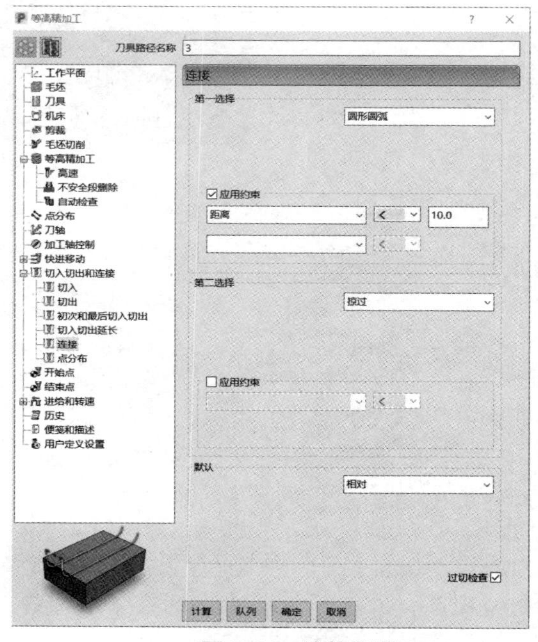

图 7-61　连接设置

侧面加工刀具路径如图 7-62 所示。

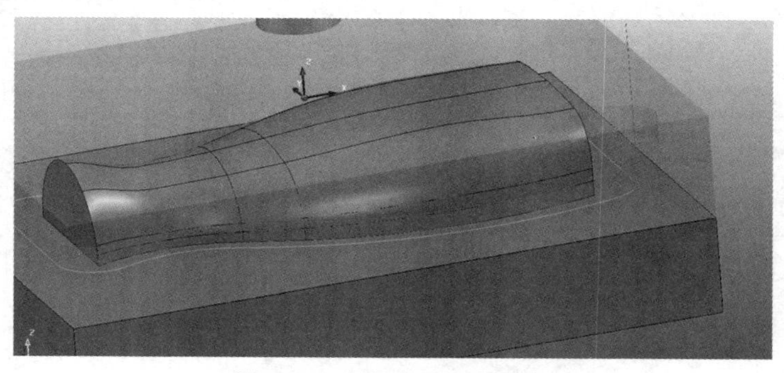

图 7-62　侧面加工刀具路径

步骤 11：计算曲面精加工刀具路径。

（1）右键单击资源管理器“刀具”下的“R3”选项，从弹出的快捷菜单中选择“激活”命令，将球头刀激活。

（2）为防止多余加工应建立边界来约束刀具路径。单击需要加工的在系统弹出的曲面，如图 7-63 所示。右键单击资源管理器中的“边界”选项，在快捷菜单中选择“创建边界”→“已选曲面”命令，在系统弹出的对话框中设置公差为“0.01”、余量为“0.3”，取消选中“专用”和“编辑历史”复选框，单击“应用”按钮，效果如图 7-64 所示。

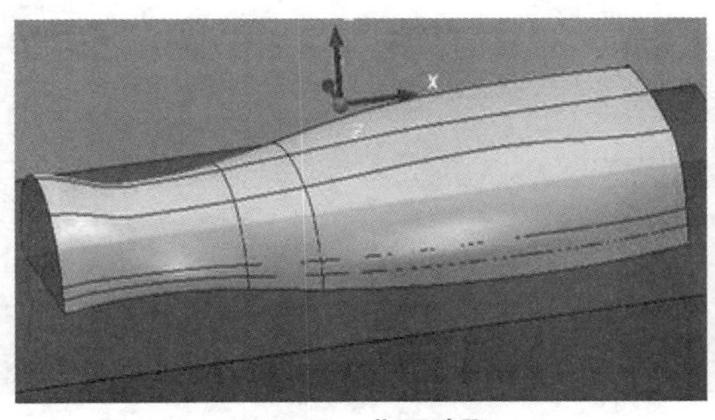

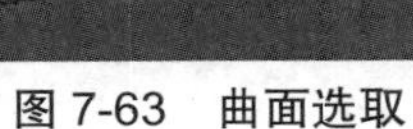

图 7-63 曲面选取

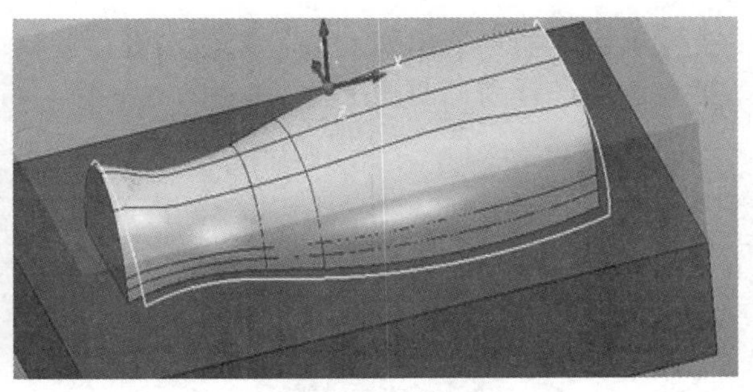

图 7-64 生成边界

（3）单击“开始”菜单中的“刀具路径策略”图标，打开“策略选取器”对话框，选择“精加工”，单击选中“优化等高精加工”，单击“确定”按钮，如图 7-65 所示。

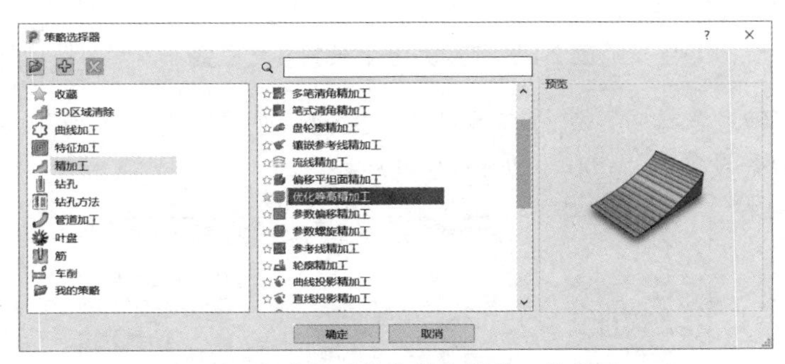

图 7-65 选择“优化等高精加工”策略

系统弹出“优化等高精加工”对话框，单击“裁剪”选项，边界选择已建立的边界，取消最大、最小 Z 界限，如图 7-66 所示。单击“优化等高精加工”选项，公差设置为“0.01”，切削方向设置为“顺铣”，余量设置为“0”，行距设置为“0.2”，如图 7-67 所示。

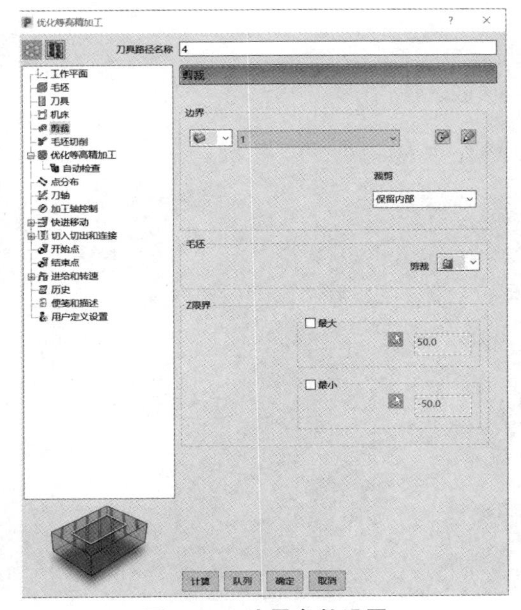

图 7-66 边界参数设置

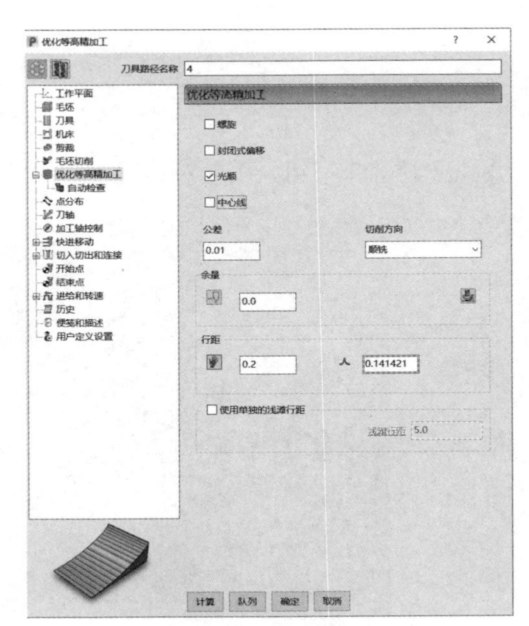

图 7-67 切削参数设置

单击“切入切出和连接”选项，进行参数设置，切入设置为“无”，切出设置为“无”，第一连接设置为“曲面上”，其他参数不变，如图 7-68 所示。

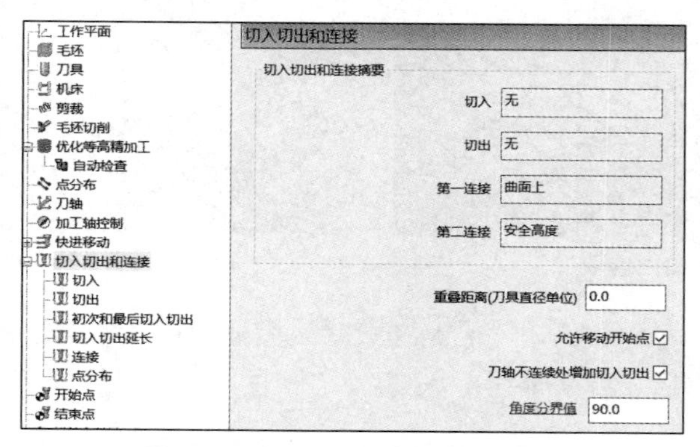

图 7-68　切入切出和连接参数设置

单击“进给和转速”选项，进行参数设置，主轴转速设置为“4000”，切削进给率设置为“1500”，下切进给率设置为“600”，如图 7-69 所示。

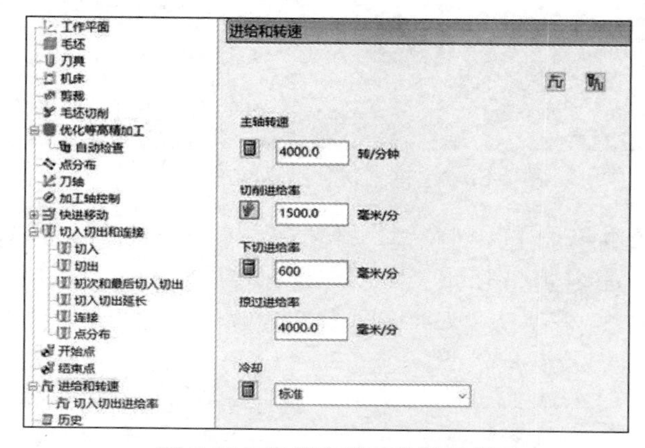

图 7-69　进给和转速参数设置

单击“计算”按钮，关闭对话框，精加工刀具路径效果如图 7-70 所示。

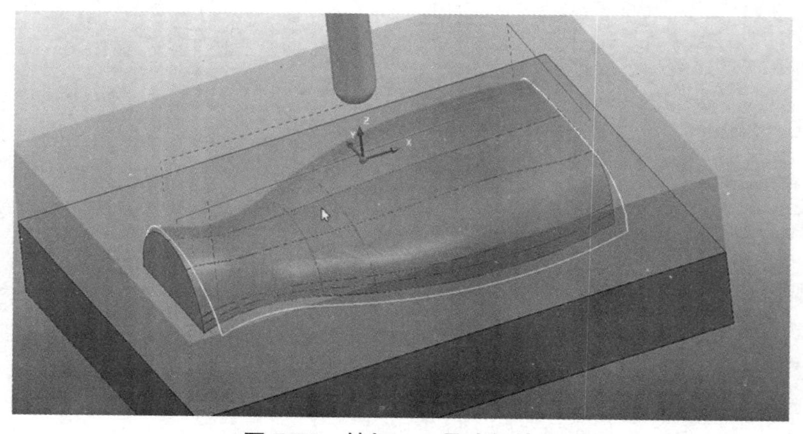

图 7-70　精加工刀具路径效果

PowerMill 的设计宗旨是尽可能地避免刀具的空程移动。选取最合适的切入切出和连接方法，可极大地提高切削效率。表 7-3 为切入切出和连接参数设置表，供读者参考。

表 7-3　切入切出和连接设置表

加工方式	刀具路径	切入	切出	连接	备注
粗加工	模型区域清除	斜向	无	掠过	斜向最大左斜角 5° 高度 3
侧壁加工	等高精加工	水平圆弧	水平圆弧	掠过	水平圆弧角度 90° 半径与刀具半径相同
底面加工	平行平坦面精加工偏移 平坦面精加工	无	无	直	
曲面加工	优化等高精加工 3D 偏移精加工	无	无	曲面上 圆形圆弧	

步骤 12：刀具路径模拟和 ViewMill 仿真。

PowerMill 提供了两种主要的刀具路径仿真手段，一种是模拟仿真，它显示了刀具的刀尖沿刀具路径的运动轨迹；另一种是切削过程中沿刀具路径切除毛坯材料的阴影图像仿真。

（1）刀具路径模拟。

① 右键单击资源管理器内“刀具路径”中的粗加工刀具路径“1”，从弹出的快捷菜单中选择“激活”命令，将其激活；然后再次右键单击该刀具路径，从弹出的快捷菜单中选择“自此仿真”命令，打开如图 7-71 所示的“仿真”工具栏，单击“运行”图标▶，即可进行粗加工刀具路径仿真。

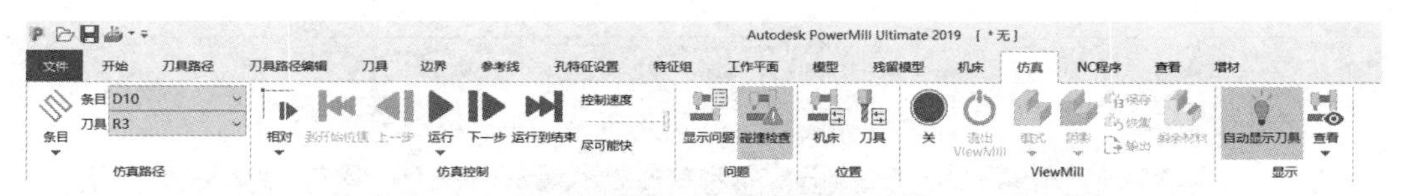

图 7-71　“仿真”工具栏

② 用同样的方法，激活资源管理器中的精加工刀具路径进行模拟仿真。“仿真”工具栏中显示了刀具路径名称、刀具名称及控制仿真的一些图标。再次开始刀具路径模拟仿真前，必须先回到路径始端（单击到开始位置图标⏮）。

在资源管理器中选取刀具路径进行模拟仿真前，必须确保该刀具路径名称旁的指示灯处于开启状态（已激活）。

（2）ViewMill 仿真。

① 首先激活粗加工刀具路径“1”，并将其加入“仿真”工具栏；单击“仿真”菜单→“开/关”图标，进入仿真状态；单击模式图标下方的 ▾ ，选择固定方向，接着单击“阴影”图标下方的 ▾，选择彩虹，最后单击自动显示刀具单击，如图 7-72 所示。

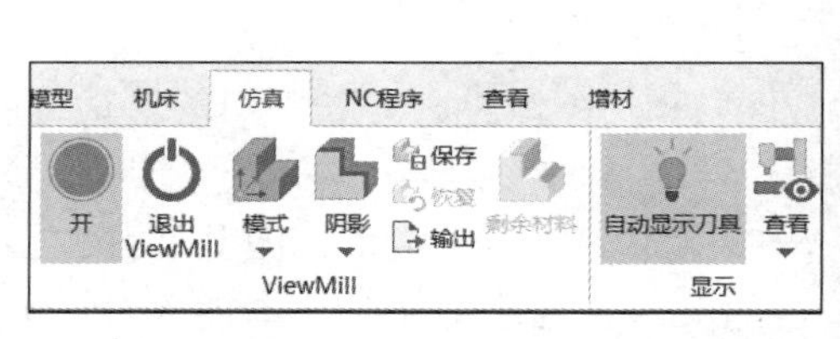

图 7-72　“ViewMill”工具栏和仿真状态下的阴影图像

② 此时单击“仿真”工具栏中的“运行”图标▶，系统即开始粗加工仿真，效果如图 7-73 所示。

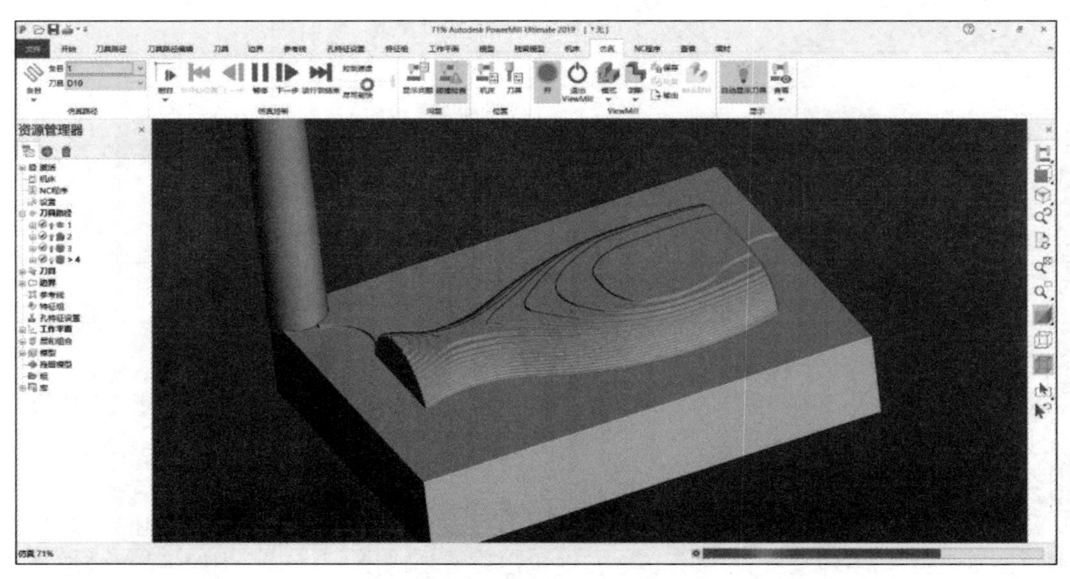

图 7-73 粗加工仿真效果

（3）用同样的方法，激活精加工刀具路径并进行模拟仿真，最终效果如图 7-74 所示。

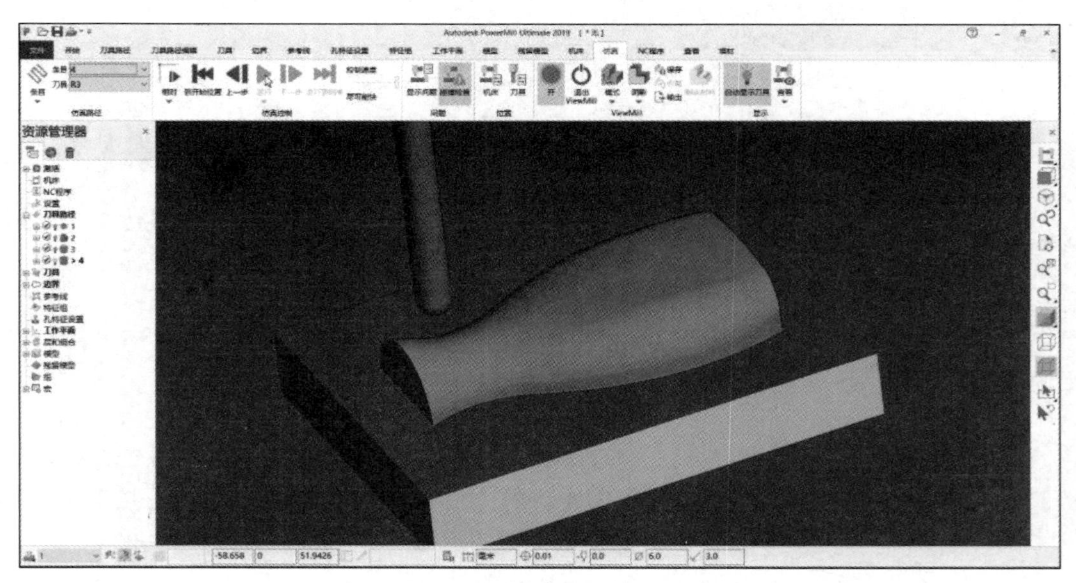

图 7-74 精加工仿真效果

（4）单击“仿真”工具栏中的“退出 VicwMil”图标，并在弹出的对话框中单击“是”按钮，确认退出仿真状态，返回编程状态。

（5）为方便今后在机床上加工零件，应在生成 NC 程序之前修改其名称。右键单击刀具路径并在快捷菜单中选择“重命名”命令，对其进行相应地命名，本任务中加工的花瓶分别命名为 1KCD10、2PMD10、3CMD10、4QMR3，与其对应的分别是粗铣、平面加工、侧面加工、曲面加工。

步骤 13：后处理（生成 NC 程序）。

前面详细介绍了刀具路径的编制，包括初始设置、创建毛坯、创建刀具、选取加工策略、设置加工参数等，但刀具路径不能直接输入数控机床作为数控代码进行加工，需要先将这些刀具路径按其在 NC 机床中的加工顺序依次排列，再对它们进行后处理生成机床代码文件*.tap 后，才能输入数控机床。

（1）单击“NC 程序”→“选项”→“首选项”图标 首选项，打开“NC 首选项”对话框。进行 NC 程序输出参数设置，输出文件夹自行选择，输出文件选择“{ncprogram}.nc”，机床选项文件选择本项目中三轴后置文件“Fanuc 3X_XC.pmoptz”，如图 7-75 所示，单击“关闭”按钮。

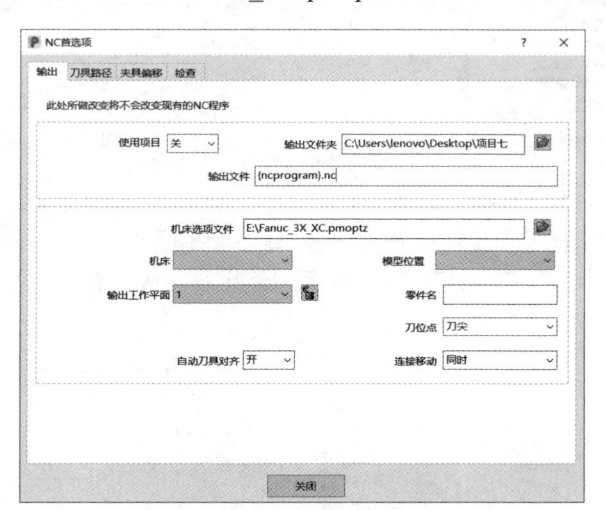

图 7-75　“NC 首选项”对话框

花瓶代码后处理

（2）右键单击资源管理器“刀具路径”选项中的粗加工刀具路径“1KCD10”，在弹出的快捷菜单中选择“创建独立的 NC 程序”命令，如图 7-76 所示。此时可以看到在 NC 程序中出现了刀具路径“1KCD10”（其他刀具路径与此相同），如图 7-77 所示。

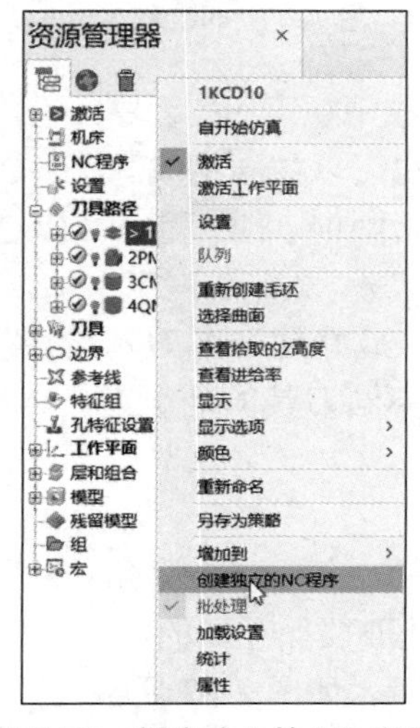

图 7-76　创建独立的 NC 程序

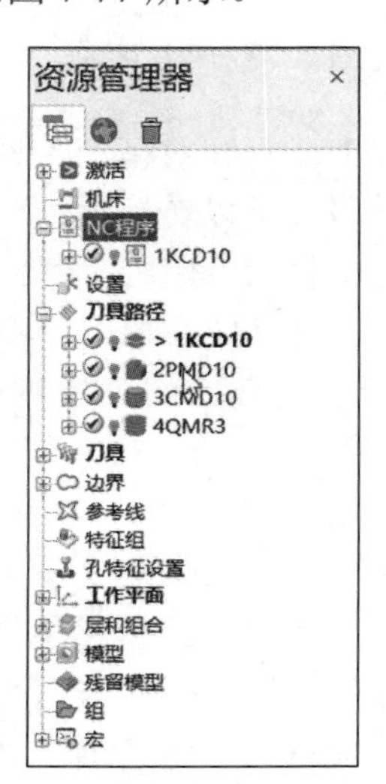

图 7-77　新生成的程序 1KCD10

（3）单击资源管理器中的“NC 程序”，选择需要输出的 NC 程序并右键单击，从弹出的快捷菜单中选择“写入”命令，如图 7-78 所示。系统即开始进行后处理计算，同时会弹出信息窗口，如图 7-79 所示。

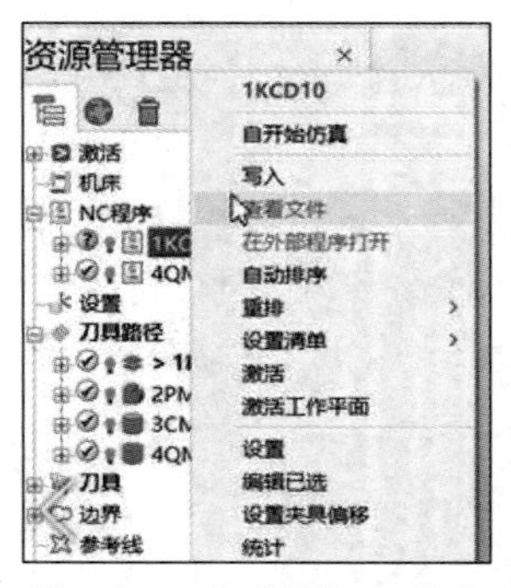

图 7-78　生成粗加工程序

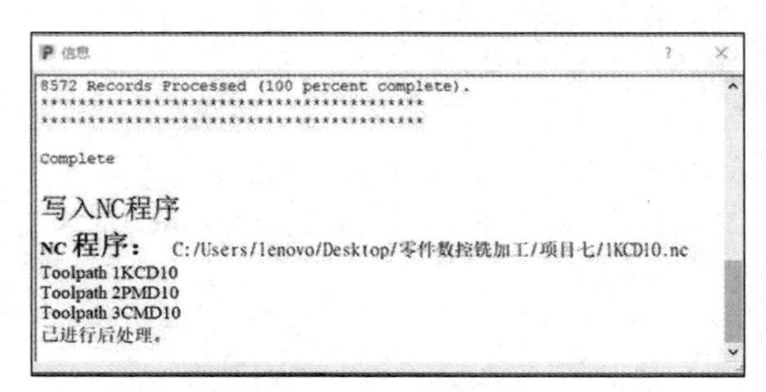

图 7-79　信息窗口

（4）等待信息窗口提示处理完成后，打开 NC 程序文件输出位置，可以看到已经生成了名称为“1KCD10.tap”的粗加工 NC 程序，如图 7-80 所示。用记事本程序打开该文件，可以查看和修改生成的 NC 程序，如图 7-81 所示。至此便完成了粗加工刀具路径 1KCD10 的后处理。

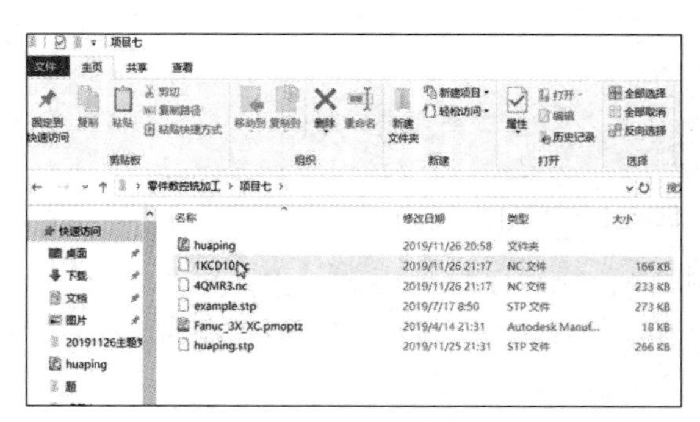

图 7-80　程序名称

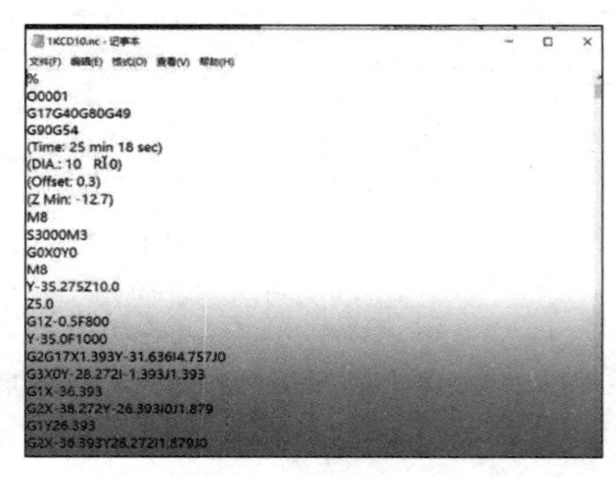

图 7-81　NC 程序

（5）参照上述步骤对精加工刀具路径进行后处理，生成精加工 NC 程序。

几个刀具路径可以转换为几个独立的 NC 程序文件，也可以共同生成一个 NC 程序文件。例如，本任务中将刀具路径“2PMD10”和“3CMD10”都添加到 NC 程序“1KCD10”中之后，再对 NC 程序“1KCD10”执行写入操作，便可共同生成一个 NC 程序文件。

对于不能自动换刀的数控机床，在生成 NC 程序时，最好是一个刀具路径生成一个独立的 NC 程序。如果机床具有自动换刀功能，就可以将不同刀具的几个刀具路径生成一个 NC 程序。

步骤 14：保存项目文件。

单击主要工具栏中的“保存项目”图标，或者选择“文件”→“保存项目”菜单命令，打开“保存项目为”对话框，在“保存在”下拉列表框中选取要保存到的位置，在“文件名”文本框中输入项目名，然后单击“保存”按钮即可保存项目，如图 7-82 所示。如果之前已经保存过项目文件，当再次执行保存项目操作时，系统将直接更新项目而不再打开“保存项目为”对话框。以后如果需要，可以重新打开保存在外部文件中的项目。

图 7-82 “保存项目为”对话框

三、制订任务进度计划

本次生产任务工期为 2 天，试根据任务要求，制订合理的工作进度计划，并根据各小组成员的特点分配工作任务。花瓶加工任务分配表见表 7-4。

表 7-4 花瓶加工任务分配表

序号	工作内容	时间分配	成员	责任人
1	工艺分析			
2	编制程序			
3	铣削加工			
4	产品质量检验与分析			

四、任务实施方案

（1）分析零件图样，确认加工花瓶的定位基准。

（2）查阅资料，说明花瓶零件的装夹方法及适用场合。

（3）以小组为单位，结合所学普通铣床加工工艺知识，制定花瓶的加工工艺卡（见表 7-5）。

表 7-5 花瓶加工工艺卡

序号	加工方式	加工部位	刀具名称	刀具直径	刀角半径	刀具长度	刀刃长度	主轴转速/（r/min）	进给速度/（mm/min）	切削深度/mm	加工余量/mm	程序名称

续表

序号	加工方式	加工部位	刀具名称	刀具直径	刀角半径	刀具长度	刀刃长度	主轴转速/(r/min)	进给速度/(mm/min)	切削深度/mm	加工余量/mm	程序名称

（4）根据花瓶加工内容，完成花瓶加工的工艺过程卡（见表7-6）。

表7-6　花瓶加工的工艺过程卡

工序号	名称	尺寸	工艺要求	检验	备注
1					
2					
3					
4					
5					
6					

五、实施编程与加工

（1）根据零件图样绘制花瓶的三维模型。

（2）查阅资料，分析NC程序上传到机床的不同方法。

（3）根据零件加工步骤及编程分析，小组合作完成花瓶的数控铣床自动编程。

（4）通过仿真软件验证零件的铣削程序，校正程序中不合理之处。

（5）在自动模式下完成工件的加工。

六、检查与评价

1. 学生自检

学生完成零件自检，填写“考核评分表”（见表7-7），并同刀具卡、工序卡和程序单一起上交。

2. 成绩评定

教师协同组长，对零件进行检测，对刀具卡、工序卡和程序单进行批改，对学生整个任务的实施过程进行分析，并填写“考核评分表”（见表 7-7）对每个学生进行成绩评定。

表 7-7 考核评分表

<table>
<tr><td colspan="2">零件名称</td><td colspan="2"></td><td colspan="2">零件图号</td><td>操作人员</td><td></td><td>完成工时</td></tr>
<tr><td>序号</td><td colspan="3">鉴定项目及标准</td><td>配分</td><td>评分标准（扣完为止）</td><td>自检</td><td>检查结果</td><td>得分</td></tr>
<tr><td>1</td><td rowspan="10">任务实施
45 分</td><td colspan="2">填写刀具卡</td><td>5</td><td>刀具选用不合理扣 5 分</td><td></td><td></td><td></td></tr>
<tr><td>2</td><td colspan="2">填写加工工序卡</td><td>5</td><td>工序编排不合理每处扣 1 分，工序卡填写不正确每处扣 1 分</td><td></td><td></td><td></td></tr>
<tr><td>3</td><td colspan="2">填写加工程序单</td><td>10</td><td>程序编制不正确每处扣 1 分</td><td></td><td></td><td></td></tr>
<tr><td>4</td><td colspan="2">工件安装</td><td>3</td><td>装夹方法不正确扣 3 分</td><td></td><td></td><td></td></tr>
<tr><td>5</td><td colspan="2">刀具安装</td><td>3</td><td>刀具安装不正确扣 3 分</td><td></td><td></td><td></td></tr>
<tr><td>6</td><td colspan="2">程序录入</td><td>3</td><td>程序输入不正确每处扣 1 分</td><td></td><td></td><td></td></tr>
<tr><td>7</td><td colspan="2">对刀操作</td><td>3</td><td>对刀不正确每次扣 1 分</td><td></td><td></td><td></td></tr>
<tr><td>8</td><td colspan="2">零件加工过程</td><td>3</td><td>加工不连续，每终止一次扣 1 分</td><td></td><td></td><td></td></tr>
<tr><td>9</td><td colspan="2">完成工时</td><td>4</td><td>每超时 5min 扣 1 分</td><td></td><td></td><td></td></tr>
<tr><td>10</td><td colspan="2">安全文明</td><td>6</td><td>撞刀、未清理机床和保养设备扣 6 分</td><td></td><td></td><td></td></tr>
<tr><td>11</td><td rowspan="5">工件质量
45 分</td><td rowspan="2">轮廓</td><td>尺寸</td><td>10</td><td>尺寸每超 0.1mm 扣 2 分</td><td></td><td></td><td></td></tr>
<tr><td>12</td><td>粗糙度</td><td>5</td><td>每降一级扣 2 分</td><td></td><td></td><td></td></tr>
<tr><td>13</td><td rowspan="2">型面</td><td>尺寸</td><td>10</td><td>尺寸每超 0.1mm 扣 2 分</td><td></td><td></td><td></td></tr>
<tr><td>14</td><td>粗糙度</td><td>5</td><td>每降一级扣 2 分</td><td></td><td></td><td></td></tr>
<tr><td>15</td><td>外观</td><td>无毛刺</td><td>15</td><td>尺寸每超 0.1mm 扣 2 分</td><td></td><td></td><td></td></tr>
<tr><td>16</td><td rowspan="3">误差分析
10 分</td><td colspan="2" rowspan="2">零件自检</td><td rowspan="2">4</td><td rowspan="2">自检有误差每处扣 1 分，未自检扣 4 分</td><td rowspan="2"></td><td rowspan="2"></td><td rowspan="2"></td></tr>
<tr><td>17</td></tr>
<tr><td>18</td><td colspan="2">填写工件误差分析</td><td>6</td><td>误差分析不到位扣 1～4 分，未进行误差分析扣 6 分</td><td></td><td></td><td></td></tr>
<tr><td colspan="4">合计</td><td>100</td><td></td><td></td><td></td><td></td></tr>
<tr><td colspan="9">误差分析（学生填）</td></tr>
<tr><td colspan="9">考核结果（教师填）</td></tr>
<tr><td>检验员</td><td colspan="2"></td><td>记分员</td><td></td><td>时间</td><td colspan="3">年 月 日</td></tr>
</table>

七、探究与拓展

利用数控铣床加工如图 7-83 所示的叶轮件，毛坯为铝合金方料，粗加工每次切削深度为 1.5mm，进给量为 120mm/min，精加工余量为 0.5mm，各尺寸的加工精度为±20μm，额定工时为 3h。

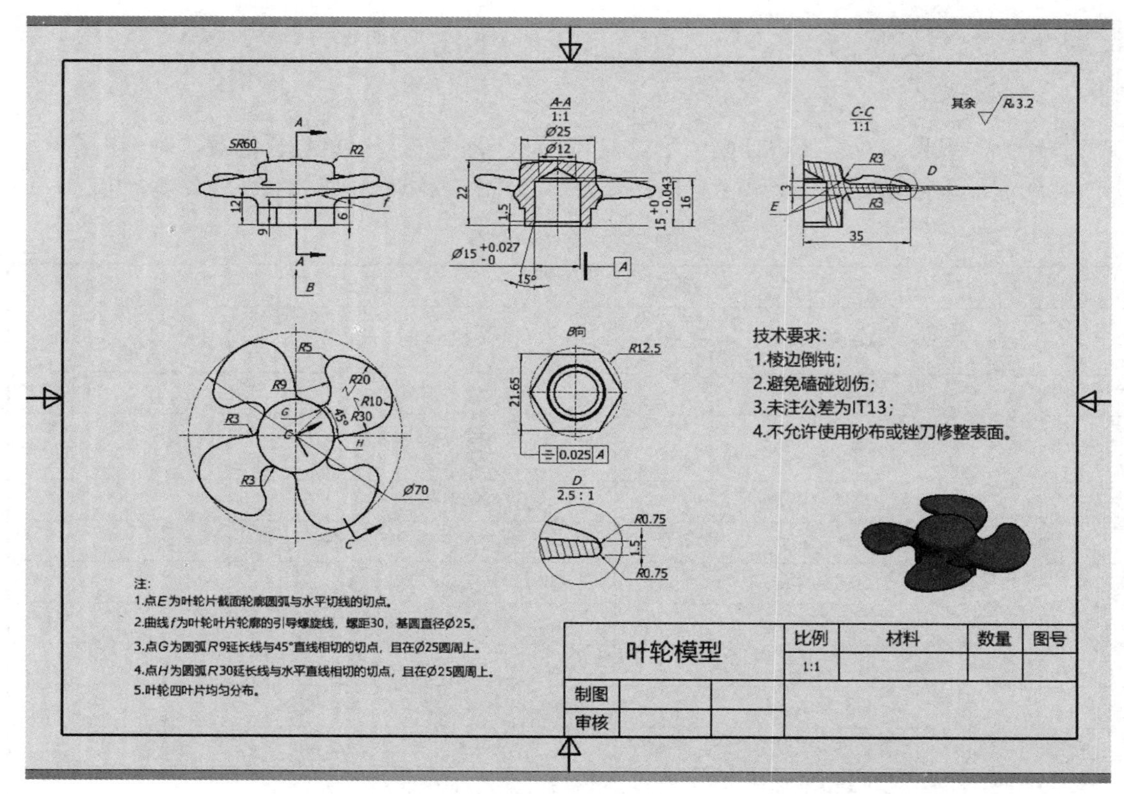

A-A
1:1
Ø25
Ø12
SR60
R2
C-C
1:1
其余 Ra3.2
R3
D
E
35
Ø15 +0.027 -0
15°
A
B
B向
R12.5
21.65
0.025 A
R5
R20
R9
R10
45°
R30
R3
G
H
Ø70
D
2.5 : 1
R0.75
1.5
技术要求:
1.棱边倒钝;
2.避免磕碰划伤;
3.未注公差为IT13;
4.不允许使用砂布或锉刀修整表面。
注:
1.点E为叶轮片截面轮廓圆弧与水平切线的切点。
2.曲线f为叶轮叶片轮廓的引导螺旋线，螺距30，基圆直径Ø25。
3.点G为圆弧R9延长线与45°直线相切的切点，且在Ø25圆周上。
4.点H为圆弧R30延长线与水平直线相切的切点，且在Ø25圆周上。
5.叶轮四叶片均匀分布。
叶轮模型
比例
材料
数量
图号
1:1
制图
审核

图 7-83　叶轮图样

附录A　国家职业标准——数控铣工

一、职业概况

1. 职业名称

数控铣工。

2. 职业定义

从事编制数控加工程序并操作数控铣床进行零件铣削加工的人员。

3. 职业等级

本职业共设四个等级，分别为中级（国家职业资格四级）、高级（国家职业资格三级）、技师（国家职业资格二级）、高级技师（国家职业资格一级）。

4. 职业环境

室内、常温。

5. 职业能力特征

具有较强的计算能力和空间感，形体知觉及色觉正常，手指、手臂灵活，动作协调。

6. 基本文化程度

高中毕业（或同等学历）。

7. 培训要求

（1）培训期限

全日制职业学校教育，根据其培养目标和教学计划确定。晋级培训期限：中级不少于400标准学时；高级不少于300标准学时；技师不少于300标准学时；高级技师不少于300标准学时。

（2）培训教师

培训中、高级人员的教师应取得本职业技师及以上职业资格证书或相关专业中级及以上专业技术职称任职资格；培训技师的教师应取得本职业高级技师职业资格证书或相关专业高级专业技术职称任职资格；培训高级技师的教师应取得本职业高级技师职业资格证书2年以上或取得相关专业高级专业技术职称任职资格2年以上。

（3）培训场地设备

满足教学要求的标准教室、计算机机房及配套的软件、数控铣床及必要的刀具、夹具、量具和辅助设备等。

8. 鉴定要求

（1）适用对象

从事或准备从事本职业的人员。

（2）申报条件

——中级：（具备以下条件之一者）

① 经本职业中级正规培训达到规定的标准学时数，并取得结业证书。

② 连续从事本职业工作 5 年以上。

③ 取得经劳动保障行政部门审核认定的，以中级技能为培养目标的中等以上职业学校的本职业（或相关专业）的毕业证书。

④ 取得相关职业中级职业资格证书后，连续从事本职业 2 年以上。

——高级：（具备以下条件之一者）

① 取得本职业中级职业资格证书后，连续从事本职业工作 2 年以上，经本职业高级正规培训，达到规定的标准学时数，并取得结业证书。

② 取得本职业中级职业资格证书后，连续从事本职业工作 4 年以上。

③ 取得劳动保障行政部门审核认定的，以高级技能为培养目标的职业学校本职业（或相关专业）的毕业证书。

④ 大专以上本专业或相关专业毕业生，经本职业高级正规培训，达到规定的标准学时数，并取得结业证书。

——技师：（具备以下条件之一者）

① 取得本职业高级职业资格证书后，连续从事本职业工作 4 年以上，经本职业技师正规培训达到规定的标准学时数，并取得结业证书。

② 取得本职业高级职业资格证书的职业学校本职业（专业）毕业生，连续从事本职业工作 2 年以上，经本职业技师正规培训达到规定的标准学时数，并取得结业证书。

③ 取得本职业高级职业资格证书的本科（含本科）以上本专业或相关专业的毕业生，连续从事本职业工作 2 年以上，经本职业技师正规培训达到规定的标准学时数，并取得结业证书。

——高级技师：

① 取得本职业技师职业资格证书后，连续从事本职业工作 4 年以上，经本职业高级技师正规培训达到规定的标准学时数，并取得结业证书。

（3）鉴定方式

分为理论知识考试和技能操作考核。理论知识考试采用闭卷方式，技能操作（含软件应用）考核采用现场实际操作和计算机软件操作方式。理论知识考试和技能操作（含软件应用）考核均实行百分制，成绩皆达 60 分及以上者为合格。技师和高级技师还需进行综合评审。

（4）考评人员与考生配比

理论知识考试考评人员与考生配比为 1∶15，每个标准教室不少于 2 名相应级别的考评员；技能操作（含软件应用）考核考评员与考生配比为 1∶2，且不少于 3 名相应级别的考评员；综合评审委员不少于 5 人。

（5）鉴定时间

理论知识考试为 120 分钟，技能操作考核中实操时间为：中级、高级不少于 240 分钟，技师和高级技师不少于 300 分钟，技能操作考核中软件应用考试时间为不超过 120 分钟，技师和高级技师的综合评审时间不少于 45 分钟。

（6）鉴定场所设备

理论知识考试在标准教室里进行，软件应用考试在计算机机房进行，技能操作考核在配备必要的数控铣床及必要的刀具、夹具、量具和辅助设备的场所进行。

二、基本要求

（1）职业道德

（略）

（2）职业道德基本知识

（略）

（3）职业守则

① 遵守国家法律、法规和有关规定。

② 具有高度的责任心、爱岗敬业、团结合作。

③ 严格执行相关标准、工作程序与规范、工艺文件和安全操作规程。

④ 学习新知识新技能、勇于开拓和创新。

⑤ 爱护设备、系统及工具、夹具、量具。

⑥ 着装整洁，符合规定；保持工作环境清洁有序，文明生产。

三、基础知识

（1）基础理论知识

① 机械制图。

② 工程材料及金属热处理知识。

③ 机电控制知识。

④ 计算机基础知识。

⑤ 专业英语基础。

（2）机械加工基础知识

① 机械原理。

② 常用设备知识（分类、用途、基本结构及维护保养方法）。

③ 常用金属切削刀具知识。

④ 典型零件加工工艺。

⑤ 设备润滑和冷却液的使用方法。

⑥ 工具、夹具、量具的使用与维护知识。

⑦ 铣工、镗工的基本操作知识。

（3）安全文明生产与环境保护知识

① 安全操作与劳动保护知识。

② 文明生产知识。

③ 环境保护知识。

（4）质量管理知识

① 企业的质量方针。

② 岗位质量要求。

③ 岗位质量保证措施与责任。

（5）相关法律、法规知识

① 劳动法的相关知识。

② 环境保护法的相关知识。

③ 知识产权保护法的相关知识。

四、工作要求

本标准对中级、高级、技师和高级技师的技能要求依次递进，高级别涵盖低级别的要求，中级和高级技能要求分别见表 A-1 和表 A-2。

表 A-1　中级技能要求

职业功能	工作内容	技能要求	相关知识
一、加工准备	（一）读图与绘图	能读懂中等复杂程度（如：凸轮、壳体、板状、支架）的零件图 能绘制有沟槽、台阶、斜面、曲面的简单零件图 能读懂分度头尾架、弹簧夹头套筒、可转位铣刀结构等简单机构装配图	复杂零件的表达方法 简单零件图的画法 零件三视图、局部视图和剖视图的画法
	（二）制定加工工艺	能读懂复杂零件的铣削加工工艺文件 能编制由直线、圆弧等构成的二维轮廓零件的铣削加工工艺文件	数控加工工艺知识 数控加工工艺文件的制定方法
	（三）零件定位与装夹	能使用铣削加工常用夹具（如压板、虎钳、平口钳等）装夹零件 能够选择定位基准，并找正零件	常用夹具的使用方法 定位与夹紧的原理和方法 零件找正的方法
	（四）刀具准备	能够根据数控加工工艺文件选择、安装和调整数控铣床常用刀具 能根据数控铣床特性、零件材料、加工精度、工作效率等选择刀具和刀具几何参数，并确定数控加工需要的切削参数和切削用量 能够利用数控铣床的功能，借助通用量具或对刀仪测量刀具的半径及长度 能选择、安装和使用刀柄 能够刃磨常用刀具	金属切削与刀具磨损知识 数控铣床常用刀具的种类、结构、材料和特点 数控铣床、零件材料、加工精度和工作效率对刀具的要求 刀具长度补偿、半径补偿等刀具参数的设置知识 刀柄的分类和使用方法 刀具刃磨的方法
二、数控编程	（一）手工编程	能编制由直线、圆弧组成的二维轮廓数控加工程序 能够运用固定循环、子程序进行零件的加工程序编制	数控编程知识 直线插补和圆弧插补的原理 节点的计算方法
	（二）计算机辅助编程	能够使用 CAD/CAM 软件绘制简单零件图 能够利用 CAD/CAM 软件完成简单平面轮廓的铣削程序	CAD/CAM 软件的使用方法 平面轮廓的绘图与加工代码生成方法
三、数控铣床操作	（一）操作面板	能够按照操作规程启动及停止机床 能使用操作面板上的常用功能键（如回零、手动、MDI、修调等）	数控铣床操作说明书 数控铣床操作面板的使用方法
	（二）程序输入与编辑	能够通过各种途径（如 DNC、网络）输入加工程序 能够通过操作面板输入和编辑加工程序	数控加工程序的输入方法 数控加工程序的编辑方法

续表

职业功能	工作内容	技能要求	相关知识
三、数控铣床操作	（三）对刀	能进行对刀并确定相关坐标系 能设置刀具参数	对刀的方法 坐标系的知识 建立刀具参数表或文件的方法
	（四）程序调试与运行	能够进行程序检验、单步执行、空运行并完成零件试切	程序调试的方法
	（五）参数设置	能够通过操作面板输入有关参数	数控系统中相关参数的输入方法
四、零件加工	（一）平面加工	能够运用数控加工程序进行平面、垂直面、斜面、阶梯面等的铣削加工，并达到如下要求： （1）尺寸公差等级达 IT7 级 （2）形位公差等级达 IT8 级 （3）表面粗糙度达 R_a3.2μm	平面铣削的基本知识 刀具端刃的切削特点
	（二）轮廓加工	能够运用数控加工程序进行由直线、圆弧组成的平面轮廓铣削加工，并达到如下要求： （1）尺寸公差等级达 IT8 级 （2）形位公差等级达 IT8 级 （3）表面粗糙度达 R_a3.2μm	平面轮廓铣削的基本知识 刀具侧刃的切削特点
	（三）曲面加工	能够运用数控加工程序进行圆锥面、圆柱面等简单曲面的铣削加工，并达到如下要求： （1）尺寸公差等级达 IT8 级 （2）形位公差等级达 IT8 级 （3）表面粗糙度达 R_a3.2μm	1. 曲面铣削的基本知识 2. 球头刀具的切削特点
	（四）孔类加工	能够运用数控加工程序进行孔加工，并达到如下要求： （1）尺寸公差等级达 IT7 级 （2）形位公差等级达 IT8 级 （3）表面粗糙度达 R_a3.2μm	麻花钻、扩孔钻、丝锥、镗刀及铰刀的加工方法
	（五）槽类加工	能够运用数控加工程序进行槽、键槽的加工，并达到如下要求： （1）尺寸公差等级达 IT8 级 （2）形位公差等级达 IT8 级 （3）表面粗糙度达 R_a3.2μm	槽、键槽的加工方法
	（六）精度检验	能够使用常用量具进行零件的精度检验	常用量具的使用方法 零件精度检验及测量方法
五、维护与故障诊断	（一）机床日常维护	能够根据说明书完成数控铣床的定期及不定期维护保养，包括机械、电、气、液压、数控系统的检查和日常保养等	数控铣床说明书 数控铣床日常保养方法 数控铣床操作规程 数控系统（进口、国产数控系统）说明书
	（二）机床故障诊断	能读懂数控系统的报警信息 能发现数控铣床的一般故障	数控系统的报警信息 机床的故障诊断方法
	（三）机床精度检查	能进行机床水平的检查	水平仪的使用方法 机床垫铁的调整方法

表 A-2 高级技能要求

职业功能	工作内容	技能要求	相关知识
一、加工准备	（一）读图与绘图	能读懂装配图并拆画零件图 能够测绘零件 能够读懂数控铣床主轴系统、进给系统的机构装配图	根据装配图拆画零件图的方法 零件的测绘方法 数控铣床主轴与进给系统基本构造知识
	（二）制定加工工艺	能编制二维、简单三维曲面零件的铣削加工工艺文件	复杂零件数控加工工艺的制定

续表

职业功能	工作内容	技能要求	相关知识
一、加工准备	（三）零件定位与装夹	能选择和使用组合夹具和专用夹具 能选择和使用专用夹具装夹异型零件 能分析并计算夹具的定位误差 能够设计与自制装夹辅具（如轴套、定位件等）	数控铣床组合夹具和专用夹具的使用、调整方法 专用夹具的使用方法 夹具定位误差的分析与计算方法 装夹辅具的设计与制造方法
	（四）刀具准备	能够选用专用工具（刀具和其他） 能够根据难加工材料的特点，选择刀具的材料、结构和几何参数	专用刀具的种类、用途、特点和刃磨方法 切削难加工材料时的刀具材料和几何参数的确定方法
二、数控编程	（一）手工编程	能够编制较复杂的二维轮廓铣削程序 能够根据加工要求编制二次曲面的铣削程序 能够运用固定循环、子程序进行零件的加工程序编制 能够进行变量编程	较复杂二维节点的计算方法 二次曲面几何体外轮廓节点计算 固定循环和子程序的编程方法 变量编程的规则和方法
	（二）计算机辅助编程	能够利用 CAD/CAM 软件进行中等复杂程度的实体造型（含曲面造型） 能够生成平面轮廓、平面区域、三维曲面、曲面轮廓、曲面区域、曲线的刀具轨迹 能进行刀具参数的设置 能进行加工参数的设置 能确定刀具的切入切出位置与轨迹 能够编辑刀具轨迹 能够根据不同的数控系统生成 G 代码	1. 实体造型的方法 2. 曲面造型的方法 3. 刀具参数的设置方法 4. 刀具轨迹生成的方法 5. 各种材料切削用量的数据 6. 有关刀具切入切出的方法对加工质量影响的知识 7. 轨迹编辑的方法 8. 后置处理程序的设置和使用方法
	（三）数控加工仿真	能利用数控加工仿真软件实施加工过程仿真、加工代码检查与干涉检查	数控加工仿真软件的使用方法
三、数控铣床操作	（一）程序调试与运行	能够在机床中断加工后正确恢复加工	程序的中断与恢复加工的方法
	（二）参数设置	能够依据零件特点设置相关参数进行加工	数控系统参数设置方法
四、零件加工	（一）平面铣削	能够编制数控加工程序铣削平面、垂直面、斜面、阶梯面等，并达到如下要求： （1）尺寸公差等级达 IT7 级 （2）形位公差等级达 IT8 级 （3）表面粗糙度达 R_a3.2μm	1. 平面铣削精度控制方法 2. 刀具端刃几何形状的选择方法
	（二）轮廓加工	能够编制数控加工程序铣削较复杂的（如凸轮等）平面轮廓，并达到如下要求： （1）尺寸公差等级达 IT8 级 （2）形位公差等级达 IT8 级 （3）表面粗糙度达 R_a3.2μm	1. 平面轮廓铣削的精度控制方法 2. 刀具侧刃几何形状的选择方法
	（三）曲面加工	能够编制数控加工程序铣削二次曲面，并达到如下要求： （1）尺寸公差等级达 IT8 级 （2）形位公差等级达 IT8 级 （3）表面粗糙度达 R_a3.2μm	1. 二次曲面的计算方法 2. 刀具影响曲面加工精度的因素以及控制方法
	（四）孔系加工	能够编制数控加工程序对孔系进行切削加工，并达到如下要求： （1）尺寸公差等级达 IT7 级 （2）形位公差等级达 IT8 级 （3）表面粗糙度达 R_a3.2μm	麻花钻、扩孔钻、丝锥、镗刀及铰刀的加工方法
	（五）深槽加工	能够编制数控加工程序进行深槽、三维槽的加工，并达到如下要求： （1）尺寸公差等级达 IT8 级 （2）形位公差等级达 IT8 级 （3）表面粗糙度达 R_a3.2μm	深槽、三维槽的加工方法
	（六）配合件加工	能够编制数控加工程序进行配合件加工，尺寸配合公差等级达 IT8 级	配合件的加工方法 尺寸链换算的方法

续表

职业功能	工作内容	技能要求	相关知识
四、零件加工	（七）精度检验	能够利用数控系统的功能使用百（千）分表测量零件的精度 能对复杂、异形零件进行精度检验 能够根据测量结果分析产生误差的原因 能够通过修正刀具补偿值和修正程序来减少加工误差	复杂、异形零件的精度检验方法 产生加工误差的主要原因及其消除方法
五、维护与故障诊断	（一）日常维护	能完成数控铣床的定期维护	数控铣床定期维护手册
	（二）故障诊断	能排除数控铣床的常见机械故障	机床的常见机械故障诊断方法
	（三）机床精度检验	能协助检验机床的各种出厂精度	机床精度的基本知识

五、比重表

中级、高级、技师、高级技师在理论知识和技能操作方面的比重分别见表 A-3 和表 A-4。

表 A-3　理论知识

项目		中级/%	高级/%	技师/%	高级技师/%
基本要求	职业道德	5	5	5	5
	基础知识	20	20	15	15
相关知识	加工准备	15	15	25	—
	数控编程	20	20	10	—
	数控铣床操作	5	5	5	—
	零件加工	30	30	20	15
	数控铣床维护与精度检验	5	5	10	10
	培训与管理	—	—	10	15
	工艺分析与设计	—	—	—	40
合计		100	100	100	100

表 A-4　技能操作

项目		中级/%	高级/%	技师/%	高级技师/%
技能要求	加工准备	10	10	10	—
	数控编程	30	30	30	—
	数控铣床操作	5	5	5	—
	零件加工	50	50	45	45
	数控铣床维护与精度检验	5	5	5	10
	培训与管理	—	—	5	10
	工艺分析与设计	—	—	—	35
合计		100	100	100	100

附录 B　中级数控铣工技能鉴定理论知识样题

注意事项

1. 请首先按要求在试卷的标封处填写您的姓名、考号和所在单位的名称。
2. 请仔细阅读各种题目的回答要求，在规定的位置填写您的答案。
3. 不要在试卷上乱写乱画，不要在标封区填写无关内容。

题号	一	二	总　分	评卷人
得分				

得　分	评分人

一、选择题（共 160 题，每题 0.5 分，选择正确得分。错选、漏选、多选均不得分。）

1. 莫氏锥柄一般用于（　　）的场合。

A. 定心要求比较高　　B. 要求能快速换刀

C. 定心要求不高　　D. 要求定心精度高和快速更换

2.（　　）指令可以分为模态指令和非模态指令。

A. G　　B. M　　C. F　　D. T

3. 不属于岗位质量要求的内容是（　　）。

A. 操作规程　　B. 工艺规程　　C. 工序的质量指标　　D. 日常行为准则

4. 在铣削加工余量较大、精度要求较高的平面时，可按（　　）进行加工。

A. 一次铣去全部余量　　B. 先粗后精

C. 阶梯铣削　　D. 粗铣→半精铣→精铣

5. 设 H01=−2mm，则执行 G91 G44 G01 Z-20.H01 F100 程序段后，刀具实际移动距离为（　　）mm。

A. 30　　B. 18　　C. 22　　D. 20

6. 坐标进给是根据判别结果，使刀具向 *Z* 或 *Y* 轴方向移动一（　　）。

A. 分米　　B. 米　　C. 步　　D. 段

7. FANUC 系统中，M98 指令是（　　）指令。

A. 主轴低速范围　　B. 调用子程序

C. 主轴高速范围　　D. 子程序结束

8. 下面所述特点不属于球头铣刀特点的是（　　）。

A. 可以进行轴向、径向切削　　B. 常用于曲面精加工

C. 加工效率高　　D. 底刃处切削条件差

9. 制定数控加工工序时，采用一次装夹工位上多工序集中加工原则的主要目的是（　　）。

A. 减少换刀时间　　B. 减少重复定位误差

C. 减少切削时间　　D. 简化加工程序

10. 安全管理可以保证操作者在工作时的安全或提供便于工作的（　　）。

A. 生产场地　　B. 生产环境　　C. 生产空间　　D. 生产路径

11. 职业道德的内容不包括（　　）。

A. 职业道德意识　　B. 职业道德行为规范

C. 从业者享有的权利　　D. 职业守则

12. FANUC 系统的数控铣床除可用 G54～G59 指令来设置工件坐标系外，还可用（　　）指令确定。

A. G50　　B. G92　　C. G49　　D. G53

13. 下列球头铣刀常用于曲面精加工的是（　　）。

A. 多刀片可转位球头刀　　B. 单刀片球头刀

C. 整体式球头刀　　D. 单刀片球头刀和整体式球头刀

14. 按故障出现的频次分类，数控系统故障分为（　　）。

A. 硬件故障和软件故障　　B. 随机性故障和系统性故障

C. 机械故障和电气故障　　D. 有报警故障和无报警故障

15. 下列选项中属于职业道德范畴的是（　　）。

A. 企业经营业绩　　B. 企业发展战略

C. 员工的技术水平　　D. 人们的内心信念

16. 标注线性尺寸时，尺寸数字的方向应优选（　　）。

A. 水平　　B. 垂直

C. 在尺寸线上方　　D. 随尺寸线方向变化

17. 夹紧力的方向应尽量（　　）于主切削力。

A. 垂直　　B. 平行同向　　C. 倾斜指向　　D. 平行反向

18. Auto CAD 在文字样式中的设置不包括（　　）。

A. 颠倒　　B. 反向　　C. 垂直　　D. 向外

19.（　　）是职业道德修养的前提。

A. 学习先进人物的优秀品质　　B. 确立正确的人生观

C. 培养自己良好的行为习惯　　D. 增强自律性

20. 下述几种垫铁中，（　　）常用于振动较大或质量为 10～15t 的中小型机床的安装。

A. 斜垫铁　　B. 开口垫铁　　C. 钩头垫铁　　D. 等高铁

21. Auto CAD 中要准确地把圆的圆心移到直线的中点需要使用（　　）。

A. 正交　　B. 对象捕捉　　C. 栅格　　D. 平移

22. 一个工人在单位时间内生产出合格的产品的数量是（　　）。

A. 工序时间定额　　B. 生产时间定额　　C. 劳动生产率　　D. 辅助时间定额

23.《公民道德建设实施纲要》提出，要充分发挥社会主义市场经济机制的积极作用，人们必须增强（　　）。

A. 个人意识、协作意识、效率意识、物质利益观念、改革开放意识

B. 个人意识、竞争意识、公平意识、民主法制意识、开拓创新精神

C. 自立意识、竞争意识、效率意识、民主法制意识、开拓创新精神

D. 自立意识、协作意识、公平意识、物质利益观念、改革开放意识

24. 在 Auto CAD 软件中，若要将图形中的所有尺寸都标注为原有尺寸数值的 2 倍，应设定（　　）。

A. 文字高度　　B. 使用全局比例　　C. 测量单位比例　　D. 换算单位

25. 斜垫铁的斜度为（　　），常用于安装尺寸小、要求不高、安装后不需要调整的机床。

A. 1∶2　　B. 1∶5　　C. 1∶10　　D. 1∶20

26. 敬业就是以一种严肃认真的态度对待工作，下列不符合的是（　　）。

A. 工作勤奋努力　　B. 工作精益求精

C. 工作以自我为中心　　D. 工作尽心尽力

27. 爱岗敬业的具体要求是（　　）。

A. 看效益决定是否爱岗　　B. 转变择业观念

C. 提高职业技能　　D. 增强把握择业的机遇意识

28. 安全文化的核心是树立（　　）的价值观念，真正做到“安全第一，预防为主”。

A. 以产品质量为主　　B. 以经济效益为主

C. 以人为本　　D. 以管理为主

29. 标注尺寸的三要素是尺寸数字、尺寸界线和（　　）。

A. 箭头　　B. 尺寸公差　　C. 形位公差　　D. 尺寸线

30. JT40 表示大端直径为 44.45 mm、锥度为 7∶24 的（　　）标准刀柄。

A. 中国　　B. 国际　　C. 德国　　D. 日本

31. 标准麻花钻的顶角是（　　）。

A. 100°　　B. 118°　　C. 140°　　D. 130°

32. 无论主程序还是子程序都是由若干（　　）组成。

A. 程序段　　B. 坐标　　C. 图形　　D. 字母

33. JT 和 BT 两种标准锥柄的不同之处在于（　　）。

A. 柄部　　B. 大端直径　　C. 小端直径　　D. 锥度长度

34. 扩孔的加工质量比钻孔高，一般尺寸精度可达（　　）。

A. IT14～IT16　　B. IT9～IT10　　C. IT7～IT8　　D. IT5～IT6

35. 按数控机床故障频率的高低，通常将机床的使用寿命分为（　　）个阶段。

A. 2　　B. 3　　C. 4　　D. 5

36. 在同一工序中既有平面又有孔需要加工，而且孔的位置在平面的区域内，可采用（　　）。

A. 粗铣平面→钻孔→精铣平面　　B. 先加工平面，后加工孔

C. 先加工孔，后加工平面　　D. 任一种形式

37. 为了防止换刀时刀具与工件发生干涉，换刀点的位置应设在（　　）。

A. 机床原点　　B. 工件外部　　C. 工件原点　　D. 对刀点

38. 为了保证轴类键槽加工后对中心的要求，应避免采用的工艺方法是（ ）。
A. 分层加工 B. 调整刀补加工 C. 粗精分开加工 D. 直接成型加工
39. 采用球头刀铣削加工曲面，减小残留高度的办法是（ ）。
A. 减小球头刀半径和加大行距 B. 减小球头刀半径和减小行距
C. 加大球头刀半径和减小行距 D. 加大球头刀半径和加大行距
40. 程序段序号通常用（ ）位数字表示。
A. 8 B. 10 C. 4 D. 11
41. 优质碳素结构钢的牌号由（ ）数字组成。
A. 一位 B. 两位 C. 三位 D. 四位
42.（ ）的说法属于禁语。
A. “问别人去” B. “请稍候” C. “抱歉” D. “同志”
43. G01 属于模态指令，在程序中遇到（ ）指令码后，仍为有效。
A. G00 B. G02 C. G03 D. G04
44. G00 代码的功能是快速定位，它属于（ ）代码。
A. 模态 B. 非模态 C. 标准 D. ISO
45. 相同条件下，使用立铣刀切削加工，表面粗糙度最好的刀具齿数应为（ ）。
A. 2 B. 3 C. 4 D. 6
46. 型腔类零件的粗加工，刀具通常选用（ ）。
A. 球头刀 B. 键槽刀 C. 三刃立铣刀 D. 四刃立铣刀
47. G 代码表中的 00 组的 G 代码属于（ ）。
A. 非模态指令 B. 模态指令 C. 增量指令 D. 绝对指令
48.（ ）能够增强企业内聚力。
A. 竞争 B. 各尽其责 C. 个人主义 D. 团结互助
49. 表示主运动及进给运动大小的参数是（ ）。
A. 切削速度 B. 切削用量 C. 进给量 D. 切削深度
50. 由主切削刃直接切成的表面叫（ ）。
A. 切削平面 B. 切削表面 C. 已加工面 D. 待加工面
51.（ ）主要用于制造低速、手动工具及常温下使用的工具、模具、量具。
A. 硬质合金 B. 高速钢 C. 合金工具钢 D. 碳素工具钢
52. 修磨麻花钻横刃的目的是（ ）。
A. 减小横刃处前角 B. 增加横刃强度
C. 增大横刃处前角、后角 D. 缩短横刃，降低钻削力
53. 在形状公差中，符号“—”表示（ ）。
A. 高度 B. 面轮廓度 C. 透视度 D. 直线度
54. 斜线方式下刀时，通常采用的下刀角度为（ ）。
A. 0～5° B. 5°～15° C. 15°～25° D. 25°～35°
55. 安装零件时，应尽可能使定位基准与（ ）基准重合。
A. 测量 B. 设计 C. 装配 D. 工艺
56. G01 为直线插补指令，程序段中 F 指定的速度实际执行时为（ ）。
A. 单轴各自的移动速度 B. 合成速度

C. 曲线进给切向速度　　D. 第一轴的速度

57.（　　）对提高铣削平面的表面质量无效。

A. 提高主轴转速　　B. 减小切削深度

C. 使用刀具半径补偿　　D. 降低进给速度

58. 铣削加工时，为了减小工件表面粗糙度 R_a 的值，应该采用（　　）。

A. 顺铣　　B. 逆铣

C. 顺铣和逆铣都一样　　D. 依被加工表面材料决定

59. 百分表的示值范围通常有 0～3mm、0～5mm 和（　　）三种。

A. 0～8mm　　B. 0～10mm　　C. 0～12mm　　D. 0～15mm

60.（　　）的断口呈灰白相间的麻点状，性能不好，极少应用。

A. 白口铸铁　　B. 灰口铸铁　　C. 球墨铸铁　　D. 麻口铸铁

61. 按化学成分铸铁可分为（　　）。

A. 普通铸铁和合金铸铁　　B. 灰铸铁和球墨铸铁

C. 灰铸铁和可锻铸铁　　D. 白口铸铁和麻口铸铁

62. V 形架用于工件外圆的定位，其中短 V 形架限制（　　）个自由度。

A. 6　　B. 2　　C. 3　　D. 8

63. 形位公差的基准代号不管处于什么方向，圆圈内的字母应（　　）书写。

A. 水平　　B. 垂直　　C. 45 度倾斜　　D. 任意

64. G00 指令移动速度的初值是由（　　）指定的。

A. 机床参数　　B. 数控程序　　C. 操作面板　　D. 进给倍率

65. 铣削键槽时所要保证的主要位置公差是（　　）。

A. 键槽侧面的平面度　　B. 键槽中心线的直线度

C. 键槽对轴的中心线的对称度　　D. 键槽两侧的平行度

66. 使主运动能够继续切除工件多余的金属，以形成工作表面所需的运动，称为（　　）。

A. 进给运动　　B. 主运动　　C. 辅助运动　　D. 切削运动

67. 工件的同一自由度被一个以上定位元件重复限制的定位状态属（　　）。

A. 过定位　　B. 欠定位　　C. 完全定位　　D. 不完全定位

68. 将图样中所表示物体部分的结构用大于原图形所采用的比例画出的图形称为（　　）。

A. 局部剖视图　　B. 局部视图　　C. 局部放大图　　D. 移出剖视图

69.（　　）不采用数控技术。

A. 金属切削机床　　B. 压力加工机床　　C. 电加工机床　　D. 组合机床

70. 当零件图尺寸为链连接（相对尺寸）标注时适宜用（　　）编程。

A. 绝对值　　B. 增量值

C. 两者混合　　D. 先绝对值后相对值

71. 百分表转数指示盘上小指针转动 1 格，则量杆移动（　　）。

A. 1mm　　B. 0.5cm　　C. 10cm　　D. 5cm

72. 百分表对零后（即转动表盘，使零刻度线对准长指针），若测量时长指针沿逆时针方向转动 20 格指向标有 80 的刻度线，则测量杆沿轴线相对于测头方向（　　）。

A. 缩进 0.2mm　　B. 缩进 0.8mm　　C. 伸出 0.2mm　　D. 伸出 0.8mm

73. 数控机床的基本组成包括输入装置、数控装置、（　　）及机床本体。

A. 主轴箱　　B. PLC 可编程序控制器
C. 伺服系统　　D. 计算机

74. 百分表测头与被测表面接触时，量杆压缩量为（　　）。
A. 0.3～1mm　　B. 1～3mm　　C. 0.5～3mm　　D. 任意

75. G21 指令表示程序中尺寸字的单位为（　　）。
A. m　　B. 英寸　　C. mm　　D. μm

76. 数控机床有以下特点，其中不正确的是（　　）。
A. 具有充分的柔性　　B. 能加工复杂形状的零件
C. 加工的零件精度高，质量稳定　　D. 大批量、高精度

77. G20 代码是（　　）制输入功能，它是 FANUC 数控车床系统的选择功能。
A. 英　　B. 公　　C. 米　　D. 国际

78. YG8 硬质合金，牌号中的数字 8 表示（　　）含量的百分数。
A. 碳化钴　　B. 钴　　C. 碳化钛　　D. 钛

79. G00 指令与下列的（　　）指令不是同一组的。
A. G01　　B. G02　　C. G04　　D. G03

80. G00 是指令刀具以（　　）移动方式，从当前位置运动并定位于目标位置的指令。
A. 点动　　B. 走刀　　C. 快速　　D. 标准

81. 铣削时刀具半径补偿的应用之一是（　　）。
A. 用同一程序，同一尺寸的刀具可实现对工件的粗、精加工
B. 仅能作粗加工
C. 仅能作精加工
D. 仅能加工曲线轮廓

82. 在正确使用刀具长度补偿指令的情况下，当所用刀具与理想刀具长度出现偏差时，可将偏差值输入到（　　）。
A. 长度补偿形状值　　B. 长度磨损补偿值
C. 半径补偿形状值　　D. 半径补偿磨损值

83. G02 X20.Y20.R-10.F120.；所加工的轨迹是（　　）。
A. R10 的凸圆弧　　B. R10 的凹圆弧
C. 180°<夹角<360°的圆弧　　D. 夹角≤180°的圆弧

84. 数控机床同一润滑部位的润滑油应该（　　）。
A. 用同一牌号　　B. 可混用
C. 使用不同型号　　D. 只要润滑效果好就行

85. 按断口颜色铸铁可分为的（　　）。
A. 灰口铸铁、白口铸铁、麻口铸铁　　B. 灰口铸铁、白口铸铁、可锻铸铁
C. 灰铸铁、球墨铸铁、可锻铸铁　　D. 普通铸铁、合金铸铁

86. Auto CAD 中设置点样式在（　　）菜单栏中进行。
A. 格式　　B. 修改　　C. 绘图　　D. 编程

87. 左视图反映物体的（　　）的相对位置关系。
A. 上下和左右　　B. 前后和左右　　C. 前后和上下　　D. 左右和上下

88. 按铣刀的齿背形状分可分为尖齿铣刀和（　　）。

A. 三面刃铣刀　　B. 端铣刀　　C. 铲齿铣刀　　D. 沟槽铣刀

89. 数控机床在编辑状态时的模式选择开关应置于（　　）。

A. JOG FEED　　B. PRGRM　　C. ZERO RETURN　　D. EDIT

90. 为了保证镗杆和刀体有足够的刚性，加工孔径在30～120mm范围内时，镗杆直径一般为孔径的（　　）较为合适。

A. 1　　B. 0.8　　C. 0.5　　D. 0.3

91. 安全生产的核心制度是（　　）制度。

A. 安全活动日　　B. 安全生产责任制　　C. “三不放过”　　D. 安全检查

92. 基本尺寸是（　　）的尺寸。

A. 设计时给定　　B. 测量出来　　C. 计算出来　　D. 实际

93. 一般切削（　　）材料时，容易形成节状切屑。

A. 塑性　　B. 中等硬度　　C. 脆性　　D. 高硬度

94. FANUC Oi系统中程序段M98 P0260表示（　　）。

A. 停止调用子程序　　B. 调用1次子程序“O0260”

C. 调用2次子程序“O0260”　　D. 返回主程序

95. 数控机床电气柜的空气交换部件应（　　）清除积尘，以免温升过高产生故障。

A. 每日　　B. 每周　　C. 每季度　　D. 每年

96. 切削铸铁、黄铜等脆性材料时，往往形成不规则的细小颗粒切屑，我们将其称为（　　）。

A. 粒状切屑　　B. 节状切屑　　C. 带状切屑　　D. 崩碎切屑

97. G04 指令常用于（　　）。

A. 进给保持　　B. 暂停排屑　　C. 选择停止　　D. 短时无进给光整

98. 在FANUC系统程序段G04 P1000中，P指令表示（　　）。

A. 缩放比例　　B. 子程序号　　C. 循环参数　　D. 暂停时间

99. 冷却作用最好的切削液是（　　）。

A. 水溶液　　B. 乳化液　　C. 切削油　　D. 防锈剂

100.（　　）不是切削液的用途。

A. 冷却　　B. 润滑　　C. 提高切削速度　　D. 清洗

101.（　　）不属于切削液。

A. 水溶液　　B. 乳化液　　C. 切削油　　D. 防锈剂

102. 用于润滑的（　　）耐热性高，但不耐水，用于高温负荷处。

A. 钠基润滑脂　　B. 钙基润滑脂

C. 锂基润滑脂　　D. 铝基及复合铝基润滑脂

103. 万能角度尺在（　　）范围内，应装上角尺。

A. 0°～50°　　B. 50°～140°　　C. 140°～230°　　D. 230°～320°

104. X6132是常用的铣床型号，其中数字32表示（　　）。

A. 工作台面宽度320mm　　B. 工作台行程3200mm

C. 主轴最高转速320r/min　　D. 主轴最低转速320r/min

105. G27指令的功能是（　　）。

A. 返回第一参考点检测　　B. 返回第二参考点检测

C. 返回工件零点检测　　D. 参考点返回检测

106. X62W 是常用的铣床型号，其中数字 6 表示（　　）。

A. 立式　　B. 卧式　　C. 龙门　　D. 仪表

107. X6132 是常用的铣床型号，其中数字 6 表示（　　）。

A. 立式　　B. 卧式　　C. 龙门　　D. 仪表

108. 防止漏气、漏水是润滑剂的（　　）。

A. 密封作用　　B. 防锈作用　　C. 洗涤作用　　D. 润滑作用

109. 立式铣床与卧式铣床相比较，主要区别是（　　）。

A. 立式铣床主轴轴线与工作台垂直设置　　B. 立式铣床主轴轴线与工作台水平设置

C. 卧式铣床主轴轴线与工作台垂直设置　　D. 卧式铣床主轴轴线与横梁垂直设置

110. 指定 G41 或 G42 指令必须在含有（　　）指令的程序段中才能生效。

A. G00 或 G01　　B. G02 或 G03　　C. G01 或 G02　　D. G01 或 G03

111.（　　）是切削过程产生自激振动的原因。

A. 切削时刀具与工件之间的摩擦　　B. 不连续的切削

C. 加工余量不均匀　　D. 回转体不平衡

112. 在 FANUC MA 系统的程序段 G92X20Y50Z30M03 中点（20，50，30）为（　　）。

A. 刀具的起点　　B. 程序起点　　C. 机床参考点　　D. 程序终点

113. G52 指令表示（　　）。

A. 工件坐标系设定指令　　B. 工件坐标系选取指令

C. 设定局部坐标系指令　　D. 设定机械坐标系指令

114. 下列零件中（　　）最适宜采用正火。

A. 高碳钢零件　　B. 力学性能要求较高的零件

C. 形状较为复杂的零件　　D. 低碳钢零件

115. FANUC 数控系统的程序结束指令为（　　）。

A. M00　　B. M03　　C. M05　　D. M30

116. FANUC 系统中，（　　）指令是主程序结束指令。

A. M02　　B. M00　　C. M03　　D. M30

117. 零件图技术要求栏中的 C42 表示热处理淬火后的硬度为（　　）。

A. HRC50～55　　B. HB500　　C. HV1000　　D. HRC42～45

118. FANUC Oi 数控系统中，在主程序中调用子程序 O1010 的正确指令是（　　）。

A. M99 01010　　B. M98 01010　　C. M99 P1010　　D. M98 P1010

119. position 可翻译为（　　）。

A. 位置　　B. 坐标　　C. 程序　　D. 原点

120. FANUC Oi 系统中以 M99 结尾的程序是（　　）。

A. 主程序　　B. 子程序　　C. 增量程序　　D. 宏程序

121. FANUC 系统中程序结尾处的 M99 表示（　　）。

A. 子程序结束　　B. 调用子程序

C. 返回主程序首段程序段　　D. 返回主程序第二程序段

122. M99 指令功能代码是子程序（　　），使子程序返回到主程序。

A. 开始　　B. 选择　　C. 结束　　D. 循环

123. 编程时（　　）由编程者确定，可根据编程方便原则，确定在工件的适当位置。

A. 工件原点　　B. 机床参考点　　C. 机床原点　　D. 对刀点

124. 数控铣床是工作台运动形式，编写程序时采用（　　）的原则。

A. 刀具固定不动，工件移动　　B. 工件固定不动，刀具移动

C. 分析机床运动关系后再定　　D. 由机床说明书说明

125. G 指令中用于刀具半径左补偿的指令是（　　）。

A. G41　　B. G42　　C. G40　　D. G49

126. G 指令中用于刀具半径补偿取消的指令是（　　）。

A. G41　　B. G42　　C. G40　　D. G49

127. alarm 的意义是（　　）。

A. 警告　　B. 插入　　C. 替换　　D. 删除

128. program 可翻译为（　　）。

A. 删除　　B. 程序　　C. 循环　　D. 工具

129. 万能角度尺按其游标读数值可分为 2′和（　　）两种。

A. 4′　　B. 8′　　C. 6′　　D. 5′

130. 不爱护设备的做法是（　　）。

A. 保持设备清洁　　B. 正确使用设备　　C. 自己修理设备　　D. 及时保养设备

131. 錾削时的切削角度，应使后角在（　　）之间，以防錾子扎入或滑出工件。

A. 10°～15°　　B. 12°～18°　　C. 15°～30°　　D. 5°～8°

132. 新机床就位需要做（　　）小时的连续运转才认为可行。

A. 1～2　　B. 8～16　　C. 96　　D. 36

133. CNC 系统一般可用几种方式得到工件加工程序，其中 MDI 是（　　）。

A. 利用磁盘机读入程序　　B. 从串行通信接口接收程序

C. 利用键盘以手动方式输入程序　　D. 从网络通过 Modem 接收程序

134. 薄板料的锯削应该尽可能（　　）。

A. 分几个方向锯下　　B. 快速的锯下　　C. 缓慢的锯下　　D. 从宽面上锯下

135. FANUC 系统中，已知 H01 中的值为 11，执行程序段 G91 G44 Z-18.0 H01 后，刀具的实际移动量是（　　）。

A. 18mm　　B. 7mm　　C. 25mm　　D. 29mm

136. 钻孔加工的一条固定循环指令至多可包含（　　）个基本步骤。

A. 5　　B. 4　　C. 6　　D. 3

137. 模拟刀具路径轨迹时，必须在（　　）方式下进行。

A. 点动　　B. 快点　　C. 自动　　D. 手摇脉冲

138. DNC 的基本功能是（　　）。

A. 刀具管理　　B. 生产调度　　C. 生产监控　　D. 传送 NC 程序

139. X6132 型卧式万能铣床进给方向的改变，是利用（　　）。

A. 改变离合器啮合位置　　B. 改变传动系统的轴数

C. 改变电动机线路　　D. 改变主轴正反转

140. MDI 面板中 CAN 键的作用是删除（　　）中的字符或符号。

A. 系统内存　　B. 参数设置栏　　C. 输入缓冲区　　D. MDI 方式窗口

141. 下列做法中，对保持工作环境清洁有序不利的是（　　）。

A. 优化工作环境　　B. 工作结束后再清除油污

C. 随时清除油污和积水　　D. 整洁的工作环境可以振奋职工精神

142. 下列做法中，对保持工作环境清洁有序不利的是（　　）。

A. 随时清除油污和积水　　B. 通道上少放物品

C. 整洁的工作环境可以振奋职工精神　　D. 毛坯、半成品按规定堆放整齐

143. 量块除常作为长度基准进行尺寸传递外，还广泛用于鉴定和（　　）量具量仪。

A. 找正　　B. 检测　　C. 比较　　D. 校准

144. 固定循环路线中的（　　）是为安全进刀切削而规定的一个平面。

A. 初始平面　　B. R 点平面　　C. 孔底平面　　D. 零件表面

145. 在 FANUC 系统中进行孔加工时，（　　）指令的功能是使刀具返回到初始平面。

A. G90　　B. G91　　C. G98　　D. G99

146. 利用铣床加工凸轮时，要求主轴有一定的精度，其精度主要是指（　　）。

A. 运动精度　　B. 几何精度　　C. 尺寸精度　　D. 表面粗糙度

147. 20f6、20f7、20f8 三个尺寸的公差带（　　）。

A. 上偏差相同且下偏差相同　　B. 上偏差相同但下偏差不相同

C. 上偏差不相同且下偏差相同　　D. 上、下偏差各不相同

148. 按下 NC 控制机电源接通按钮 1～2s 后，荧光屏显示（　　）字样，表示控制机已进入正常工作状态。

A. ROAD　　B. LEADY　　C. READY　　D. MEADY

149. 比较不同尺寸的精度，取决于（　　）。

A. 偏差值的大小　　B. 公差值的大小

C. 公差等级的大小　　D. 公差单位数的大小

150. 孔轴配合的配合代号由（　　）组成。

A. 基本尺寸与公差带代号　　B. 孔的公差带代号与轴的公差带代号

C. 基本尺寸与孔的公差带代号　　D. 基本尺寸与轴的公差带代号

151. 基本偏差确定公差带的位置，一般情况下，基本偏差是（　　）。

A. 上偏差　　B. 下偏差

C. 实际偏差　　D. 上偏差或下偏差中靠近零线的那个偏差

152. 标准公差用 IT 表示，共有（　　）个等级。

A. 8　　B. 7　　C. 55　　D. 20

153. 零件的加工精度包括尺寸精度、几何形状精度和（　　）三方面内容。

A. 相互位置精度　　B. 表面粗糙度　　C. 重复定位精度　　D. 测检精度

154. 零件几何要素按存在的状态分有实际要素和（　　）。

A. 轮廓要素　　B. 被测要素　　C. 理想要素　　D. 基准要素

155. 零件的加工精度应包括（　　）。

A. 尺寸精度、几何形状精度和相互位置精度

B. 尺寸精度

C. 尺寸精度、形状精度和表面粗糙度

D. 几何形状精度和相互位置精度

156. 零件加工时产生表面粗糙度的主要原因是（　　）。

A. 刀具装夹不准确而形成的误差

B. 机床的几何精度方面的误差

C. 机床-刀具-工件系统的振动、发热和运动不平衡

D. 刀具和工件表面间的摩擦、切屑分离时表面层的塑性变形及工艺系统的高频振动

157. 零件加工中，刀痕和振动是影响（　　）的主要原因。

A. 刀具装夹误差　　B. 机床的几何精度　　C. 圆度　　D. 表面粗糙度

158. 工件的精度和表面粗糙度在很大程度上取决于主轴部件的刚度和（　　）精度。

A. 测量　　B. 形状　　C. 位置　　D. 回转精度

159. 零件加工中，影响表面粗糙度的主要原因是（　　）。

A. 刀具装夹误差　　B. 机床的几何精度　　C. 圆度　　D. 刀痕和振动

160. 表面质量对零件的使用性能的影响不包括（　　）。

A. 耐磨性　　B. 耐腐蚀性能　　C. 导电能力　　D. 疲劳强度

二、判断题（共 40 题，每题 0.5 分。正确的请在括号内打“√”，错误的打“×”。）

161. 铰刀的齿槽有螺旋槽和直槽两种。其中直槽铰刀切削平稳、振动小、寿命长、铰孔质量好，尤其适用于铰削轴向带有键槽的孔。（　　）

162. 在普通铣床上加工时，可采用划线、找正和借料等方法解决毛坯加工余量的问题。（　　）

163. 长圆锥销用于圆孔定位，限制 5 个自由度。（　　）

164. CRT 可显示的内容有零件程序、参数、坐标位置、机床状态、报警信息等。（　　）

165. 电动机按结构及工作原理可分为异步电动机和同步电动机。（　　）

166. 数控机床按工艺用途分类，可分为数控切削机床、数控电加工机床、数控测量机床等。（　　）

167. 画图比例 1∶5，是图形比实物放大五倍。（　　）

168. 遵纪守法是每个公民应尽的社会责任和道德义务。（　　）

169. 刃磨刀具时，不能用力过大，以防打滑伤手。（　　）

170. “以遵纪守法为荣、以违法乱纪为耻”的实质是把遵纪守法看成现代公民的基本道德守则。（　　）

171. G54 设定的工件坐标系原点在再次开机后仍然保持不变。（　　）

172. 用立铣刀铣削加工内轮廓时，需要考虑轮廓的拐角圆弧。（　　）

173. 当数控系统启动之后，仅用 G28 指令就能使轴自动返回参考点确立机床坐标系。（　　）

174. 三视图的投影规律是：主视图与俯视图宽相等，主视图与左视图高平齐，俯视图与左视图长对正。（　　）

175. 铣削时，刀具无论是正转还是反转，工件都会被切下切屑。（　　）

176. 铣削时，铣刀切入工件时的切削速度方向和工件的进给方向相反，这种铣削方式称为顺铣。（　　）

177. Auto CAD 中用直线命令绘制多条线段时，绘制的直线段是一条整体线段。（　　）

178. 数控编程中既可以用绝对值编程，也可以用增量值编程。（　　）

179. 铣削键槽时，为保证槽宽的尺寸，可先用外径比槽宽小的立铣刀粗铣，然后用经过专门修磨的立铣刀精铣。（　　）

180. 工件夹紧后，工件的六个自由度都被限制了。（　　）

181. 孔公差带代号 F8 中的 F 确定了孔公差带的位置。（　　）

182. 当系统开机后发现电池电压报警信号时，应立即更换电池，并在系统关机时更换。（　　）

183. 一把新刀或重新刃磨过的刀具从开始使用直至达到磨钝标准所经历的实际切削时间，称为刀具寿命。（　　）

184. 切削时严禁用手摸刀具或工件。（　　）

185. 碳素工具钢和合金工具钢用于制造中低速成型的刀具。（　　）

186. 百分表和量块是检验一般精度轴向尺寸的主要量具。（　　）

187. 百分表可用于绝对测量，不能用于相对测量。（　　）

188. 标准麻花钻的切削部分由三刃、四面组成。（　　）

189. G 代码分为模态和非模态代码，非模态代码是指某一 G 代码被指定后就一直有效。（　　）

190. 硬质合金的特点是耐热性差，切削效率低，强度、韧性高。（　　）

191. 铰刀是一种尺寸精确的单刃刀具。（　　）

192. 铰孔的切削速度与钻孔的切削速度相等。（　　）

193. 用一个程序段加工整圆不能用 R 编程。（　　）

194. X6132 型卧式万能铣床的纵向、横向两个方向的进给运动是互锁的，不能同时进给。（　　）

195. 图样上若未标注公差的尺寸，则表示加工时没有公差及相关技术的要求。（　　）

196. 用逐点比较法加工的直线绝对是一条直线。（　　）

197. 一般假设刀具静止，并通过工件的相对位移来判定数控机床的坐标系方向。（　　）

198. 在等误差法直线段逼近的节点计算中，任意相邻两节点间的逼近误差为等误差。（　　）

199. 刀具的长度补偿量必须大于等于零。（　　）

200. 零件从毛坯到成品的整个加工过程中，总余量等于各工序余量之和。（　　）

参 考 答 案

选择题

1. B　2. A　3. D　4. D　5. B　6. C　7. B　8. C　9. B　10. B　11. C　12. B　13. D　14. B　15. C　16. D　17. D　18. D　19. B　20. C　21. B　22. C　23. C　24. C　25. C　26. C　27. B　28. C　29. D　30. B　31. B　32. A　33. A　34. B　35. B　36. B　37. B　38. D　39. C　40. C　41. B　42. A　43. D　44. A　45. D　46. C　47. A　48. D　49. B　50. B　51. D　52. D　53. D　54. B　55. B　56. B　57. C　58. A　59. B　60. D　61. A　62. B　63. A　64. A　65. C　66. A　67. A　68. C　69. D　70. B　71. A　72. C　73. C　74. A　75. C　76. D　77. A　78. B　79. C　80. C　81. A　82. B　83. C　84. A　85. A　86. A　87. C　88. C　89. D　90. B　91. B　92. A　93. B　94. B　95. B　96. D　97. D　98. D　99. A　100. C　101. D　102. A　103. C　104. A　105. A　106. B　107. B　108. A　109. A　110. A　111. A　112. A　113. B　114. D　115. D　116. D　117. D　118. D　119. B　120. C　121. A　122. C　123. A　124. B　125. A　126. A　127. A　128. B　129. D　130. C　131. D　132. B　133. C　134. D　135. D　136. C　137. C　138. D　139. A　140. C　141. B　142. B　143. D　144. A　145. C　146. A　147. B　148. C　149. C　150. B　151. D　152. D　153. A　154. C　155. A　156. C　157. D　158. D　159. D　160. B

是非题

161. ×　162. √　163. ×　164. √　165. √　166. √　167. ×　168. √　169. √　170. √　171. √　172. √　173. ×　174. ×　175. ×　176. ×　177. ×　178. √　179. √　180. ×　181. √　182. ×　183. √　184. √　185. √　186. ×　187. ×　188. ×　189. ×　190. ×　191. ×　192. ×　193. √　194. √　195. ×　196. ×　197. ×　198. √　199. ×　200. √

附录 C　高级数控铣工技能鉴定理论知识样题

注意事项

1. 请首先按要求在试卷的标封处填写您的姓名、考号和所在单位的名称。
2. 请仔细阅读各种题目的回答要求，在规定的位置填写您的答案。
3. 不要在试卷上乱写乱画，不要在标封区填写无关内容。

题号	一	二	总　分	评卷人
得分				

得　分	评分人

一、选择题（共 80 题，每题 0.5 分，选择正确得分。错选、漏选、多选均不得分，也不扣分。）

1. 整体三面刃铣刀一般采用（　　）制造。

A. YT 类硬质合金　B. YG 类硬质合金　C. 高速钢　D. 不锈钢

2. YG8 硬质合金其代号后面的数字表示（　　）的百分比含量。

A. 碳化钨　B. 碳化钛　C. 碳化泥　D. 钴

3. 由主切削刃直接切成的表面叫（　　）。

A. 切削平面　B. 切削表面　C. 已加工面　D. 待加工面

4. 通过主切削刃上某一点，并与该点的切削速度方向垂直的平面称为（　　）。

A. 基面　B. 切削平面　C. 主剖面　D. 横向剖面

5. 铣削过程中的主运动是（　　）。

A. 铣刀旋转　B. 工作台带动工件移动

C. 工作台纵向进给　D. 工作台快速运行

6. 平面的质量主要从（　　）和（　　）两个方面来衡量。

A. 表面粗糙度　B. 垂直度　C. 平行度　D. 平面度

7. 常用游标卡尺 0～125mm 的游标读数值为（　　）mm。

A. 0.1　B. 0.05　C. 0.02　D. 0.01

8. 游标卡尺在测量工件精度等级低于 IT11 级时应合理选用读数值为（　　）mm 的卡尺。

A. 0.01　　B. 0.02　　C. 0.05　　D. 0.1

9. 外径千分尺是测量精度等级（　　）的工件尺寸。

A. 不高于 IT10　　B. IT10～IT11　　C. 不高于 IT17　　D. IT7～IT9

10. 数控机床的 T 指令是指（　　）

A. 主轴功能　　B. 辅助功能　　C. 进给功能　　D. 刀具功能

11. 程序原点是编程员在数控编程过程中定义在工件上的几何基准点，加工开始时以当前主轴位置为参照点设置工件坐标系，使用的 G 指令是（　　）

A. G92　　B. G90　　C. G91　　D. G93

12. 外径千分尺的分度值为（　　）mm。

A. 0.01　　B. 0.02　　C. 0.001　　D. 0.005

13. 地址编码 A 的意义是（　　）

A. 围绕 *X* 轴回转运动角度尺寸　　B. 围绕 *Y* 轴回转运动角度尺寸

C. 平行于 *X* 轴的第二角度尺寸　　D. 平行于 *X* 轴的第二角度尺寸

14. 在常用的钨钴类硬质合金中，粗铣时一般应选用（　　）牌号的硬质合金。

A. YG3　　B. YG6　　C. YG6X　　D. YG8

15. 具有较好的综合切削性能的硬质合金，其牌号有 YA6、YW1、YW2 等，这类硬质合金称为（　　）硬质合金。

A. 钨钴类　　B. 钨钛钴类　　C. 涂层　　D. 通用

16. 主刀刃与基圆之间的夹角称为（　　）。

A. 螺旋角　　B. 前角　　C. 后角　　D. 主偏角

17.（　　）的主要作用是减少后刀面与切削表面之间的摩擦。

A. 前角　　B. 后角　　C. 螺旋角　　D. 刃倾角

18. MID 方式是指（　　）

A. 自动加工方式　　B. 手动输入方式　　C. 空运行方式　　D. 单段运行方式

19. 铣床精度检验包括铣床的（　　）精度检验和工作精度检验。

A. 几何　　B. 制造　　C. 装配　　D. 定位

20. 必须在主轴的（　　）个位置上检验铣床主轴锥孔中心线的径向圆跳动。

A. 1　　B. 2　　C. 3　　D. 4

21. 根据加工要求，有些工件并不需要限制其 6 个自由度，这种定位方式称为（　　）。

A. 欠定位　　B. 不完全定位　　C. 过定位　　D. 完全定位

22. 作定位元件用的 V 形架上两斜面间的夹角，一般选用 60°、90°和 120°，以（　　）应用最多。

A. 60°　　B. 90°　　C. 120°　　D. 一样多

23. 工艺基准按其功用的不同，可分为定位基准、测量基准和（　　）基准三种。

A. 粗　　B. 精　　C. 装配　　D. 设计

24. 铣削难加工材料，衡量铣刀磨损程度时，是以刀具的（　　）磨损为准。

A. 前刀面　　B. 后刀面　　C. 主切削刀　　D. 副切削刀

25. 高温合金导热性差，高温强度大，切削时容易黏刀，故铣削高温合金时，后角要大些，前角应取（　　）。

A. 正值　　B. 负值　　C. 0°　　D. 均可

26. 在数控铣床上铣削不太复杂的立体曲面时，常用（　　）坐标联动的加工方法。

A. 2　　B. 3　　C. 4　　D. 5

27. 框式水平仪的主水准泡上表面是（　　）。

A. 水平　　B. 凹圆弧形　　C. 凸圆弧形　　D. 方形

28. 产品质量波动是（　　）。

A. 可以避免的　　B. 不可以避免的

C. 有时可以避免的　　D. 有时不可以避免的

29. 工序的成果符合规定要求的程度反映了（　　）的高低。

A. 工序质量　　B. 检验质量　　C. 产品质量　　D. 经济效益

30. 数控铣床工作时，其所需的全部动作都可用代码表示，（　　）是用来存储这些代码的。

A. 伺服系统　　B. 数控装置　　C. 控制介质　　D. 机床主体

31. 闭环控制的数控铣床伺服系统常用大惯量（　　）电机作驱动元件。

A. 直流　　B. 交流　　C. 稳压　　D. 步进

32. 孔的轴线的直线度属于孔的（　　）。

A. 尺寸精度　　B. 形状精度　　C. 位置精度　　D. 表面粗糙度

33. 孔的轴线与端面的垂直度属于孔的（　　）。

A. 尺寸精度　　B. 形状精度　　C. 位置精度　　D. 表面粗糙度

34. 准备功能代码用（　　）字母表示。

A. M　　B. G　　C. F　　D. S

35. 进给率用（　　）字母给出设定。

A. F　　B. S　　C. B　　D. R

36. 顺时针圆弧插补用代码（　　）表示。

A. G03　　B. G04　　C. G02　　D. G00

37. 主轴正转用代码（　　）表示。

A. M01　　B. M02　　C. M03　　D. M04

38. 代码组 G96S1200 表示（　　）。

A. 主轴以 1200 转/分的速度转动　　B. 主轴允许的最高转速为 1200 转/分

C. 主轴以 1200mm/米的线速度旋转　　D. 主轴以 600mm/米的线速度旋转

39. 用代码（　　）表示程序的零点偏置。

A. G57　　B. G96　　C. G90　　D. G71

40. 孔的形状精度主要有（　　）。

A. 圆度　　B. 垂直度　　C. 平行度　　D. 圆柱度

41. 形成（　　）切屑的过程比较平稳，切削力波动较小，已加工表面粗糙度较高。

A. 带状　　B. 节状　　C. 粒状　　D. 崩碎

42. 在逆铣时，工件所受的（　　）铣削力的方向始终与进给方向相反。

A. 切向　　B. 径向　　C. 轴向　　D. 纵向

43. 在工艺过程中安排时效工序的目的，主要是（　　）。

A. 增加刚性　　B. 提高硬度　　C. 消除内应力　　D. 增加强度

44. 圆轴在扭转变形时，其截面上只受（　　）。

A. 正压力　　B. 扭曲应力　　C. 剪应力　　D. 弯矩

45. 液压系统的功率大小与系统的（　　）大小有关。

A. 压力和流量　　B. 压强和面积　　C. 压力和体积　　D. 负载和直径

46. 采用手动夹紧装置时，夹紧机构必须具有（　　）性。

A. 导向　　B. 自锁　　C. 平衡　　D. 平稳

47. 选用硬质合金刀具时，其前角应比高速钢刀具的前角（　　）。

A. 大　　B. 小　　C. 一样　　D. 前几项均不正确

48. 牌号为 YG8 的硬质合金材料比 YG3 材料的（　　）和（　　）高。

A. 抗弯强度　　B. 韧性　　C. 硬度　　D. 耐磨性

49. 铣床做空运转试验的目的是（　　）。

A. 检验加工精度　　B. 检验工率

C. 检验是否能正常运转　　D. 前几项均不正确

50. 检验铣床主轴的径向跳动，应选用（　　）检验工具。

A. 百分表和检验棒　　B. 千分尺和角度

C. 百分表和卡尺　　D. 千分尺和检验棒

51. 刀具磨损后，刀刃变钝，切削作用减小，推挤作用增大，切削层金属的（　　）增加，产生的热量增多。

A. 弹性变形　　B. 塑性变形

C. 切屑与前刀面的摩擦　　D. 后刀面与已加工面的摩擦

52. 物体抵抗欲使其变形的外力的能力称为（　　）。

A. 强度　　B. 硬度　　C. 刚度　　D. 精度

53. 未注公差的尺寸，由于其基本尺寸不同，其公差值大小（　　）。它们的精确度及加工难易程度（　　）。

A. 相同　　B. 不同　　C. 相似　　D. 前几项均不正确

54. 可能有间隙或可能有过盈的配合称为（　　）。

A. 间隙　　B. 过渡　　C. 过盈　　D. 前几项均不正确

55.（　　）的主要作用是减少后刀面与切削表面之间的摩擦。

A. 前角　　B. 后角　　C. 主偏角　　D. 副偏角

56. GB3052−1982 中规定，机床的某一部件运动的（　　）方向是增大工件和刀具之间距离的方向。

A. 正方向　　B. 负方向　　C. 各厂家自行制定　　D. 前几项均不正确

57. 切削参数中（　　）对切削瘤的影响最大。

A. 进给度　　B. 切削深度　　C. 切削速度　　D. 前几项均不正确

58. 在公制格式下某一段程序为 N50G01X 120.F0.1，说明（　　）。

A. 执行该程序段机床的 X 轴移动 120mm

B. 执行该程序段机床的 X 轴将到达 X=120 位置上

C. 单独一段，不能说明问题

D. 前几项均不正确

59. 某一段程序 N70T0100，说明（　　）。

A. 该段程序执行完后，机床调出 01 号刀具，并执行 00 号刀具补偿

B. 该段程序执行完之后，机床调出 01 号刀具，并清除刀具补偿

C. 单独一段，说明不了问题

D. 前几项均不正确

60. 某一段程序为 N80 G01X70 Z70 F0.1 N90　X40，说明（　　）。

A. 机床执行完 N90 之后，X 轴移动 30 个单位长，Z 轴移动 70 个单位长

B. 机床执行完 N90 之后，X 轴移动 30 个单位长

C. 无法判断 X、Z 轴移动距离

D. 单独二段，说明不了问题

61. 零件图尺寸标注的基准一定是（　　）。

A. 定位基准　　B. 设计基准　　C. 测量基准　　D. 工序基准

62. 在液压系统中，动力元件是（　　），执行元件是（　　）。

A. 换向阀　　B. 液压泵　　C. 液压马达　　D. 液压缸

63. 刚体受到平面任意力的作用而平衡时，各力对刚体上（　　）的力矩代数和等于零。

A. 特定点　　B. 任意点　　C. 坐标原点　　D. 重心处

64. 主轴回转中心线对工作台面的平行度若超过公差，则在做纵向进给铣削时，会影响（　　）。

A. 加工面的平行度　　B. 铣刀耐用度

C. 加工面的表面粗糙度　　D. 无影响

65.（　　）铣刀是近年来得到广泛应用的一种新型高效铣刀。

A. 可转位硬质合金　　B. 组合式硬质合金　　C. 螺旋齿硬质合金　　D. 整体高速钢

66. 柔性制造系统简称（　　）。

A. CAD　　B. FMS　　C. NC　　D. CAM

67. 在临界状态下，物体所受的全反力与法线方向的夹角称为（　　）。

A. 摩擦角　　B. 压力角　　C. 包角　　D. 锐角

68. 矩形螺纹的自锁条件是，（　　）小于或等于材料的摩擦角。

A. 螺纹的螺旋角　　B. 螺纹的升角　　C. 材料的摩擦系数　　D. 导程

69. 压力继电器只能（　　）系统的压力。

A. 反映　　B. 减小　　C. 改变　　D. 增大

70. 数控铣床中，滚珠丝杠螺母副是一种新的传动机构，它精密而又（　　），故其用途越来越广。

A. 能自锁　　B. 工艺简单　　C. 省力　　D. 材料

71. 通过切削刃上某选定点，垂直于该点的切削速度方向的平面称为（　　）。

A. 切削平面　　B. 加工平面　　C. 已加工平面　　D. 基面

72. 使工件相对于刀具占有一个正确位置的夹具装置称为（　　）装置。

A. 夹紧　　B. 定位　　C. 对刀　　D. 转换

73. 数控铣床中把脉冲信号转换成机床移动部件运动的组成部分称为（　　）。

A. 控制介质　　B. 数控装置　　C. 伺服系统　　D. 机床本体

74. 在铣削难加工材料时，铣削温度一般都比较高，主要原因有（　　）。

A. 铣削力大　　B. 热强度的特殊现象

C. 切屑变形　　D. 导热系数低

75. 铣床上为消除丝杠副传动的反向间隙，可采用（　　）。

A. 两个螺栓　　B. 一个螺母　　C. 多个螺母　　D. 一个螺栓

76. 成组零件的工艺路线是按（　　）的主样件拟定的。

A. 零件族　　B. 零件组　　C. 零件　　D. 零件系

77. 某段程序为 N90 G01 X70 Z10 F0.1［相对值编程］，说明（　　）。

A. X 轴移动 70，Z 移动 10　　B. 程序段太少，无法判断

C. X 轴到达 X=70，Z 轴到达 Z=10 位置上　　D. 前几项均不正确

78. 完成较大平面加工的铣刀是（　　）。

A. 端铣刀　　B. 三面刃铣刀　　C. 指形铣刀　　D. 鼓形铣刀

79. 完成切断加工的铣刀一般用（　　）。

A. 端铣刀　　B. 角铣刀　　C. 成型铣刀　　D. 圆柱铣刀

80. 主体较长的 V 型块作定位面，可以限制工件的（　　）个自由度。

A. 2　　B. 4　　C. 6　　D. 3

得　分	评分人

二、判断题（共 20 题，每题 1 分。正确的请在括号内打“√”，错误的打“×”。错答、漏答、多答均不得分，也不扣分）

1. 高速钢与硬质合金钢相比，具有硬度强、红硬性和耐磨性较好等优点。（　　）

2. YG 类硬质合金中含钴量较高的牌号耐磨性较好，硬度较高。（　　）

3. 铣床主轴的转速越高，则铣削速度必定越大。（　　）

4. 在装夹工件时，为了不使工件产生位移，夹（或压）紧力应尽量大，越大越好越牢。（　　）

6. 退火的主要目的是调整钢件的硬度等。（　　）

7. 在高温下，刀具切削部分必须具有足够的硬度，这种在高温下仍具有硬度的性质称为红硬性。（　　）

8. 硬质合金是金属碳化物和以钴为主的金属黏结剂经粉末冶金工艺制造而成的。（　　）

9. YT 类硬质合金的成分是碳化钨、碳化钛和钴，其代号后面的数字代表碳化钛的百分比含量。（　　）

10. 槽铣刀的用途是铣削各种槽。（　　）

11. 前刀面与主后刀面的交线是副切削刃，担负着主要的切削和排屑工作。（　　）

12. 检验铣床的工作精度，往往用试切试件法，试件的材料是黄铜。（　　）

13. 用杠杆卡规可以测量出工件的圆柱度和平行度。（　　）

14. 在确定工件在夹具中的定位方案时，决不允许发生欠定位。（　　）

15. 杠杆卡规的刻度值根据测量范围分为 0.002mm 和 0.005mm 两种。（　　）

16. 杠杆卡规是利用杠杆齿轮放大原理制造的测量仪。（　　）

17. 分度值为 0.02mm/m 的水平仪，当气泡偏移零位两格时，表示被测物体在 1m 内长度上的高度差为 0.02mm。（　　）

18. 当工件以一面两销定位时，其中边销的横截面长轴应平行于两销的中心连线。(　　)

19. 一旦某个零件的工艺规程定好以后，必须严格遵照执行，不能任意改变。(　　)

20. 工件一次装夹后所完成的那部分工序称为安装。(　　)

三、简答题（共10题，每题4分。正确的请在括号内打“√”，错误的打“×”。错答、漏答、多答均不得分，也不扣分）

1. 简述G00与G01指令的主要区别。

2. 简述机床原点、编程原点的概念及确定方法。

3. 刀尖圆弧半径补偿的作用是什么？使用刀尖圆弧半径补偿的具体步骤是什么？在什么移动指令下才能建立和取消刀尖圆弧半径补偿功能？

4. 分析零件图样是工艺准备中的首要工作，包括哪些内容？

5. 对夹具的夹紧装置有哪些基本要求？

6. 对刀的目的是什么？选择对刀点应注意哪些事项？

7. 工件粗基准选择的原则是什么?

8. 数控机床加工程序的编制方法有哪些？它们分别适用什么场合？

9. 简单回答低速切削与高速切削对刀具的磨损有何主要区别，各自的表现形式及原因。

10. 简述普通机床与数控机床在故障诊断方面的区别。

参考答案

一、选择题

1. C　2. D　3. B　4. A　5. A　6. D　A 7. B　C　8. B　9. D　10.D　11.A　12. A　13.A　14. D　15. D　16. A　17. B　18.B　19. A　20. D　21. B　22. B　23. C　24. B　25. A　26. A　27. C　28. B　29. A　30. C　31. A　32. B　33. C　34. B　35. A　36. C　37. C　38. B　39. A　40. A　D　41. A　42. D　43. C　44. C　45. A　46. B　47. B　48. B　A　49. C　50. A　51. B　52. C　53. B　A　54. B　55. B　56. A　57. C　58. C　59. B　60. B　61. B　62. B　D　63. B　64. A　65. A　66. B　67. A　68. B　69. C　70. B　71. D　72. B　73. C　74. A　D　75. B　76. A　77. A　78. A　79. C　80. B

二、判断题

1. ×　2. ×　3. ×　4. ×　6. ×　7. √　8. √　9. √　10. ×　11. ×　12. ×　13. √　14. √　15. √　16. √　17. ×　18. ×　19. √　20. √

三、简答题

1. G00 指令要求刀具以点位控制方式从刀具所在位置以最快的速度移动到指定位置，快速点定位移动速度不能用程序指令设定。G01 是以直线插补运算联动方式由某坐标点移动到另一坐标点，移动速度由进给功能指令 F 设定，机床执行 G01 指令时，程序中必须含有 F 指令。

2. 机床原点是机床上设置的一个固定的点，即机床坐标系的原点，是厂家在出厂前就已确定下来的数控机床进行加工运动的基准参考点，用户不能随意改变。

编程原点是指编程人员根据加工零件图样选定的编制零件程序的原点，即编程坐标系的原点。编程原点应尽量选择在零件的设计基准或工艺基准上，并考虑编程的方便性。

3. 因为刀具总是有刀尖圆弧半径，所以在零件轮廓加工过程中刀位点运动轨迹并不是零件的实际轮廓，它们之间相差一个刀尖圆弧半径，为了使刀位点的运动轨迹与实际轮廓重合，就必须偏移一个刀尖圆弧半径，这种偏移称为刀尖圆弧半径补偿。刀尖圆弧半径补偿分为三步，即刀补的建立、刀补的执行和刀补的撤销。建立刀补的指令为 G41 和 G42，取消刀补的指令为 G40。

4. 分析零件图样是工艺准备中的首要工作，直接影响零件加工程序的编制及加工结果。其包括如下内容：

（1）构成加工轮廓的几何条件；

（2）尺寸公差要求；

（3）形状和位置公差要求；

（4）表面粗精度要求；

（5）材料与热处理要求；

（6）毛坯要求；

（7）件数要求。

5. 牢——夹紧后应保证工件在加工过程中的位置不发生变化。

正——夹紧后应不破坏工件的正确定位。

快——操作方便，安全省力，夹紧迅速。

简——结构简单紧凑，有足够的刚性和强度且便于制造。

6. 对刀的目的是告诉数控系统工件在机床坐标系中的位置，实际上是将工作原点（编程零点）在机床坐标系中的位置坐标值预存到数控系统中。确定对刀点应注意以下原则：尽量与零件的设计基准或工艺基准一致；便于用常规量具在车床上进行找正；该点的对刀误差应较小，或可能引起的加工误差为最小；尽量使加工程序中的引入或返回路线短，并便于换刀。

7. 应选择不加工表面作为粗基准；对所有表面都要加工的零件，应根据加工余量最小的表面找正；应选择较牢固可靠的表面作粗基准；应选择平整光滑的表面，铸件装夹时应让开浇口部分；粗基准不可重复使用。

8. 程序编制方法有两种：手工编程与自动编程。手工编程用于多工序但内容简单、计算方便的场合。自动编程适用于型面复杂、计算量大的场合，比如模具制造类编程。

9. 在低速切削中，刀具的磨损形式主要是后刀面和侧面沟槽磨损，是由于工件被加工表面和刀具的后刀面产生摩擦而导致的磨损；在高速切削中，刀具的磨损形式主要是前刀面磨损。

10. （1）普通机床一般由强电（继电器、接触器）控制电动机运转，因此，故障诊断也比较直观，维修人员起着主导作用。使用的检测仪器也比较简单，问、看、听、量是一般通用的诊断手段。

（2）数控机床是计算机引入制造系统后的一种机、电、液一体化产物，其 CNC 系统、伺服控制系统、主轴电机控制系统组成了数控机床的弱电部分，控制机床的运动。数控机床在故障诊断手段、仪器和仪表的使用方面都与传统机床的故障诊断有所不同，既有常规的方法和手段，又有专门的技术和检测手段。故障诊断时往往不能单纯地从机械方面或电气方面来考虑，必须从各个方面综合考虑。

附录 D　中级数控铣工操作技能考核样题

考生编号：________　姓名：________　准考证号：__________　单位：__________

一、中级数控铣操作技能考核样题及要求

（1）本题分值：100 分；

（2）考核时间：300 分钟；

（3）具体考核要求：按工件图样（见图 D-1）完成加工操作。

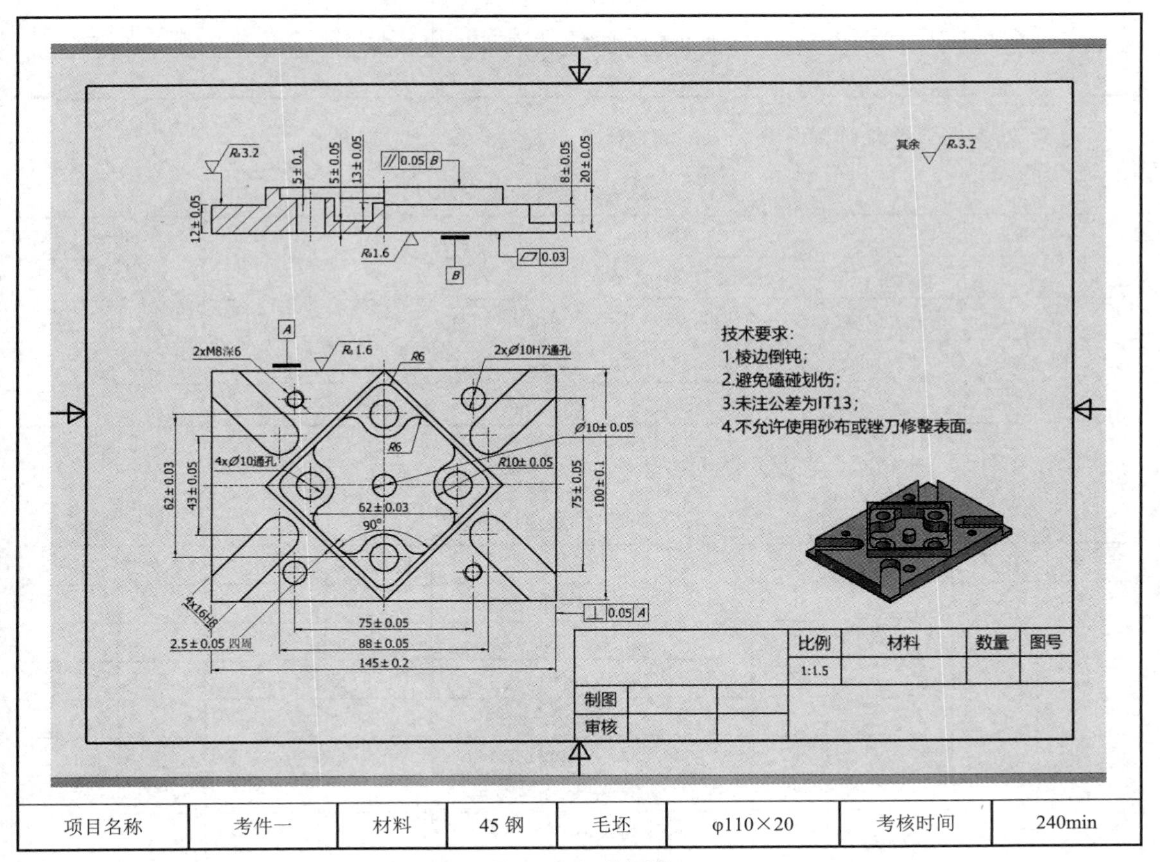

项目名称	考件一	材料	45 钢	毛坯	φ110×20	考核时间	240min

图 D-1　工件图样

第 1 页　　共 1 页

二、中级数控铣工操作技能考核评分表

（1）操作技能考核总成绩表，见表 D-1。

表 D-1　操作技能考核总成绩表

序号	项目名称	配分	得分	备注
1	现场操作规范	10		
2	工序制定及编程	30		
3	工件质量	60		
合　　计		100		

（2）现场操作规范评分表，见表 D-2。

表 D-2　现场操作规范评分表

序号	项目	考核内容	配分	考场表现	得分
1	现场操作规范	工具的正确使用	2		
2		量具的正确使用	2		
3		刃具的合理使用	2		
4		正确进行设备操作和维护保养	4		
合计			10		

（3）工序制定及编程评分表，见表 D-3。

表 D-3　工序制定及编程评分表

序号	项目	考核内容	配分	实际情况	得分
1	工序制定	工序制定合理，选择刀具正确	10		
2	指令应用	指令应用合理、得当、正确	10		
3	程序格式	程序格式正确，符合工艺要求	10		
合计			30		

（4）工件质量评分表，见表 D-4。

表 D-4　工件质量评分表

序号	项　目	考核内容		配分	评分标准	检测结果	扣分	得分	备注
1	外形	$85_{-0.06}^{0}$	IT	4	超差 0.01mm 扣 4 分				
			R_a	4	降一级扣 4 分				
		$75_{-0.06}^{0}$	IT	4	超差 0.01mm 扣 4 分				
			R_a	4	降一级扣 4 分				
		$30_{-0.06}^{0}$	IT	4	超差 0.01mm 扣 4 分				
			R_a	4	降一级扣 4 分				
		6±0.08	IT	4	超差 0.01mm 扣 4 分				
			R_a	4	降一级扣 4 分				
		$R10$	IT	4	超差 0.01mm 扣 4 分				
			R_a	2	降一级扣 4 分				

续表

序号	项　目	考核内容		配分	评分标准	检测结果	扣分	得分	备注
2	槽	32±0.05	IT	4	超差 0.01mm 扣 3 分				
			R_a	4	降一级扣 4 分				
		12±0.04	IT	4	超差 0.01mm 扣 3 分				
			R_a	4	降一级扣 4 分				
		3±0.08	IT	4	超差 0.01mm 扣 2 分				
			R_a	2	降一级扣 4 分				
3	加工时间	超过定额时间 5min 扣 1 分；超过 10min 扣 5 分，以后每超过 5min 加扣 5 分，超过 30min 则停止考试							
4	文明生产	按有关规定每违反一项从总分中扣 3 分，发生重大事故取消考试。总扣分不超过 10 分							
监考人			检验员			考评员			

附录 E　高级数控铣工操作技能考核样题

姓名：______________　准考证号：____________　单位：____________

一、高级数控铣工操作技能考核样题及要求

（1）本题分值：100 分；

（2）考核时间：300 分钟；

（3）具体考核要求：按工件图样（见图 E-1）完成加工操作。

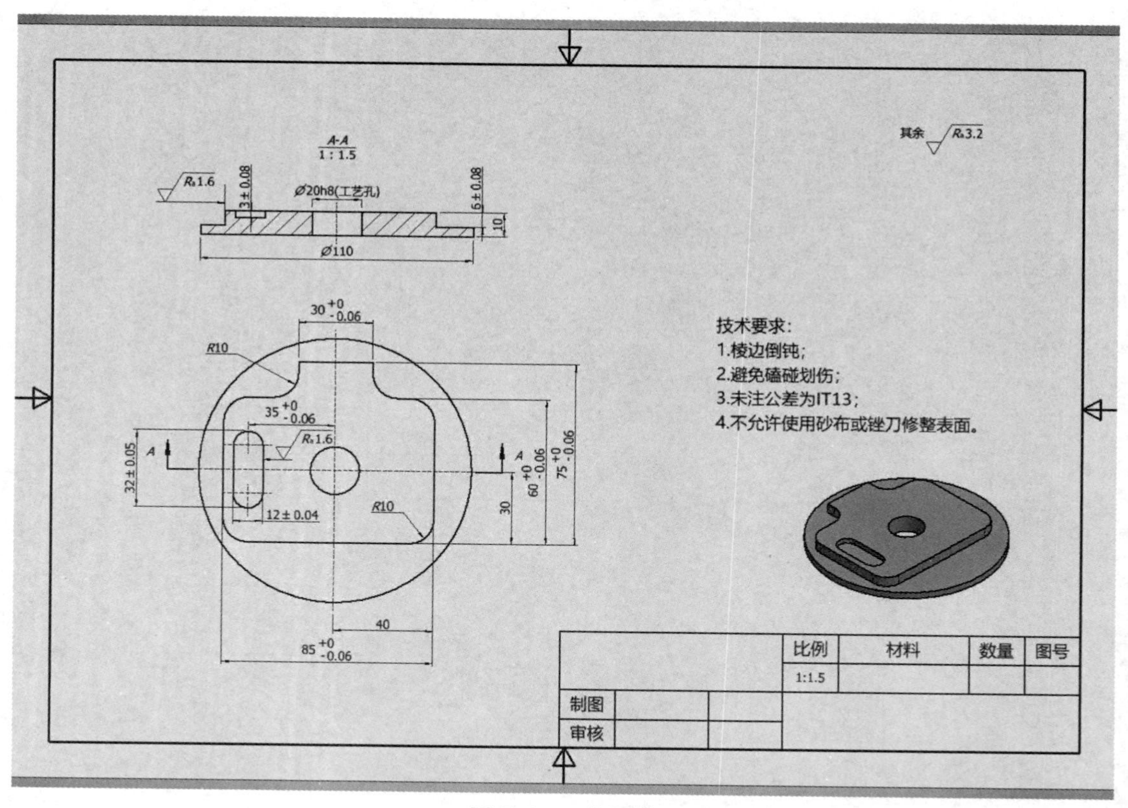

图 E-1　工件图样

二、高级数控铣工操作技能考核评分表

（1）操作技能考核总成绩表，见表 E-1。

表 E-1 操作技能考核总成绩表

序号	项目名称	配分	得分	备注
1	现场操作规范	10		
2	工序制定及编程	40		
3	工件质量	50		
合 计		100		

（2）现场操作规范评分表，见表 E-2。

表 E-2 现场操作规范评分表

序号	项目	考核内容	配分	考场表现	得分
1	现场操作规范	工具的正确使用	2		
2		量具的正确使用	2		
3		刃具的合理使用	2		
4		正确进行设备操作和维护保养	4		
合计			10		

（3）工序制定及编程评分表，见表 E-3。

表 E-3 工序制定及编程评分表

序号	项目	考核内容	配分	实际情况	得分
1	工序制定	工序制定合理，选择刀具正确	10		
2	指令应用	指令应用合理、得当、正确	15		
3	程序格式	程序格式正确，符合工艺要求	15		
合计			40		

（4）工件质量评分表，见表 E-4。

表 E-4 工件质量评分表

序号	考核项目		配分	评 分 标 准	检测结果	得分	备 注
1	外形	145±0.2	1	超差不得分			
2		100±0.1	2	超差不得分			
3		20±0.05	2	超差不得分			
4	孔	62±0.03	2	一处超差 0.01mm 扣 1 分			
5		ϕ12H7	2	一处超差 0.01mm 扣 1 分			2 处
6		ϕ10H7	4	一处超差 0.01mm 扣 2 分			2 处
7		75±0.05	2	一处超差 0.01mm 扣 1 分			
8		M6 深 6	2	一处超差 0.01mm 扣 2 分			2 处
9			2	乱牙不得分			
10	凸台	2.5±0.05	2	一处超差 0.02mm 扣 1 分			
11		R6±0.05	2	一处超差 0.1mm 扣 0.2 分			12 处

续表

序号	考核项目		配分	评 分 标 准	检测结果	得分	备 注
12	凸台	$R10\pm0.05$	3	一处超差 0.1mm 扣 0.2 分			4 处
13		$\phi10^{+0.05}_{0}$	2	超差 0.02mm 扣 1 分			
14		13±0.05	2	一处超差 0.01mm 扣 1 分			
15		5±0.05	2	一处超差 0.1mm 扣 1 分			
16		5±0.1	2	一处超差 0.1mm 扣 1 分			
17		12±0.05	2	超差不得分			
18	凹槽	43±0.05	2	一处超差 0.01mm 扣 1 分			2 处
19		88±0.05	2	超差 0.01mm 扣 1 分			2 处
20		8±0.05	2	一处超差 0.01mm 扣 1 分			4 处
21		16H8	2	一处超差 0.01mm 扣 1 分			4 处
22	形位公差	平面度	1	超差不得分			
23		平行度	1	超差不得分			
24		垂直度	1	超差不得分			
25	粗糙度	$R_a1.6$	1	降级不得分			
26		$R_a3.2$	1	降级不得分			
27		$R_a6.3$	1	降级不得分			
28	合计		50				

参 考 文 献

［1］陈兴云，麦庆华. 数控机床编程与加工［M］. 北京：机械工业出版社，2009.

［2］韩鸿鸾. 数控铣削工艺与编程一体化教程［M］. 北京：高等教育出版社，2008.

［3］孙连栋. 加工中心（数控铣工）实训［M］. 北京：高等教育出版社，2011.

［4］周重锋，夏尚飞. 零件数控车床加工［M］. 哈尔滨：哈尔滨工业大学出版社，2016.

［5］王爱玲. 数控机床加工工艺（第2版）［M］. 北京：机械工业出版社，2013.

［6］FANUC Oi Mate-MB 操作编程说明书.

［7］王维. 数控加工工艺及编程［M］. 北京：机械工业出版社，2010.

［8］沈建峰. 数控铣工/加工中心操作工（高级）操作技能鉴定试题集锦与考点详解（国家职业资格培训教材）［M］. 北京：机械工业出版社，2014.

［9］张棉好，徐绍娟. 数控铣削项目实训教程［M］. 北京：中国铁道出版社，2012.

［10］杜军. 数控宏程序编程手册［M］. 北京：化学工业出版社，2014.

［11］李进生，韩春鸣. 数控编程与加工项目化教程［M］. 西安：西北工业大学出版社，2013.

［12］徐福林，周立波. 数控加工工艺与编程［M］. 上海：复旦大学出版社，2015.

［13］程鸿思，赵军华. 普通铣削加工操作实训［M］. 北京：机械工业出版社，2008.

［14］袁锋. 数控车床培训教程［M］. 北京：机械工业出版社，2012.

［15］孙继山. 数控铣床编程与操作［M］. 北京：机械工业出版社，2014.

［16］卢万强. 数控加工工艺与编程［M］. 北京：北京理工大学出版社，2011.

［17］钟如全，王小虎. 零件数控铣削加工［M］. 北京：国防工业出版社，2013.

［18］郑堤. 数控机床与编程［M］. 北京：机械工业出版社，2010.

［19］顾京. 数控机床加工程序编制（第3版）［M］. 北京：机械工业出版社，2013.

［20］胡文娟等. 基于 SolidWorks 的锤片式粉碎机智能化设计［J］. 机电工程，2013，(09)：1063-1067.

［21］朱克忆. PowerMIL 多轴数控加工编程实用教程［M］. 北京：机械工业出版社，2010.

［22］韩永军. PowerMIL 与模具高速加工技术［J］. 制造技术与机床，2003（12）：103-105.